U0163176

ELSEVIER

FDA WARNING LETTERS ABOUT FOOD PRODUCTS:
HOW TO AVOID OR RESPOND TO CITATIONS

美国FDA食品警告信
案例分析

〔美〕 Joy L. Frestedt ｜著｜

大同海关 ｜译｜

中国轻工业出版社

图书在版编目（CIP）数据

美国FDA食品警告信案例分析 /（美）约伊·L. 弗雷斯特（Joy L. Frestedt）著；大同海关译. —北京：中国轻工业出版社，2020.10

ISBN 978-7-5184-2724-6

Ⅰ. ①美⋯ Ⅱ. ①约⋯②大⋯ Ⅲ. ①食品检验—案例—美国 Ⅳ. ①TS207.3

中国版本图书馆CIP数据核字（2019）第243016号

责任编辑：罗晓航　责任终审：张乃柬　整体设计：锋尚设计
策划编辑：伊双双　责任校对：燕 杰　责任监印：张 可

出版发行：中国轻工业出版社（北京东长安街6号，邮编：100740）
印　　刷：三河市万龙印装有限公司
经　　销：各地新华书店
版　　次：2020年10月第1版第1次印刷
开　　本：889×1194　1/16　印张：14.25
字　　数：460千字
书　　号：ISBN 978-7-5184-2724-6　定价：98.00元
邮购电话：010-65241695
发行电话：010-85119835　传真：85113293
网　　址：http://www.chlip.com.cn
Email：club@chlip.com.cn
如发现图书残缺请与我社邮购联系调换
190343K1X101ZYW

注　意

本书涉及领域的知识和实践标准在不断变化。新的研究和经验拓展我们的理解，因此须对研究方法、专业实践或医疗方法作出调整。从业者和研究人员必须始终依靠自身经验和知识来评估和使用本书中提到的所有信息、方法、化合物或本书中描述的实验。在使用这些信息或方法时，他们应注意自身和他人的安全，包括注意他们负有专业责任的当事人的安全。在法律允许的最大范围内，爱思唯尔、译文的原文作者、原文编辑及原文内容提供者均不对因产品责任、疏忽或其他人身或财产伤害及／或损失承担责任，亦不对由于使用或操作文中提到的方法、产品、说明或思想而导致的人身或财产伤害及／或损失承担责任。

翻译委员会

译者：杨蒲晨（大同海关） 殷云峰（大同海关）
　　　张凌丽（大同海关） 武星杰（大同海关）
　　　张志华（大同海关） 任宏彬（大同海关）
　　　杨晓伟（大同海关） 贾晓婷（大同海关）
　　　刘小亚（大同海关） 张　佳（大同海关）
　　　张欣欣（大同海关） 冯　瑛（大同海关）
　　　王　琳（运城海关）

顾问：廉慧锋

译者序

发布警告信是美国食品与药物管理局（FDA）常用的一种管理方式，"警告信"旨在识别违规行为和产品存在的安全隐患，维护美国本国及进口食品安全，是一种使食品企业遵守美国食品法律法规的有效工具。FDA在检查中发现任何不合规行为都可以发布警告信。

通过对FDA食品警告信的解读，可以有效地了解美国食品安全领域行业管理体系，借鉴美国的先进管理理念。在中美国际贸易发展过程中，中方食品企业因不了解美国FDA相关要求而影响出口的情况时有发生，对于中方企业而言，通过了解美国FDA食品警告信，可从反面案例中学习如何提高质量安全水平和管理水平，避免触犯美国FDA相关法律法规，达到"如何避免收到警告信，收到警告信该如何应对"的目的。对于政府监管部门而言，可作为了解、掌握FDA食品监管体系的有效途径。本书具有较强的实践指导意义，通过了解每封具体食品"警告信"的内容可以达到触类旁通、举一反三的作用，从而促进我国相关领域产业发展。

本书以FDA警告信的历史、质量管理体系、HACCP体系、进口/出口、食品接触材料、食品和食品临床试验膳食补充剂、食品安全现代化法、未来趋势及发展方向八个章节进行阐述，每个章节又从法律法规、相关文件、案例分析、出版物等方面进行了理论和实践介绍，涵盖了食品、食品辅料、膳食补充剂、食品添加剂以及有关食品标签的声称等各方面内容，涉及不同种类食品的生产、加工、包装、贮藏、运输等多个环节，列举的案例中有大量对"掺杂""标签违规""卫生条件不符合要求"等企业违规情况的具体描述，囊括了与"警告信"有关的各方面内容。

参与本书翻译的同志多年来从事进出口食品、农产品检验监管和实验室食品、农产品质量安全检测工作，具有一定的专业基础知识，但我们也清晰地意识到，我们的政策理论水平尚有差距，学识、经验、翻译水平等还有不足，加之翻译时间仓促，文中不免还有一些翻译不妥甚至错误之处，希望专家、同行以及广大读者给予批评指正。

译者
2020年7月

英文版

—

致谢

非常感谢为本书出版做出贡献的爱思唯尔的编辑和出版，同样非常感谢在本书部分章节编写中做出贡献的Kaitlin Cady、Lindsay Young博士和Leslie Kruk。

1

美国食品与药物管理局（FDA）、
食品法规和对食品公司发出警告信的历史

1.1 FDA的历史

美国（US）食品与药物管理局（FDA）报告了FDA近200年历史中的诸多里程碑事件，部分如下：

- 1837年，美国专利局建议设立一个鼓励发展农业的国家机构。
- 1839年，美国国会拨款1000美元用于收集统计数据。
- 1846年，Lewis Calib Beck博士发表关于掺杂食品的文章。
- 1848年，美国国会拨款1000美元用于美国专利局对食品进行化学分析。
- 1849年，Beck博士发表了《关于美国面包的报告》。
- 1862年，美国国会成立美国农业部（USDA）。
- 1890年，美国农业部下设化学分部。
- 1901年，化学分部变更为化学局。
- 1927年，化学局变更为食品、药物和杀虫剂管理局（FDIA）。
- 1930年，FDIA变更为食品与药物管理局（FDA）。
- 1940年，FDA脱离美国农业部迁移到联邦安全局。
- 1953年，FDA迁移到美国卫生、教育和福利部。
- 1979年，美国卫生、教育和福利部变更为美国卫生和人类服务部（DHHS）。

食品安全起初由各州和地方监管机构负责；然而，在1906年通过《纯净食品和药品法》之后，FDA开始对食品和药品进行管理，该法案禁止州际贸易中存在掺杂或标签违规的食品、药品。随着行业和消费者投诉的增加，对于该项法律的争论持续了将近25年，为此还设立了联邦食品和药品检查员。与现在一样，当时为防止食品中毒或欺诈消费者情况的发生，检查员们努力提醒食品和药品制造商改善运营，否则就要面临起诉。随着时间的推移，执法变得更加统一，早期法院的判决先例加速了这一变化。

《食品、药品和化妆品法案》（FDCA）于1938年通过，当时FDA组织工作人员从全国各地的商店和家庭收集万灵丹磺胺。尽管该液体产品由于含有类似于防冻剂的溶剂导致超过100人死亡（主要是儿童），但是FDA仅按标签违规对该公司进行了罚款。从这次事件开始，FDA要求制造商在任何新药销售前或批准合法进行州际贸易前提供该药品的安全性数据。FDA开始缉获危险药品，并开始收集有关喷雾残留、食物中毒和卫生问题的相关数据。

1962年的克弗-哈里斯（Kefauver-Harris）药物修正案提高了FDA执行现行良好操作规范（cGMP）的能力。该修正案对孕妇服用沙利度胺这一缺乏安全性测试的药物（一种安眠药、镇静剂）后导致新生儿出生缺陷的案例进行了药物功效审查。从那时起，FDA要求新药在上市之前必须通过严格设计的临床试验，提供科学可靠的证据，证明该新药的药效。没有得到FDA的批准，新药不得上市。

1.2 食品法规

1899年，一项新法律授权美国农业部对进口食品进行监管，并于1907年在纽约、费城、波士顿、芝加哥、新奥尔良和旧金山设立实验室。1917年，分设了三个区域：美国东部区、中部区和西部区（FDA，2010a）。

1906年通过的《纯净食品和药品法》在州际贸易中禁止标签违规、掺杂以及用着色剂掩盖低品质或有毒有害物质的食品、饮料和药品。虽然没有上市前审批制度，但政府可以采取措施清理市场上的有害产品。与此同时，1906年的《肉类检查法》要求对美国州际间销售的所有红肉进行持续性的检查。此前，厄普顿·辛克莱（Upton Sinclair）在《丛林》（*The Jungle*）一书中广泛宣传肉类加工厂的卫生条件极差。此外，在1907年，食品检验决定（FID）76号列出了批准的七种食用着色剂，随后颁布的FID促使生产者自愿认证并批准了更多种类的食用着色剂。（FDA，2009a）。

1912年的《谢利修正案》（*Sherley Amendment*）禁止使用虚假疗效宣传（FDA，2009b）；1913年的《古尔

德修正案》（*Gould Amendment*）要求在食品外包装上明确标明内容，1924年最高法院裁定禁止在食品外包装上使用欺骗性标签；然而，在1938年FDA有权批准产品、质量和包装相关标准之前，美国《食品、药品和化妆品法案》（FDCA）已有类似的要求（FDA，2009a）。

食品防腐剂问题在FDCA前就已有研究讨论，一个名为"毒药小队（Poison Squad）"的小组进行了食用含有一定量化学防腐剂的食品的试验（FDA，2009a）。通过这些实验，建议仅在必要时使用化学防腐剂，要求食品生产者对其生产的食品的安全性负责，并通过食品标签告知消费者食品中的成分。FDCA要求食品标签上标示食品的通用名称（而不是有欺骗性的"特殊名称"），并且在用于食品、药品或化妆品之前，所需的着色剂必须在着色剂认证计划中列出或批准（如包括由煤焦油制成的着色剂批次认证）。同一时期，美国公共卫生局于1934年提出了《餐厅卫生条例》，该条例后来成为指导零售企业、食品服务提供商和自动售货服务的《食品法典》，为食品安全提供保障。

1939—1957年，FDA制定了关于番茄、果酱、果冻、面粉、谷物、牛乳、巧克力、干酪、果汁和鸡蛋的食品标准（FDA，2009a）。1958年的《食品添加剂修正案》要求制造商在上市前确定任何新食品添加剂的安全性（即在上市前需要取得FDA对新食品添加剂的批准，并且《德莱尼条款》禁止批准任何有致癌性的食品添加剂）。除了FDA批准允许使用的食品添加剂外，FDA于1958年还公布了第一批近200种公认安全物质（GRAS）清单，这些物质经有资质的专家认定是安全的。

1960年的《着色剂修正案》要求生产商在用于食品、药品和化妆品或医疗器械之前确认着色剂的安全性。FDA于1960年公布的首批200种着色剂中，在2016年只有约1/2被认为具有足够的科学数据证明其安全性并符合要求（FDA，2009a）。

1966年颁布的《正确包装与标识法》要求企业在州际贸易中对食品、药品、化妆品和医疗器械提供真实和有用信息的标签（FDA，2009a）。

1979年发现130名婴儿罹患氯化物缺乏综合征，且与两种氯化物含量不足的婴儿大豆配方食品有关（FDA，2009a）。氯化物是婴儿生长发育的必需营养素，该事件促使了1980年的《婴儿配方乳粉食品法案》的产生，法案要求制造商必须建立质量控制程序，进行批量测试评估产品营养成分，开展稳定性测试以确定产品的保质期，使用批次号编码对产品实施批次管理，并保留相关记录以便FDA检查。

FDA食品安全和应用营养中心（CFSAN）成立于1984年，负责美国大部分食品（美国农业部监管的肉类、家禽和某些蛋制品除外）的安全监管工作。1990年的《营养标签和教育法案》要求任何表明食品与降低疾病风险之间关系的健康声称（如乳制品中的钙可降低骨质疏松症的风险；水果、蔬菜和谷物中的可溶性纤维减少冠心病的风险），必须有明确的科学证据。此外，1993年，营养成分小组要求声称术语标准化，如"低脂肪"和"清淡"等。另外，应清晰标注每份产品的基本营养信息，包括热量、脂肪、钠、蛋白质等。

自1992年以来，FDA已经发布了指导方针，并对转基因食品进行评估以确保其安全性。1994年，第一个进入美国市场的转基因食品是番茄。美国农业部对此类作物对农业环境的影响进行监管，美国环境保护局（EPA）确保对作物使用的农药不会对人类和动物产生危害（FDA，2009a）。

1997年，在《从农场到餐桌的食品安全》报告中提出食品安全倡议，强调使用危害分析和关键控制点体系（HACCP）作为改善食品安全的方法（FDA，2009a）。FDA于1995年引入了水产品HACCP，随后于1998年引入了肉类和家禽加工HACCP，以及2001年的果汁HACCP，三者分别于1997年、2003年和2004年生效。在此之前，食品加工者依靠一般性卫生要求，药品生产质量管理规范（GMP）和检测来保证合规性。HACCP体系增加了主动危害分析（以识别可能导致食品不安全的危害）、目标关键控制点（建立和监控每个食品加工者的加工环境）和良好的记录保存（明确记录识别和最小化风险的努力），包括对一般性卫生要求，以及GMP和产品测试的基本要求的风险。此外，还建立了一个全国细菌脱氧核糖核酸（DNA）指纹数据库，用于评估常见的感染源，并在感染爆发时加快检测速度。食源性疾病活动监测网络［FoodNet，由FDA、美国疾病控制与预防中心（CDC）与美国农业部支持］创建了一个用于检测、应对和预防食源性疾病的网络工具。

1994年的《膳食补充剂健康和教育法案》（DSHEA）为膳食补充剂和相关成分创建了一个特殊的监管类

别，具有特定标签和FDA标识。DSHEA要求膳食补充剂按食品监管，而不是按药物监管（FDA，2009a）。膳食补充剂在美国上市销售之前不需要FDA审查或批准其安全性或有效性。膳食补充剂生产者必须向FDA提交上市前通知，并提供适当的安全证据，证明其膳食成分或补充剂符合DSHEA或GRAS要求，否则不允许销售。2000年FDA规定膳食补充剂允许使用结构功能声明，并于2003年制定了膳食补充剂的cGMP要求，以防掺杂和标签违规（即成分、污染物、标签和包装方面的错误）。GRAS、膳食补充剂和传统食品不需要得到批提前准，但FDA将对不安全的产品采取行动。例如，在2004年，由于担心心血管效应，FDA禁止在膳食补充剂中添加麻黄。

2001年"9·11恐怖袭击事件"推动了FDA对美国食品供应脆弱性的评估和食品应急响应网络的建立（包括准备应对粮食安全紧急情况的实验室），并根据《2002年公共卫生安全和生物恐怖主义防范和反应法》颁布四项新规定：（1）食品相关设施必须向FDA注册；（2）在进口食品到达美国之前必须事先发出进口运输通知；（3）必须保存其食品来源和接收者的记录；（4）当可靠证据表明食品对人类或动物造成严重不良健康后果或死亡的威胁时，FDA可以将其扣留最长30d（FDA，2009a）。

2003年，CFSAN不良事件报告系统启动，以跟踪和监测食品和膳食补充剂中的不良事件，FDA致力于快速识别和控制食源性疾病暴发事件（FDA，2009a）。同样在2003年，FDA宣布反式脂肪含量（与心脏病相关）必须包括在营养成分表中，并且2004年的《食品过敏原标签和消费者保护法》要求对食品中的任何主要食物过敏原成分进行蛋白质来源标记（如花生、大豆、牛乳、鸡蛋、鱼类、虾和蟹等甲壳类、贝类、坚果、小麦等）。

多年来，营养和标签法规大规模扩展，包括最近的2011年《食品安全现代化法案》（FSMA），该法案正在改变FDA的食品安全管理方式。

1.3 食品企业的指导文件

正如FDA的"食品指导文件"网站（FDA，2017a）所述，越来越多的食品指导文件定期发布，且最新发布的文件都有标注（FDA，2017a）。随着FDA搜索数据库中的指导文件不断更新和定期删除，数据库中的文件数量在不断变化。例如，在本书编写的准备期间，FDA指导文件搜索数据库有3441份指导文件，其中406个文件包含术语"食品"，178个文档包含术语"CFSAN"。两个月后更新为3390份指导文件，其中包含术语"食品"和"CFSAN"的文件分别为408份和180份。5个半月后更新为3461份，其中432份包含术语"食品"，193份包含术语"CFSAN"。每年数据库内都会发布或更改数十份文件，而且指导文件变更速度的波动使监管工作面临挑战，因为个别监管人员难以及时了解和掌握快速变更的FDA指导文件。

指导文件的数量不仅会发生变化，而且随着指导文件版本的更替，各个指导文件的内容也会随着时间而变化。例如，下列指导文件代表了在本书（英文版）出版期间FDA的观点，在此期间，立法变更和FDA优先关注事项反映在重新发布的指导主题中。

• 食品安全（FSMA）：《行业指南草案：即食食品中单核细胞增生李斯特菌的控制》（2017年1月）

• 标签和营养：《行业指导草案：与营养和膳食补充剂事实标签相关的问与答》，标签内容包括有效日期、添加糖、维生素和矿物质的定量声称（2017年1月）

• 标签和营养：《行业指导草案：一般摄入参考量：每个产品类别的产品清单》（2017年1月）

• 食品防护（注册）：《行业指导草案：关于食品相关设施注册的问答》（第七版-修订版）（2016年12月）

• 食品安全（FSMA）：《食品安全审核的第三方认证机构认证：模型认证标准》（2016年12月）

• 婴儿配方乳粉：《行业指导草案：与婴儿配方乳粉或母乳有关的食品接触物质的通知准备》（2016年12月）

• 果汁：《行业指导草案：果汁和蔬菜汁作为食品中的着色剂》（2016年12月）

• 食品安全（FSMA）：《FDA自愿合格进口商计划》（2016年11月）

• 酸化和低酸罐头食品：以电子或纸张形式向FDA提交FDA 2541（食品罐头企业注册）表格和FDA 2541d、

FDA 2541e、FDA 2541f和FDA 2541g（食品加工归档）表格（2016年11月）

• 标签和营养：《行业指导草案：对公民申请提交的分离或合成不可消化碳水化合物的有益生理作用的证据的科学评估》（21CFR 10.30）（2016年11月）

• 食品安全（FSMA）：《行业指导草案：关于食品相关设施注册的问答》（第七版）（2016年11月）

• 食品安全（FSMA）：《FDA自愿合格进口商计划》（2016年11月）

• 食品添加剂：《关于GRAS的常见问题》（2016年10月）

• 食品安全（FSMA）：《需要了解的有关FDA法规的信息：当前的良好生产规范，危害分析和基于风险的人类食品预防控制；小型企业合规指南》（2016年10月）

• 食品安全（FSMA）：《行业指导草案：在食品文件中描述需要控制的危害，按照实施FSMA的四项规则要求》（2016年10月）

• 食品防护（注册）：《在食品设施注册和食品类别更新中使用食品类别的必要性》（2016年版）（2016年9月）

• 婴儿配方乳粉：《婴儿配方乳粉标签》（2016年9月）

• 婴儿配方乳粉：《行业指导草案：婴儿配方食品标签和标签中结构/功能声称的证明》（2016年9月）

• 标签和营养：《在人类食品标签中使用术语"健康"》（2016年9月）

• 膳食补充剂：《指南草案：新的膳食成分通知和相关问题》（2016年8月）

• 食品安全（FSMA）：《行业指导草案：危害分析和基于风险的人类食品预防控制》（2016年8月）

• 食品安全（FSMA）：《行业指导草案：农场和设施的生产、包装、持有或制造/加工活动分类》（2016年8月）

• 标签和营养：《行业指导草案：自动售货机中食品的热量标签》（2016年8月）

• 标签和营养：《自动售货机中食品的热量标签；小型企业合规指南》（2016年8月）

• 标签和营养：《FDA关于在营养标签上标明少量营养素和膳食成分的政策》（2016年7月）

• 食品防护（预通知）：《有关进口食品问答的预通知》（第三版）（2016年6月）

• 食品配料和包装：《行业指导草案：自愿减钠目标：商业加工、包装和预制食品中钠的目标平均浓度和上限浓度》（2016年6月）

• 标签和营养：《声称为蒸发甘蔗汁的成分》（2016年5月）

• 食品安全（FSMA）：《行业指导草案：使用FDA 3942a（人类食品）或FDA 3942b（动物食品）表格的合格设施证明》（2016年5月）

• 医疗食品：《关于医疗食品的常见问题》（第二版）（2016年5月）

• 标签和营养：《餐馆和零售场所销售异地食品标签指南》第二部分（根据《联邦法规》第21条第101.11条的菜单标签要求）（2016年4月）

• 重金属：《行业指导草案：婴幼儿谷物中的无机砷：行动标准》（2016年4月）

• 婴儿配方乳粉：《豁免婴儿配方乳粉生产：现行良好生产规范（cGMP）、质量控制程序、审核实施情况、记录和报告》（2016年4月）

• 化学污染物：《食品中的丙烯酰胺》（2016年3月）

• 标签和营养：《营养素成分声明；α-亚麻酸，二十碳五烯酸和二十二碳六烯酸ω-3脂肪酸；小型实体合规指南》（2016年2月）

相比之下，当政府优先考虑基因工程食品时，一些早期的指导文件包括以下内容：

• 食品标签：《行业指导草案：自愿标签标注食品是否来自转基因大西洋鲑鱼》（2015年11月）

• 食品标签：《自愿标签标注食品是否含有转基因植物成分》（2015年11月）

当浏览食品"主题"的指导文件时，共发现235份指导文件，而且指导文件数量迅速增加的趋势是显而易见的（图1.1）。

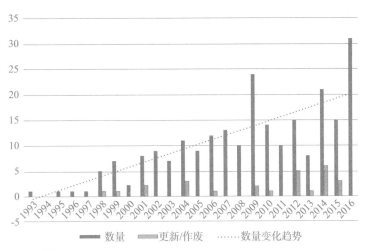

图1.1 按年划分的食品指南文件数量（截至2017年1月15日）

20年前，FDA在1993—1997年每年发布0~1份指导文件；然而在随后的20年中，FDA已将指导文件的数量增加了30多倍。2009年发布24份指导文件的高峰与食品标签的更新有关，包括食品标签中的健康声称（7份），植物产品及其加工品的微生物安全性（5份），瓶装水中的化学物质（3份），膳食补充剂安全性报告（包括液体膳食补充剂和饮料）（3份），水产品证明（2份），着色剂、食品添加剂、食品防护和食品注册信息（每项有1个文件，共4份）指导文件。相比而言，2016年发布了31份指导文件，这些文件涉及食品防护（10份），标签（9份），婴儿配方乳粉（4份），化学品（3份），提交/咨询（2份）和医疗食品、罐头食品、膳食补充剂（每项有1个文件，共3份）等方面。遵守新的法规和指导文件是一项越来越困难的任务。

值得注意的是，仅6周时间FDA指导文件数据库中提供的FDA指导文件数量从2016年3月31日的3441份减少到了2016年5月14日的3390份，同时还有新的文件不断添加。这种减少不能用简单的作废或更新的文件解释，因为这些文件仍存在数据库中（尽管这些撤回或更新的文件大多不可供阅读）。这种总体减少的原因以及撤回和取代文件的数量不断增加的原因尚不清楚（但可能与FDA指导文件管理质量控制和会计流程控制不当有关）。这类问题可能使该数据库查找所需文档的可靠度下降。此外，指导文件制定的基本原理似乎是对外部事件的反应，虽完全符合FDA的历史发展，但是这个过程可以通过更符合基于风险的指导开发的方法来改进（如首先制定风险最高的项目指南，确保在制定其他低级风险项目前，这些高风险项目已经完成全覆盖和全掌握）。

本书编写时，对所列出的235份食品指导文件进行分析并按主题领域进行分组，食品防护、标签和化学添加剂主题是最常见的FDA指导文件类型（图1.2）。

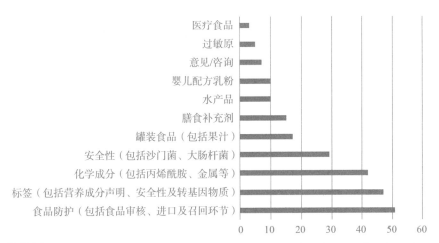

图1.2 按类型划分的食品指导文件（$n = 236$）（1993—2016年；截至2017年1月15日）。

注：过敏原（$n = 5$）包括标签中未包含的一个标签指南，膳食补充剂（$n = 15$）包括标签中未包含的一个标签指南，水产品（$n = 10$）不包括关于基因工程三文鱼标签的指南，以标签数量统计。

由于FDA指导文件变化频繁且浏览FDA数据库以找到适用的指导文档并不容易，因此附录1列出了本章中引用的每个指导文件的年份和标题，显示了如何查找已被取代和撤销文档的现行可用文档。此外该附录还说明，FDA发布的指导文件类型松散，如关于无铅陶器和"正确鉴定装饰性陶瓷"的单一指导文件并列，也包括关于果汁HACCP和控制病原微生物的10个系列指导文件混杂。显然，仅通过搜索一个特定的文件名称来找到正确的指导文件较为困难，易出现大量无关文件。

1.4 FDA的执法活动

FDA检查企业发现的任何不符合规定行为都可以作为警告信的来源。指导文件旨在帮助公司避免收到警告信。例如，为水产品制造商列出的10份指导文件（表1.1），有助于避免企业收到关于水产品加工、出口、危害控制等方面问题的警告信。

表1.1　适用于水产品生产的指导文件

年份/年	水产品生产的指导文件（N=10）
1999	水产品：《鱼类和渔业产品的HACCP规定》；《促进在水产品加工中实施HACCP体系指导的问答》（1999年1月）
1999	水产品：《水产品HACCP过渡政策》（1999年12月）
2001	水产品：《拒绝检查或获取有关鱼类和渔业产品安全和卫生加工的HACCP记录》（2001年7月）
2002	水产品：《执行联邦食品、药品和化妆品法案》第403（t）条［21 USC 343（t）］关于"鲇鱼"一词的使用（2002年1月；2002年12月修订）
2008	水产品：工业和食品与药物管理局工作人员指导草案：《出口到欧盟和欧洲自由贸易联盟的鱼和渔业产品认证》（2008年1月）
2009	水产品：1991年给海产品制造商的警告信包括使用冰作为冷冻水产品质量的一部分的欺诈行为（2009年2月）
2009	水产品：涉及从食品与药物管理局到国家海洋和大气管理局有关出口到欧盟和欧洲自由贸易联盟的鱼类和渔业产品认证检验项目（2009年1月；2009年2月修订）
2011	水产品：《鱼类和渔业产品危害和控制指南》（第四版）（2011年4月）
2012	水产品：《水产品名单——美国食品与药物管理局关于在州际贸易中可以出售水产品市场名称指南》（1993年9月；2009年1月；2012年7月修订）
2013	水产品：《购买与雪卡鱼中毒危害相关的礁鱼》（2013年11月）

这些指导文件旨在传达当前FDA对特定问题的思考，其虽然不具有法律约束力；但是，它们为企业合法经营提供了良好指导。

FDA采用了许多不同的方法来确保企业自愿遵守美国法律和法规，包括：

• 发布指导文件，提供教育信息和召开公开会议

• 机构检查和机构检查报告（EIR）

• 进口监控（某些产品可能禁止进入美国）

• 不良事件和投诉监控（通过药物检测和其他报告分析）

• 通知（评估意见书）

　• 新的膳食成分

　• 食品添加剂

- 着色剂
- 食品接触物质
- 婴儿配方乳粉
- 样品采集和分析（并报告发现的问题）
- 研究，小组讨论，咨询委员会（开展研究和召集小组）
  - 实验室研究，如检测病原体或污染物、评估毒性
  - 健康影响，如了解饮食因素和病原体的影响
  - 食品加工研究，如了解食物成分和过敏原
  - 化妆品成分研究，如确定皮肤渗透机制和其对健康的影响
- 理解备忘录（向合作团体发布备忘录）
- 学术伙伴关系［建立卓越中心（Centers of Excellence）以保护食品供应］
- 州政府协议（与州政府合作开展检查）
- 国际组织教育（致力于安全标准协调）

最后一个项目非常重要，因为由于国际条约数量以及从世界各地进入美国的食品数量都在不断增加，导致FDA在美国以外地区的工作量大大增加。

据美国FDA网站"CFSAN-What We Do"（2017）报道，FDA还与其他联邦和地方机构合作来监测美国食品供应情况，包括美国商务部国家海洋渔业局、CDC、美国财政部美国海关和边境保护局、美国联邦贸易委员会（FTC）、美国交通运输部（DoT）、美国消费品安全委员会（CPSC）、EPA和美国司法部（DoJ）等（FDA，2016a）。值得注意的是，州政府监管在州内制造和销售的食品，而FDA则监管各州之间的食品流通。

1.5 警告信流程

出于多种原因而发出的警告信，只是FDA用于确保企业自愿遵守美国法律法规的众多工具之一。美国法律的编纂遵守《美国联邦法规》（CFR），当FDA检查员发现个人或公司违反美国法律法规时，可以发出警告信通知违规者或违规公司。当FDA确定某个特定组织或人员将接受检查时，该程序就开始启动了。FDA使用"表482"通知检查，并且只有在检查结束后检查员报告了未解决的违反FDCA的重大行为时，才使用"表483"。除了"表483"，FDA考虑使用书面机构检查报告，以及在检查期间收集的任何证据以及个人或公司提供的任何回复。

FDA建议收到"表483"的人员在15天内做出回复，解释如何处理FDA确定的问题。

FDA将及时维护"数据库分类检索检查"（FDA，2016b），个人可以在该数据库搜索公司或个人是否曾被FDA通过"表483"的方式公布过。该数据库显示了检查的位置和日期，要检查的区域，检查结果是否导致任何行动，包括自愿行动或官方行动。此外，年度数据集和总结中提供了检查结果和相关引用内容。对于FDA已确定的违规行为，如果企业未改正，则其可能会收到警告信和进一步的执法活动，包括召回、没收、禁令、行政拘留、民事罚款和刑事起诉等。

警告信旨在识别违规行为（如制造过程不当、产品缺乏索赔支持或产品推广使用不当等），并明确告知个人或公司应如何纠正问题。警告信将规定回复的时限，FDA将跟进以确保公司对所发现的问题采取适当的纠正措施。在答复警告信时，最重要的部分是确保问题不再发生，并就如何迅速纠正和今后如何预防提供清晰和完整的资料。回复中包含具体的数据信息将非常有效。

1.6 食品警告信案例（美国）

FDA"检查、合规、执法和刑事调查"网站（FDA，2016c）审查刑事调查，并为FDA检查员完成日常活

动提供合规手册和检查参考。可搜索的FDA警告信数据库提供了可回溯到2005年的数据（FDA，2017b），更早的数据在其他地方存档［如"警告信和违反制药公司的通知书"可追溯到1998年（FDA，2015a），"科学办公室调查警告信"可追溯到1997年（FDA，2015b）］。尽管1996年修订的《信息自由法》（*Freedom of Information Act*，FIA）要求电子阅览室提供获取公共信息的途径（FDA，2016d），但在当前的FDA网站上很难找到1996年前的旧警告信，尤其是与食品有关的警告信，主要原因在于其形式多样且通常与FDA某些重要文件直接相关。

1.6.1 关于含有麻黄的膳食补充剂的警告信

FDA于1994年发布了关于麻黄和其他植物性膳食补充剂的安全警示（FDA，2014a），并且在2003年向61家公司发送了警告信，因为发现他们使用麻黄作为膳食补充剂的产品存在致疾风险（FDA，2014b），包括"轻度不良反应（如紧张、头晕、震颤、血压或心率变化、头痛、胃肠不适）、胸痛、心肌梗死、肝炎、中风、癫痫、精神病或死亡"（FDA，2014a）。

FDA于2004年颁布了禁令，禁止在膳食补充剂中使用麻黄，并从得克萨斯州休斯顿的亚洲医疗保健公司（Asia MedLabs Inc.）手中缉获了超过2.1×10^6的Vitera-XT胶囊。在FDA警告信数据库中搜索"麻黄"一词发现，在2005—2016年间FDA共发出了6封警告信（表1.2）。

表1.2 麻黄警告信（2016年5月15日）

公司名称	发出时间	发出机构	主题	是否回复	结论
Total Body Nutrition	2016-03-31	CFSAN	甲基肾上腺素/标签/膳食补充剂/虚假和误导/标签违规	否	
Journey Health USA, LLC	2016-03-07	CFSAN	金合欢硬木/标签/膳食补充剂/虚假和误导/标签违规	否	
Chaotic Labz	2015-08-14	达拉斯地区办事处	cGMP/膳食补充剂/掺杂的制造、包装、标签或贮藏操作	否	
Heron Botanicals, Inc.	2015-05-28	西雅图地区办事处	CGMP/膳食补充剂/掺杂/标签违规	否	
Life Enhancement Products, Inc.	2005-12-01	CFSAN	食品标签/食品添加剂标签违规	否	
Great American Products Inc.	2005-04-18	佛罗里达地区办事处	膳食补充剂/宣传声称错误和误导/掺杂/标签违规	否	

注：CFSAN，食品安全和应用营养中心。

对Total Body Nutrition公司发出的警告信指出，其产品Ephedra Free Tummy Tuck和Ephedra Free Shredder中含有一种未经批准的成分（甲基辛弗林）。在给Journey Health USA公司发出的警告信提到，该公司含有麻黄的膳食补充剂必须从市场上撤下。向Chaotic Labz, Inc.公司发出的警告信指出，该公司产品Malice in Wonderland标签中必须标明含有来源于植物的麻黄提取物成分。Heron Botanicals, Inc.公司的麻黄膳食补充剂产品标签违规，因"标签未按照法规21CFR 101.5要求列出制造商、包装商或经销商的名称和地址。"

对Life Enhancement Products, Inc.公司的警告信指出，该公司产品Starters' Traditional Chinese Ephedra Herbal Tea含有麻黄成分。而FDA认为，麻黄不是一种安全的食品添加剂。警告信中说："在评估麻黄用于饮料产品（如产品Starters' Traditional Chinese Ephedra Herbal Tea）的公认安全物质（GRAS）状态时，FDA考虑了相关法规标准。最终FDA决定禁止销售含有麻黄生物碱的膳食补充剂，并描述了与麻黄碱这一生物碱相关的严重的心血管患病风险。尽管该规则仅适用于膳食补充剂，但传统食品中的麻黄生物碱（如草药茶）具有相同的生理活性，因此存在相同类型的心血管风险……"故FDA判定该产品为标签违规。

此外，向Great American Products, Inc.公司发出的警告信指出，该公司产品宣传时使用的声称没有足够和可靠的科学证据支持该产品"不含麻黄"。所以这些产品也被视为标签违规，该网站上缺乏证据的声称被认为是虚假和有误导性的。这些警告信揭示了FDA在检查食品设施及特定产品成分时（如麻黄）的主要内容。

1.6.2 关于减肥产品的警告信

减肥产品是2004年关注的焦点，当时FDA向膳食补充剂经销商针对未证实其效果的减肥产品发出了警告信。这些警告信包括FTC报告中的描述，该报告认为有8种非处方减肥产品的声称具有欺诈性，这些声称内容如下：

- 使用广告产品的消费者每周可减少2磅①或更多体重（超过4周或更长时间），且不用减少热量摄入或增加运动量。
- 使用广告产品的消费者可以在享受无限量高热量食物的同时减轻体重。
- 广告产品将保持体重永久性减少（即使用户停止使用该产品）。
- 广告产品会通过阻止脂肪或热量吸收而帮助大量减少体重。
- 使用广告产品（无需医疗监督）的消费者可以安全地每周减掉多于3磅的体重，持续时间超过4周。
- 使用佩戴在身体上或涂抹于皮肤的广告产品，用户能够减掉一定量的体重。
- 广告产品将为所有用户带来显著的减重效果。
- 使用广告产品的消费者仅仅会减掉他们所期望的身体部位的体重。

其中所引用的部分产品已不再在市场上销售，部分公司不再营业，而其他公司则修改了他们的营销材料并继续生产这些警告信中提到的减肥产品。

通过搜索警告信函数据库中的"减肥（weight loss）"一词，查看是否有与"减肥"声称相关的警告信信息，我们发现了99封（图1.3）。

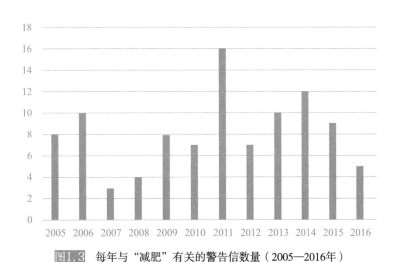

图1.3 每年与"减肥"有关的警告信数量（2005—2016年）

FDA平均每年向食品和膳食补充剂制造商发出8封关于减肥产品的警告信，包括少数大公司以及许多小型公司。

1.6.3 关于包装正面营养标签的警告信

例如，在2009年，FDA专员Margaret Hamburg博士鼓励食品公司对食品标签进行审查，以确保产品"包装

---

① 1磅=0.454kg。——译者注

正面"的营养标签有助于消费者选择健康的食品。根据这一举措，FDA向24种违反FDCA的食品发出了17封警告信和1封无题信，也说明FDA要求食品标签必须真实且不具误导性（附录2）。考虑到与美国饮食习惯相关的疾病和肥胖问题，对食物的热量和营养成分的标注十分重要。该倡议旨在鼓励食品制造商改进其标签，包括健康声称、营养素含量声称和未经批准的声称等问题，这些声称具有严格的法律定义（图1.4）。

（1）

（2）   （3）

图1.4　涉嫌违反标签的食品示例

注：（1）此正面标签含有营养素含量声明："0g反式脂肪"，但没有标明提醒消费者注意饱和脂肪和总脂肪含量。
　　（2）此正面标签说明该产品含100%果汁，而实际该产品只是某种口味的混合果汁。
　　（3）此正面标签声称产品"加钙"，该声称不允许用于2岁以下儿童的食品，因尚未制定适合于此年龄段的儿童膳食标准。

给Dreyer's Ice Cream的警告信中指出："如果某种食品营养标签中注明的每份量食品总脂肪含量超过13g，或饱和脂肪含量超过4g，则必须附有一份披露声明（位置应紧邻声称），向消费者说明这些营养成分的营养信息。例如，按照法规21CFR 101.13（h）（1）要求应注明'脂肪和饱和脂肪含量详见营养成分表'。但是，贵司产品标签没有遵循此项声明规定。"Gorton Fish Filets也是同样的问题，除了应披露高脂肪信息外，还需披露高钠信息，如"脂肪、饱和脂肪和钠含量详见营养成分表。"这24种食品中的另一个例子是椰子派，需要标明成分含量的标签如下："脂肪、饱和脂肪和胆固醇含量详见营养成分表。"

此外，对于标签称"不含胆固醇"或"饱和脂肪少于黄油"的Spectrum有机起酥油，通常消耗的参考量必须少于2mg胆固醇和少于或等于2g的饱和脂肪，不得含有消费者通常理解含有胆固醇的其他成分，并且标签必须标明每份产品中的总脂肪含量以及比较信息，以确保起酥油含有的饱和脂肪少于黄油至少25%。此产品不在法律的特定要求范围内。

1.6.4　关于含咖啡因酒精饮料的警告信

FDA在2009年发布了27份关于含咖啡因酒精饮料的警告信。尽管FDA在20世纪50年代批准咖啡因作为添加剂使用于非酒精饮料中（浓度不超过200 mg/kg），但FDA尚未批准在酒精饮料中添加任何浓度的咖啡因。FDA表示，根据FDCA［21 U.S.C.§342（a）（2）（C）］的规定，与酒精混合的咖啡因是一种"不安全的食品添加剂"。这些警告信表明咖啡因可以掩盖酒精中毒的症状，并可能导致危险行为，进而导致危及生命的情况。根据这一证据，FDA确定在酒精饮料中使用咖啡因不符合GRAS要求。在与FDA的讨论中，主要的酿酒商，如Anheuser-Busch、LLC和Miller Brewing Co.等公司决定停止Tilt，Bud Extra和Sparks产品的生产，并同意以后不会生产任何含咖啡因的酒精饮料。

上述要求于2010年更新，当时FDA和FTC向四家公司发出了警告信，烟草税务和贸易局则向他们发出了通知，内容都是关于禁止在酒精麦芽饮料中加入咖啡因。此外，FDA一封关于消费者健康信息的警告信公布了其中一些饮料的图片信息，并引用了FDA首席副专员Joshua M.Sharfstein博士的话，他表示："消费者应该避免饮用这些含咖啡因的酒精饮料，因为在酒精饮料中加入咖啡因不符合FDA的安全标准"（FDA，2010b）。

此外，通过对儿童和青少年食品中咖啡因的安全性调查，FDA在2013年宣布了一项新的咖啡因举措。这项举措发布于箭牌开始推广一种含咖啡因的新口香糖后不久，FDA表示会关注这些新的含咖啡因的食物对儿童和青少年的潜在影响。

1.7 食品警告信案例（国际）

至少有一封关于外包装的警告信件发给了美国以外（如中国）的公司。据报道，一款名为"Baby Mum-Mum Original Selected Superior Rice Rusks"的食品涉及标签违规，因为标签上有未经批准的营养成分声称，包括低脂肪和不添加脂肪或油脂，该声称不允许用于婴儿或2岁以下儿童的食品。

此外，与"减肥"产品有关的警告信包括违反美国法律法规的食品、膳食成分、药物、器械以及其他产品和服务。有一封警告信是写给印度的Wockhardt公司的，虽然该企业不生产食品，但此前FDA检查了他们在印度的制药工厂，发现其药品成品违反了cGMP规定。

FDA对美国制造的减肥产品以及进口至美国的产品进行监测，已经确定了减肥产品受污染这一"新兴趋势"。在FDA网站上同名为"受污染的减肥产品"（FDA，2016e）中，FDA表示非处方产品（通常认为是膳食补充剂）可能含有隐藏的活性成分，包括处方药成分、限用物质和未经测试和研究的活性有效成分。隐藏成分的增加正在成为减肥产品推广销售中的问题。

在另一个FDA的网站上，一篇名为《警惕欺骗性膳食补充剂（2016）》（FDA，2016f）的文章中指出，近300种主要用于减肥的欺骗性产品含有隐藏成分或存在虚假标签情况。

对此，FDA的底线是：当产品有可能对美国公民构成潜在的严重公共健康风险时，会在全球范围内发出警告信，无论产品产自哪个国家或地区。

1.8 出版物

在美国国家医学图书馆网址http://www.ncbi.nlm.nih.gov/pubmed/使用PubMed搜索关键词：食品警告信（food warning letter），并且不设置其他限制或过滤条件，搜索出12篇与食品警告信有关的文章（共搜索到73篇，有61篇被排除在外，因为通过标题判断该文章不涉及与食品有关的FDA警告信；大多数是关于药物或临床，以及一般主题的试验或警告，如水痘、医疗器械、血浆分离或FDA对非临床研究的审核）。选定的12篇文章涉及以下内容：

- 食品和饮料产品警告信（1篇，待商榷）
- 有关投诉经济或生活质量问题，垃圾广告和患者诊断结果索赔的FDA警告信（3篇）
- 正面包装和直接面向消费者的标签（2篇）
- FDA公布产品风险时的法律问题（1篇）
- 一般食品安全（1篇）
- 食品警告标签（包括淀粉、兴奋剂和英国高风险食品）（4篇）

这些文章说明了关于营销和标签的常见问题，是FDA在食品和饮料产品方面的关键执法领域；然而，考虑到向美国提供食品和食品服务的公司发出的其他方面警告信还有很多，上述领域并不是唯一值得关注的领域。

有几篇文章讨论了关于食品的执法活动和标签方面的问题，一篇文章（Roller和Pippins，2010）提供了有关警告信的信息执法、诉讼以及食品和饮料产品营销责任的一般性观点。该文章审查了23份于2009年10月—

2010年3月发布的关于正面标签违规行为的警告信。这些警告信包括禁止对幼儿常用的食品进行营养成分声称（如"不添加糖""低钠"和"优质铁的来源"等声称"不得用于2岁以下儿童食用的产品"），除非该声称已获得FDA法律批准。对没有相应每日参考摄入量（RDI）（如抗氧化剂水平、良好的不饱和脂肪、反式脂肪）和未确定物质性质的情况下进行声称，FDA也会发出警告信。（例如，在允许抗氧化剂声明之前，必须确定抗氧化物质和RDI）

本书还讨论了2009年向通用磨坊公司（General Mills, Inc.）发出的有关Cheerios®产品声称的警告信，该产品违反FDCA第403（r）条要求导致标签违规，以及违反FDCA第505条导致产品被判定为未经批准的新药。产品包装正面的声称包括"可以在6周内降低4%的胆固醇"和FDA批准的可溶性纤维和冠心病健康声称，背面的声称包括关于临床研究结果的描述。FDA认为这种声称和临床研究信息的结合表明该麦片产品可通过降低胆固醇来降低消费者患冠心病的风险，这种"低胆固醇"的声称不符合"可用的"可溶性纤维健康声称或单独声称要求。此外，FDA还认为通用磨坊公司销售用于预防疾病的Cheerios®，这使得该产品成为一种未经批准的新药物。

FDA和FTC执法重点似乎是如何增加能满足声称要求所需的证据数量，相关文章作者呼吁：（1）实行政策改革，以澄清批准健康食品和饮料的营销声称；（2）实行监管安全地带，以保护公司适当地使用营养和健康声称；（3）加快批准准确、可靠的营养成分和健康声称。如何证明声称内容有效是一个范围广泛且竞争激烈的领域，FDA发布了许多相关的警告信，指控企业违反食品和饮料的声称规定。

在医学文献中缺乏与食品有关的FDA警告信的出版物，这证实了该领域缺乏同行评测方面的研究。虽然FDA发布警告信的过程可能不会引起美国卫生保健专业人员的兴趣，但与食品相关的重大健康问题的出现应该引起人们的重视，因为与饮食有关的健康问题发生率正在上升（例如，肥胖、摄入有毒和污染的食物危害、食源性疾病、越来越多的国际食品来源可能会将外来疾病带到美国）。

FDA审查来自世界各地的数据，并且通常是第一个把关系到美国人口总体健康状况的安全性数据进行汇总的机构［如禁用沙利度胺避免其对某些出生缺陷的影响，在膳食补充剂中禁用芬芬（fen-fen）和麻黄避免其对人体心脏可能造成的损害］。已发表的文献数量呈指数级增长，使得这一主题很可能在未来的医学文献中更加流行。

1.9 小结

美国FDA从19世纪初以专利局的形式成立到现在作为现代化组织，始终关注美国市场上食品、药品等产品的安全性和有效性。美国的法律法规涵盖食品、食品配料、膳食补充剂、食品添加剂以及有关食品的营养和标签声称等范围，确保在美国种植和消费的产品以及从世界各地进口到美国的食品的安全性。除了美国的法律法规，FDA还发布了数千份指导文件，其中数百份是关于食品和饮料的。指导文件经常变化，且提供了FDA对相关美国法律条款深入的解释。

企业违反法律法规可能会收到警告信或被采取其他强制措施，包括扣押、禁令或民事或刑事处罚（Frestedt，2016）。FDA向食品、饮料、膳食补充剂和其他类相关公司发出过许多警告信。标签违规是其中常见的主题，涉及的标签违规行为可能与产品使用的健康声称或营养成分声称缺乏科学证据有关。

警告信只是FDA用来确保企业自愿遵守美国食品相关法律法规的一种工具。此外，美国FTC也会就食品和饮料产品的广告宣传发出警告信或同意令，在FDA发布警告信后，个人也可以对营销声明或虚假广告提出诉讼质疑。

1.10 测试题

1. 简要描述FDA的历史以及FDA如何形成。
2. FDCA的全称是什么？

3．1906年《纯净食品和药品法》与1938年的FDCA主要区别是什么？

4．当FDCA于1938年通过时，FDA工作人员收集了哪些产品？

5．FDA指导文件数据库中指导文件是如何架构的？

6．描述向通用磨坊公司发出的关于Cheerios®的警告信内容。

7．在什么条件下，FDA会向美国以外的公司发出警告信？

8．当公司未能遵循美国的法律法规时，FDA会采取哪些执法行动？

参考文献

FDA, U.S. Food and Drug Administration, 2009a. A Century of Ensuring Safe Foods and Cosmetics.（Online）Available from: http://www.fda.gov/AboutFDA/WhatWeDo/History/FOrgsHistory/CFSAN/ucm083863.htm.

FDA, U.S. Food and Drug Administration, 2009b. Promoting Safe and Effective Drugs for 100 Years.（Online）Available from: www.fda.gov/aboutfda/whatwedo/history/productregulation/promotingsafeandeffectivedrugsfor100years/default.htm.

FDA, U.S. Food and Drug Administration, 2010a. A Chronology of Major Agency Reorganizations Affecting Field Operations.（Online）Available from: www.fda.gov/AboutFDA/WhatWeDo/History/FOrgsHistory/ORA/ ucm083663.htm.

FDA, U.S. Food and Drug Administration, 2010b. Serious Concerns over Alcoholic Beverages with Added Caffeine.（Online）Available from: http://www.fda.gov/downloads/ForConsumers/ConsumerUpdates/ UCM234132.pdf.

FDA, U.S. Food and Drug Administration, 2013. FDA Organizational Histories.（Online）Available from: www.fda. gov/AboutFDA/WhatWeDo/History/FOrgsHistory/default.htm.

FDA, U.S. Food and Drug Administration, 2014a. Adverse Events with Ephedra and Other Botanical Dietary Supplements.（Online）Available from: http://www.fda.gov/Food/RecallsOutbreaksEmergencies/SafetyAlerts Advisories/ucm111208.htm.

FDA, U.S. Food and Drug Administration, 2014b. Companies Marketing Ephedra Dietary Supplements that Received FDA's Letter Dec.30, 2003.（Online）Available from: www.fda.gov/Food/ComplianceEnforcement/ WarningLetters/ucm081856.htm.

FDA, U.S. Food and Drug Administration, 2015a. Warning Letters and Notice of Violation Letters to Pharmaceutical Companies.（Online）Available from: http://www.fda.gov/Drugs/GuidanceComplianceRegulatoryInformation/ EnforcementActivitiesbyFDA/ WarningLettersandNoticeofViolationLetterstoPharmaceuticalCompanies/ default.htm.

FDA, U.S. Food and Drug Administration, 2015b. Office of Scientific Investigations Warning Letter: Current OSI Warning Letters.（Online）Available from: http://www.fda.gov/aboutfda/centersoffices/officeofmedicalproductsandtobacco/cder/ucm247881.htm.

FDA, U.S. Food and Drug Administration, 2016a. CFSAN – What We Do.（Online）Available from: www.fda.gov/ AboutFDA/CentersOffices/OfficeofFoods/CFSAN/WhatWeDo/default.htm.

FDA, U.S. Food and Drug Administration, 2016b. Inspection Classification Database Search.（Online）Available from: www. accessdata.fda.gov/scripts/inspsearch/.

FDA, U.S. Food and Drug Administration, 2016c. Inspections, Compliance, Enforcement, and Criminal Investigations. Available from: http://www.fda.gov/ICECI/.

FDA, U.S. Food and Drug Administration, 2016d. Freedom of Information.（Online）Available from: http://www. fda.gov/regulatoryinformation/foi/default.htm.

FDA, U.S. Food and Drug Administration, 2016e. Tainted Weight Loss Products.（Online）Available from: http:// www.fda.gov/drugs/resourcesforyou/consumers/buyingusingmedicinesafely/medicationhealthfraud/ ucm234592.htm.

FDA, U.S. Food and Drug Administration, 2016f. Beware of Fraudulent Dietary Supplements.（Online）Available from: http://www.fda.gov/ForConsumers/ConsumerUpdates/ucm246744.htm.

FDA, U.S. Food and Drug Administration, 2017a. Food Guidance Documents.（Online）Available from: www.fda. gov/Food/GuidanceRegulation/GuidanceDocumentsRegulatoryInformation/default.htm.

FDA, U.S. Food and Drug Administration, 2017b. Inspections, Compliance, Enforcement, and Criminal Investigations: Warning Letters. (Online) Available from: www.fda.gov/ICECI/EnforcementActions/WarningLetters/default. htm.

Frestedt, J., 2016. Warning Letters: 2016 Reference Guide. Barnett International, Publishers, Needham, MA.

Roller, S., Pippins, R., 2010. Marketing nutrition & health-related benefits of food & beverage products: enforcement, litigation & liability issues. Food Drug Law J. 65 (3), 447–469. Available from: www.kelleydrye.com/publications/articles/1392/_res/id=Files/index=0/FDLI%20Article%20-%20Marketing%20Nutrition%20and%20Health%20Related%20%20Benefits%20of%20Food%20and%20Beverage%20Products%20-%20Roller-Pippins.pdf.

2

质量体系概述

2.1 良好操作规范和质量控制体系

向美国市场输送的食品需要采用现行良好操作规范（cGMP）和适当的质量体系（QS）进行控制。几十年来，食品cGMP要求一直是食品监管领域的一部分，在审查和更新GMP和QS控制时需要注意食品病原体的变化、日益复杂的食品技术和自动化加工技术。企业违反cGMP和QS规定是导致收到警告信最常见的违规行为。

根据FDA报告《21世纪食品加工的GMP》（FDA，2014a），需要特别注意解决以下问题：

- 员工培训
- 原材料污染
- 工厂和设备卫生
- 工厂设计和建设
- 冷藏和乳制品（食品安全风险最高）
- 烘焙和冷藏食品（过敏原风险最高）
- 小型设施（风险高于大型设施）

该报告确定了具体的预防性控制措施，以帮助企业遵守GMP法规并避免收到警告信。无论设施规模或产品类型如何，以下预防性控制措施都具有普遍适用性：

- 培训——包括过敏原控制、清洁卫生管理、原辅料检查、员工管理、供应商评价等内容。
- 审核——包括内部审核和第三方审核，审核内容包括原材料供应商等。
- 记录——包括培训记录、材料处理记录、清洁卫生记录、接收记录、签字等。
- 验证——包括培训有效性、问责制以及清洁通过测试（特定位置清洁和微生物检测、感官浓度检测、生物发光检测等）。

为满足食品cGMP的要求，应对上述措施进行扩展（例如，增加有关培训的细节，增加关于过敏原控制和记录保存的新要求），可为行业带来积极的影响（例如，满足要求的，FDA可减少检查等）。为确保食品安全，每个生产企业都应该对所有员工进行食品GMP、HACCP计划组成部分关键要素的培训。

每家食品企业都需要了解cGMP、QS控制HACCP计划，并应用于实际工作。许多不同行业在预防控制和质量保证方面很相似，例如国际标准化组织（ISO）9001：2000体系、美国质量协会（ASQ）《质量管理和质量体系要素——加工材料指南》（Q9004-3-1993）、制药行业的GMP和医疗设备行业的GMP在"培训、审查、文件和验证"的规定方面都有相似的关键环节。本书附录3对食品加工的cGMP与QS控制进行了对照比较。更新的标准增加了一些新的内容，公司需要不断改进，例如，ISO 9001：2015在QS对产品和服务的控制方面有更广泛的解释，类似于国际标准化组织，FDA正在使食品生产所需的cGMP、HACCP和QS法规更加现代化，本章将回顾这些质量标准以及FDA警告信的案例来了解如何改进食品生产质量控制。

2.2 法规和指导文件

美国1938年发布的《食品、药品和化妆品法案》（FDCA）为今天的cGMP和QS提供了监管基础。特别是条款402（3）（a）和条款402（4）（a）要求与食品生产相关的设备和从业人员保证所生产的食品适于食用，如果在不卫生的条件下生产、包装或贮藏，这些食品会被认为是"掺杂"。FDCA的这些规定与食品生产和贮藏的环境设施条件有关，任何不卫生的条件都会被认定为所生产的食品存在掺杂情形。FDA将根据实际情况，对这些企业发出警告信或采取进一步的强制执法行动。

2.2.1 食品质量体系的历史和现行良好操作规范条例

1969年4月，FDA最终确定了执行FDCA的规则，规则规定在所有食品加工过程中的卫生条件都要满足GMP的特殊要求。这些GMP法规对于小公司来说是一种负担，需要解决。"不卫生"的条件定义不清会导致一些未受污染食品被认为"有害健康"，并且对于FDA强制执行GMP要求的权威性是一种挑战。正如FDA的报道《良好作业规范——第一部分：现行良好农业规范》（FDA，2014b）中所述，前两个问题通过使用比条例中的具体标准更通用的条款得到解决，第三个问题通过FDA得到了解决（FDA具有颁布GMP法规的法定权力）。

最初，这些GMP法规见于法规21CFR128，该部分在1977年被重新编辑并出版为法规21CFR110。典型的情况是，这些GMP法规非常宽泛，没有具体说明如何遵守。FDA此前曾试图提供特定行业的GMP，然而在1986年发布的法规21CFR110中没有采用特定行业的GMP的方式。法规21CFR110和法规21CFR169中特定行业规则包括：

- 《婴幼儿配方乳粉营养成分质量控制程序》（21CFR106）
- 《在密封容器中热处理低酸罐头食品》（21CFR113）
- 《酸化食品》（21CFR114）
- 《瓶装饮用水》（21CFR129）

2002年，FDA成立了一个食品GMP现代化工作组（FDA，2014c），之后《食品安全现代化法案》（FSMA）于2011年1月4日签署成为法律（公法111-353）。

2.2.2 法规21CFR110——现行良好操作规范条例

法规21CFR110中食品GMP描述了食品生产和加工所需的设施、设备、方法和控制的类型，这些法规确定了用于生产安全卫生食品的卫生条件和加工程序具体要求，为美国食品供应的监管控制提供了基础，在某种程度上也对FDA检查和警告信发出提供了支持。

法规21CFR110中条例包括7个部分，然而，其中D和F两个部分是"预留的"，并没有任何内容。这些规定很宽泛，允许适当地变化，以便更好地满足不同食品制造商的需求，例如：

- A部分为总则，包括定义（21CFR110.3）、cGMP（21CFR110.5）、人员（21CFR110.10）和例外情形（21CFR110.19）。
- B部分提供建筑物和设施的一般要求，包括建筑物和设施（21CFR110.20）、卫生操作（21CFR110.35）、卫生设施和控制（21CFR110.37）。
- C部分规定设备和器具的要求（21CFR110.40）。
- E部分涵盖生产和过程控制，包括过程与控制（21CFR110.80）和仓储与物流（21CFR110.93）。
- G部分描述了食品天然的或不可避免的缺陷，这些缺陷不危害人体健康（21CFR110.110）。

在这些法规中，一般使用"shall"表示应当遵守的情况，而用"should"表示该建议与第402（4）（a）节中规定的不卫生条件没有直接关系。对于违反要求的行为，FDA将以特定方式发出警告信。

例如，A部分包含许多不同的术语定义，并且对工厂和工作人员个人卫生的某些方面作出了规定（如当工作人员患有疾病或有污染食品的潜在状况时，应该被隔离在生产范围外）。警告信通常包括以下方面的违规指控，比如工作人员不洗手或不戴绑扎带导致食品细菌滋生的情况等。A部分还规定了工作人员应摘除首饰、不安全的物品，使用手套和发套，个人物品的储存，饮食和吸烟的限制，适当的食品安全培训和监督要求等确保合规性的规定。在警告信中经常提到企业缺少相关培训和监督。需要注意的是，收获、贮藏或分销农产品原料的公司不受A部分的约束。

B部分专注于食品加工建筑和设施（维护、布局和操作监管）。企业必须对设施场地进行管理，通过废弃物的控制、清除或处理，场地维护（如充分排水）等手段创建一个"卫生"的设施，降低食品污染风险。设施和设备（包括食品用具）必须充分消毒，害虫必须得到控制，并且食品接触材料必须保持适当的清洗频率以避免污染。卫生操作方面要求还包括清洁消毒用品，有毒有害物质的储存必须远离食品，避免化学污染。警告信中经常将餐具及食品接触表面未清洁和消毒，害虫未清除视为违规。

C部分规定了设备设计、建造和维护方面的内容。在食品生产过程中，需要利用自动温度控制和报警系统来将温度控制在所需的范围内。警告信经常提到，在食品生产过程中，有的企业没有使用适当的设备或控制措施来确保加工和贮藏食品的安全。

E部分列出了生产过程中需要的卫生和其他控制程序要求，包括物理因素的监控（如时间的"关键控制点"、温度，某些食物的湿度、酸碱度、流速和酸化程度）。仓储和配送过程控制包括防止物理、化学和微生物污染以及防止食品或食品容器变质。

G部分定义了不可避免的、天然的或可预期的"缺陷行为水平（DAL）"，这些缺陷在低水平下通常是无害的（如啮齿动物排泄物、昆虫残体或霉菌等）。FDA编写有《食品缺陷行为水平手册》（FDA，2016a），要求每个设施都需要有一个QS设计，以尽可能降低缺陷水平，每个单独的缺陷不得超过最大缺陷行为水平（DAL）[缺陷水平超过DAL违反了《联邦药物管制法》第402（3）（a）条]。超过DAL的混合食品也被禁止，且违反了FDCA法规。DAL包括：

- 每10g产品中存在30粒昆虫碎片（香料，磨碎的）
- 每10g产品中存在1根啮齿动物毛发（香料，磨碎的）
- 每100g产品中存在60只蚜虫、蓟马、螨虫（西蓝花，冷冻）
- 豆子霉变率4%（可可豆）
- 每100g产品中存在2.2g哺乳动物排泄物（可可豆）
- 每500g产品中存在10个苍蝇卵（番茄，罐头）
- 每500g产品中存在2只蛆（番茄，罐头）

FDA检查员在对工厂进行检查时会参照DAL要求，超出限制的结果会在表格483中列出，用于自行更正，如果风险没有及时解决，FDA可能会发出警告信。

2.2.3 食品质量标准和现行良好操作规范的指导文件

在FDA网站上可查到数百份FDA"食品指导文件"（FDA，2017a），然而只有五个指导文件的标题中包括"GMP"和"质量（quality）"。

- 食品安全（FSMA）：行业指南：你需要知道的FDA规则、现行良好操作规范、危害分析、基于风险的人类食物预防控制、小型企业合规指南（SECG）。
- 婴幼儿配方乳粉：婴幼儿配方乳粉生产豁免：cGMP、质量控制程序、审查行为、记录和报告（2016年4月）。
- 婴幼儿配方乳粉：在法规21CFR106.96（i）中对于"合格"婴幼儿配方乳粉质量要素要求的证明（2014年6月）。
- 膳食补充剂：在膳食补充剂的制造、包装、标签或贮藏操作方面的cGMP，SECG（2010年12月）。
- SECG：瓶装水质量标准，建立邻苯二甲酸二（2-乙基己基）酯的允许水平（2012年4月）。

虽然很多指导文件标题不包括"质量"或"GMP"字样，但这些指导文件也几乎都是关于质量控制和GMP的具体方面内容，例如，其中一些文件的主题是食品标签、食品安全、化学污染物，还有一些是食品防护或膳食补充剂。而剩余的指导文件也涵盖了食品生产范围内各种各样的主题，如食品罐头厂注册、鸡蛋中的沙门菌控制等。下面讨论两个例子：

（1）SECG瓶装水质量标准：建立邻苯二甲酸二（2-乙基己基）酯的允许水平（2012年4月）。

（2）婴幼儿配方乳粉 婴幼儿配方乳粉生产豁免：cGMP、质量控制。

2.2.3.1 瓶装水

瓶装水质量标准最终规则于2012年4月16日生效，要求瓶装水制造商每年至少监测一次瓶装水成品中邻苯二甲酸二（2-乙基己基）酯（DEHP）含量，必要时增加频率，以确保产品更好地符合瓶装水的cGMP规定。水源水也必须每年监测一次，除非存在豁免情况。法规21CFR129和法规21CFR165以及政府指导文件中对于瓶装水的要求如下：

"FDA对瓶装水中DEHP的最大允许含量为0.006 mg/L [21CFR 165.110（b）（4）（iii）（C）]"（FDA，2012a）。

一份题为《行业指南：瓶装水质量标准》的5页简短指导文件中，确定了DEHP的限量水平；SECG定义了具体的分析方法。本指南还提到了23种化学物质和硫酸盐的限量水平，最终于1996年3月26日出版（61FR13258）。更多信息可在FDA网站上《瓶装水/碳酸软饮料指导文件和监管信息》一文中获得。

2.2.3.2 婴幼儿配方乳粉

一份题为《行业指南：婴幼儿配方乳粉生产豁免》的5页简短指导文件中包括现行良好操作规范、质量控制、程序、审查的进行、记录和报告等相关内容。明确了婴幼儿配方乳粉通常是为健康足月婴儿准备的，对于供天生代谢异常、出生体重过低或有特殊的医疗或饮食问题的婴儿食用的食品，"豁免"FDA第412（a）、（b）和（c）节的要求［FDCA 412（h）（1），21USC350a］（FDA，2016b）。其他信息可在FDA网站"婴幼儿配方乳粉指导文件及监管信息"栏目中查询（FDA，2016c）。

本指导文件提醒用户最终规则中的规定适用于所有婴幼儿配方乳粉（不论是否符合法规21CFR106.150中记录的豁免条件），并描述了获"豁免"的特殊用途婴幼儿配方乳粉的生产可能仍需要满足cGMP、质量控制、审核、记录和报告的要求，类似于法规21CFR106中描述的"非豁免"婴幼儿配方乳粉生产（尽管其中一些要求对"豁免"婴幼儿配方乳粉是无效的）。换句话说，除非仍需要cGMP和其他控制措施，否则特殊用途的婴幼儿配方乳粉不受这些规定的约束。

关于婴幼儿配方乳粉监管难题在法规21CFR106和法规21CFR107中进行了详细地说明。最初，婴幼儿配方乳粉最终规则"婴幼儿配方乳粉cGMP、质量控制程序、质量要素、通知要求、记录和报告"于2014年6月10日在法规79FR33057中发布，在法规21CFR106中成文，标题为《婴幼儿配方乳粉相关要求的现行良好操作规范、质量控制程序、质量要素、记录和报告以及通知》。根据FDCA（21U.S.C.350a）第412节的规定，法规21CFR106子条款如下：

- 子部分A　总则
  - §106.1　第106部分中法规的现状和适用性
  - §106.3　定义
- 子部分B　现行良好操作规范
  - §106.5　现行良好操作规范
  - §106.6　生产和过程控制系统
  - §106.10　防止人工原因造成掺杂的控制措施
  - §106.20　防止设施原因造成掺杂的控制措施
  - §106.30　防止设备或器具原因造成掺杂的控制措施
  - §106.35　防止自动化（机械或电子）原因造成掺杂的控制装备
  - §106.40　控制由成分、容器和封闭物引起的掺杂
  - §106.50　生产过程中防止掺杂的控制措施
  - §106.55　防止微生物原因造成掺杂的控制措施
  - §106.60　在包装婴幼儿配方乳粉和加贴标签过程中防止掺杂的控制措施
  - §106.70　婴幼儿配方乳粉成品的出厂控制
  - §106.80　可追踪性
  - §106.90　对cGMP的审查
- 子部分C　质量控制程序
  - §106.91　一般质量控制
  - §106.92　质量控制程序的审查
- 子部分D　审查的进行
  - §106.94　审查计划和程序
- 子部分E　婴幼儿配方乳粉的质量要素

- §106.96　婴幼儿配方乳粉质量要素的要求
- 子部分F　记录和报告
  - §106.100　记录
- 子部分G　注册、提交和通知要求
  - §106.110　新婴幼儿配方乳粉注册
  - §106.120　新婴幼儿配方乳粉提交
  - §106.121　婴幼儿配方乳粉的质量要素保证
  - §106.130　提交验证
  - §106.140　提交关于婴幼儿配方乳粉可能掺杂的结果
  - §106.150　掺杂或品牌有误的婴幼儿配方乳粉的通知
  - §106.160　以引用方式纳入

从这些细节中可以看出，在法规21CFR106中，规章制度不仅需要cGMP控制，还包括注册，提交任何掺杂或品牌有误的婴幼儿配方乳粉。另外，法规21CFR107中题为"婴幼儿配方乳粉"的章节包含以下内容：

- 子部分A　总则
  - §107.1　第107部分法规的现状和适用性
  - §107.3　定义
- 子部分B　标签
  - §107.10　营养信息
  - §107.20　使用说明
  - §107.30　豁免
- 子部分C　豁免婴幼儿配方乳粉
  - §107.50　条款和条件
- 子部分D　营养说明
  - §107.100　营养说明
- 子部分E　婴幼儿配方乳粉召回
  - §107.200FDA　召回要求
  - §107.210　公司要求产品下架
  - §107.220　婴幼儿配方乳粉召回的范围和效果
  - §107.230　婴幼儿配方乳粉召回的要素
  - §107.240　通知要求
  - §107.250　终止婴幼儿配方乳粉召回
  - §107.260　婴幼儿配方乳粉召回的修订
  - §107.270　遵守本子部分
  - §107.280　记录留存

法规21CFR107的相关条文对婴幼儿配方乳粉豁免的类型、婴幼儿配方乳粉规格（如标签和营养成分）进行了说明。此外，法规21CFR107的E部分在婴幼儿配方乳粉的召回信息方面也有非常详细的说明。

FDCA 412（h）（2）部分的指导文件授权FDA建立豁免条款，FDA之前在法规21CFR107.50中制定了豁免的条款和条件。FDA计划"在未来规则制定颁布法规，完善豁免婴幼儿配方乳粉的新条款和条件"。在此期间应遵循指导文件要求，因为该文件是FDA"基于当前的情况考虑"，即法规21CFR106的要求，并经修订适用于符合豁免情形的婴幼儿配方乳粉。指南指出，FDA婴幼儿配方乳粉条例可确保婴儿在出生后最初几个月的关键时期所食用婴幼儿配方乳粉的安全性、完整性和充足的营养性。另外，该指南对豁免婴幼儿配方乳粉的"狭义例外"描述如下：

"……应用豁免条件的婴幼儿配方乳粉产品应采用作业规范、质量控制程序、审计程序以及与健康足月婴儿消费产品相当的记录和报告草案。然而，豁免婴幼儿配方乳粉可能与非豁免婴幼儿配方乳粉不同，例如，由于特定医疗条件导致豁免婴儿配方食品的营养素含量区别。因此，建议豁免婴幼儿配方乳粉的制造商在可行的范围内遵循法规21CFR106的A、B、C、D和F部分，修订（或制定）的最终规则于2014年6月10日公布，适用于配方产品生产。"

因为对指南、法规、最终规则和法律的解释较复杂，并且通常可由FDA解释或"强制执行"，故该婴幼儿配方乳粉指南强调了仔细审查的必要性。

2.2.4　FDA指导文件：复杂性、多样性和现代化

上面讨论的两个指导文件范例提供了很好的关于FDA指导文件复杂性和多样性的说明，《瓶装水指南》详细说明了在瓶装水中DEHP的最大允许量为0.006mg/L，《婴幼儿配方乳粉指南》说明了豁免情形的应用。

另外两份FDA指导文件（FDA，2005，2017c）描述了cGMP法规的持续现代化（21CFR110），涵盖七个领域，包括"培训、食物过敏原、单增李斯特菌控制、卫生程序、某些转基因作物在农业生产中的应用、记录获取和温度控制"，遵循FDA的指导文件将有助于公司免于收到警告信。

2.3　质量体系警告信案例

与向医疗设备公司发出的警告信不同，食品安全和应用营养中心（CFSAN）向食品公司发出的警告信的主题通常不包含"质量"这一关键词。这类警告信的主题类型很复杂。例如，在FDA的CFSAN数据库的465封警告信中发现了84个不同的主题（这些警告信主题通常存在重叠）。

约26%（122/465）的CFSAN警告信与"水产品HACCP"有关，列于9个不同的警告信标题中（见附录4），最常见的警告信主题是"水产品HAACP/食品cGMP/掺杂。"这些CFSAN警告信中大部分都包含了cGMP以及水产品HACCP的内容。在其他例子中，主题词非常具体。例如，关于H1N1流感病毒和2012—2013年流感季、甲基甲肾上腺素、阿拉伯胶、BMPEA、匹卡米隆、大麻二酚的警告信代表了FDA有意检查和发布警告信的领域，警告信针对的是在这些特定主题领域检查并识别的违规行为。

上述以cGMP等作为主题的HACCP警告信包括了质量管理体系（QS）的内容。例如，在465封警告信中有23封的主题以"cGMP"开头（表2.1）。警告信的多样性和主题的复杂性使合规变得困难。许多研究FDA历史的学者喜欢用更有组织性和思想性的方法对待警告信，而不是完全被动地去研究个别检查员特定类型的警告信。主题进行标准化、按照风险大小进行排列、通过检查员了解警告信中提到的问题类型等方式会对研究有所帮助。

正如表格中所记录，许多不同类型的公司（如生产糖果、海鲜和干酪的公司）收到了关于cGMP问题的警告信，其中很多都是标签违规和掺杂问题。

有意思的是，这23封来自CFSAN的警告信中，只有一封是发给一家美国公司的，主题是"GMP"。其他22封警告信发给世界上许多不同国家或地区的公司，包括斐济（1）、厄瓜多尔（2）、加拿大（3）、多米尼加共和国（2）、危地马拉（2）、印度（1）、意大利（2）、希腊（1）、中国台湾（1）、日本（1）、巴西（1）、哥斯达黎加（2）、智利（1）、法国（1）和中国香港（1）。因此，检查员不仅必须熟悉许多不同类型的食品，而且也需要掌握不同国家的文化、语言和习俗。因为检查员检查的内容涉及医疗器械公司、药品公司和食品公司，他们可能不能完全理解正在开展的工作，所以FDA开始重组检查员，使他们的专业与被检查的商品更加一致（例如，FDA检查员从专门研究食品、药品或设备，到同时研究全部的三方面）。按商品类型分类可以使检查员更关注质量，检查过程中更好地了解公司具体使用的生产流程。

表2.1 CFSAN警告信对cGMP的关注情况

公司	发出日期	主题
Pallas S.A. Confections	2012年11月27日	cGMP-食品标签/标签违规/掺杂
Marukai Foods Co., Inc.（Takasu Factory）	2014年7月14日	cGMP-食品/标签违规
United Taiwan Corp. - Chao Zhou Plant	2010年12月02日	cGMP-偏离/掺杂
Caseificio Sociale Manciano	2012年07月05日	食品cGMP/掺杂
Distribucion Y Representaciones Comerciales S.A.	2012年03月21日	食品cGMP/危害分析和关键控制点/掺杂
Pacific Fishing Company Limited	2010年10月20日	食品cGMP/水产品危害分析和关键控制点/掺杂
Pesnusan Cia Ltd.	2010年10月22日	食品cGMP/水产品危害分析和关键控制点/掺杂
Showa Marine Inc.	2010年11月03日	食品cGMP/水产品危害分析和关键控制点/掺杂
Merex Inc.	2011年07月28日	食品cGMP/水产品危害分析和关键控制点/掺杂
Galati Cheese Company Ltd.	2011年03月14日	制造、包装或贮藏食品过程的cGMP/掺杂
Negocios Industriales Real "N.I.R.S.A." ,S.A.	2012年01月23日	cGMP食品法规/掺杂
Societe Fromagere de Bouvron	2012年04月11日	cGMP食品法规/掺杂
Sabila SRL	2013年07月01日	cGMP/酸化食品/掺杂
Productos Alimentios Centroamericanos,S.A.	2013年07月02日	cGMP/酸化食品/掺杂
K.I.Z. FOODS LIMITED	2014年11月12日	cGMP/酸化食品/掺杂
Vicrossano Inc.	2013年11月27日	cGMP/食品/准备、包装或在不卫生的条件下贮藏/掺杂
Chocolates Garoto S.A.	2015年08月03日	cGMP/食品/准备、包装或在不卫生的条件下贮藏/掺杂
Alopecil Corporation, S.R.L.	2014年10月16日	cGMP/制造、包装、标签或膳食补充剂的使用/掺杂
Ciresa Formaggi Snc	2012年07月09日	cGMP/制造、包装或贮藏食品/掺杂/不卫生条件
Agroindustrias Mora S.A.	2013年02月05日	cGMP/制造、包装或贮藏食品/掺杂/不卫生条件
Comercializadora Segura de Cartago S.S.R.S.A	2013年03月26日	cGMP/制造、包装或贮藏食品/掺杂/不卫生条件
Asociacion de Pequenos Agricultores Comalapenses de Producto	2013年03月26日	cGMP/制造、包装或贮藏食品/掺杂/不卫生条件
Chan Yee Jai	2013年07月02日	cGMP/制造、包装或贮藏食品/掺杂/不卫生条件

2.3.1 水产品危害分析和关键控制点

2010年3月3日FDA在检查了一家水产品加工厂后，对加利福尼亚州洛杉矶的"昭和海运（Showa Marine）"公司发出了一封cGMP警告信（FDA, 2010）。FDA检查员发现了涉嫌违反水产品HACCP（21CFR123）和cGMP食品法规（21CFR110）的情况。其中鱼类产品被认为是掺杂，因为该产品的加工企业没有符合进口鱼类法规的HACCP计划。这封信指出蟹肉和黄尾鱼片是在不卫生的条件下生产、包装或贮藏的，这可能会损害消费者健康。特别是，警告信中指出："贵公司没有采用冷藏真空包装黄尾鱼片的HACCP计划来控制肉毒杆菌可能产生的食品安全危害。"

尽管该公司向FDA提交了一份"鲭鱼"的HACCP计划，但FDA表示该计划没有包括以下内容：

"……肉毒梭状芽孢杆菌生长和潜在毒素形成相关的潜在食品安全危害，这是真空包装鱼，特别是真空包装鲜鱼产品中很可能存在的风险。根据法规21CFR123.6（b）（2）的规定，企业只能在确定的食品安全危害、关键控制点、关键限值和程序相同的情况下，或者确定的生产方法相同的情况下，将各种鱼类和渔业产品纳入同一HACCP计划。其提供的计划没有列出肉毒梭状芽孢杆菌生长和毒素形成的危害，也没有列出预防或降低危害可能性所需的控制措施。例如，当冷藏是防止肉毒梭状芽孢杆菌非蛋白水解菌株的生长和毒素形成的唯一措施时，原始真空包装的鲜鱼需要控制在3.3℃或低于3.3℃。建议贵公司对每种产品进行危害分析，以确保贵公司的HACCP计划有效，并对每一项分析中确定的危害进行必要的控制。"

该警告信中关于肉毒梭状芽孢杆菌的更多信息，请参阅"《鱼类和渔业产品危害和控制指南》（第三版）第13章"。此外，警告信还列举了与以下各项有关的涉嫌违规行为：

• 记录保存不符合要求，需确保对控制点的监控情况进行记录。
• 控制病原体生长和毒素形成的监测过程和频率不符合要求，包括未达到FDA建议的要求："现场使用设备，能够原位连续监测和记录24h/d、每周7d的温度，并每天检查记录和设备。"
• 控制病原体生长和毒素形成或组胺的纠正措施计划不符合要求，例如设备维修或调整时缺少时间和温度信息的监控，温度升高后添加冰可能无法控制出现不安全因素的潜在风险。
• 未能执行"关键步骤"以确保进口鱼类产品的加工符合海产品HACCP规定。

此警告信要求提供HACCP和验证记录以对纠正措施进行评估。

2.3.2 干酪生产

近年，两家意大利干酪加工厂收到警告信（Caseificio Sociale Manciano公司于2012年7月5日，Ciresa Formaggi Snc公司于2012年7月9日），根据法规21CFR110（FDA，2012b，c）被指控"严重违反"cGMP规定。某些产品被FDA判定为"掺杂"，因为FDA认为这些产品是在不卫生的条件下生产、包装或贮藏的，在这些条件下，干酪可能被污秽物污染，或以其他方式对健康产生危害。这两封警告信都包括一段关于FDA通过美国代理商收取外国设施复验相关费用的内容。

对于Manciano公司案例，问题如下：

"未按照法规21CFR110.40（a）的规定设计设备以防止食品掺杂。具体来说，分流阀（FDV）…位于再生和冷却段之后，如果未经巴氏杀菌的牛乳在发生流量分流的情况下，可能会导致加热后再生段、冷却段和相关管道中的牛乳受到污染。FDA建议将FDV重新放置在固定管末端和再生器巴氏杀菌侧之前。

在贵公司的回复信……中，贵公司声明，如果位于固定管末端并连接到FDV的温度记录装置测量温度时……流量FDV将启动，牛乳将不会被送至加工区，工作人员将停止巴氏杀菌，并继续使用其他巴氏杀菌器进行巴氏杀菌。建议的改进不包括FDV的重新放置，但并未解决巴氏灭菌乳可能污染加热后再生段、冷却段和巴氏灭菌器的相关管道的问题。在检查结束时，贵公司指出，如果出现分流情况，在继续使用设备对牛乳进行巴氏杀菌之前，巴氏杀菌器将在适当位置进行原位清洗（CIP）。FDA发现，提出的改进措施虽在短期内缓解了对可能存在的污染问题的担忧，但没有很好地解决设备设计的问题。如果有数据表明，贵公司已经验证了当前的系统可以将巴氏灭菌乳中致病微生物的污染及其生长的可能性降至最低，请以数据作为对本信函回复的一部分提交"。

此外，这些产品被认为是标签违规，因为标签表明产品为巴氏杀菌的绵羊乳或牛乳；然而，公司没有按照法规21CFR1240.61的要求对牛乳进行巴氏杀菌，也没有向FDA提交有效性数据。

对于Cieresa Formaggi Snc公司案例，警告信中描述的涉嫌违规行为如下：

"贵公司未使用符合法规21CFR110.40（a）要求的清洁和消毒材料。具体而言，……用于在熟制过程中贮藏干酪的器具……不是由光滑、可清洁的表面组成，并且观察到含有粗糙区域……食品接触表面必须设计成能够满足预期用途，并且能够使用化合物和消毒剂有效清洗。干酪放在棉布上……；然而，我们的检查人员观察到干酪的两侧与……表面直接接触。我们肯定贵公司定期对干酪产品进行李斯特菌属检测，但这并不能取代cGMP规定的要求，即使用可充分和适当清洗的材料。

在贵公司对FDA表483的回复中，告诉我们贵公司已经在……之间放置了较大的布料，但是我们认为这不是一个符合要求的纠正措施。该措施仍然无法进行充分的清洁和消毒……此外，布料是多孔的、有吸附性的，因此包括细菌在内的有机物质可能渗透到布料中……"

2.3.3 食品标签

2012年11月27日，一封警告信发送给了希腊的Pallas S.A. Confections公司。FDA检查人员通过收集并检查产品标签，确定多种产品存在掺杂和标签违规行为。标签违规的产品违规原因包括没有列明营养成分的真实信息（21CFR101.9）、产品份量规定不合适、存在人工香料或着色剂，以及以下未经证实的指控内容：

"……根据法规21CFR101.9（b）（7）的规定，食品份量的标签声称应为以普通家庭计量单位表示，并在括号中跟随等效的国际单位制数量。按照法规21CFR101.12（b）表2的规定，此类别产品（糖和糖果）的每次进食习惯的参考摄入量为40g，因此贵公司产品的份量必须声明为'__片__（g）'。

贵公司……产品未按照法规21CFR101.9（c）指定的营养要素提供营养信息声称，且未按照法规21CFR101.9（d）的格式提供营养信息。

……产品标签标明'味道（flavours）'是该产品中的一种成分；然而标签中并未说明味道是天然的还是按照法规21CFR101.22（h）（1）的规定人工合成的。产品通过声明'着色剂'是欧盟指定的着色剂来说明成分清单中存在人工着色剂。然而，着色剂并没有按照FDA的要求申报。根据法规21CFR101.22（k）（1）的规定，经FDA认证的着色剂必须用规定名称或缩写。根据法规21CFR101.22（k）（2），不符合FDA认证要求且法规21CFR第73部分规定的着色剂必须列出的名称或列明'人造着色剂'进行申报的要求，应标明'人工添加着色剂'或'添加着色剂'，或用能表达同样信息的术语，表明食品中使用了着色剂。另外，这些着色剂可以用'以_____着色（Colored with _____）'或'_____颜色（_____ color）'的方式申明，_____处应写上法规21CFR第73部分所列的着色剂名称。

按照法规［21 U.S.C § 343（r）（1）（A）］第403（r）（1）（A）条的规定，该产品也属于标签违规。产品标签上有营养成分声称，但该产品不符合使用该声称的要求……必须根据批准此类型声称法规的要求在食品标签对特定营养素水平进行声称。在不符合规定的情况下在食品标签中使用营养成分声称，根据该法案第403（r）（1）（A）节对该营养素的含量的具体要求，应判定为标签违规……贵公司的……产品标签上写着'富含维生素C和果汁'。根据法规21CFR101.54（e）的要求，"富含"一词只能在推荐用量产品中所含的维生素比参照食品至少高出该维生素每日推荐摄入量（RDI）10%的情况下使用。该产品标签未标明参考食品，且营养成分信息表明该产品的维生素C含量仅为RDI的4%。此外，'富含'一词只能用来描述产品中蛋白质、维生素、矿物质、膳食纤维或钾的含量，不能用来描述产品中果汁的含量。"

有的产品也可能属于掺杂，因其含有"不安全的"着色剂，如下列情形：
• 姜黄素（e100）和花青素（e163）不允许在食品中添加。
• 根据法规21CFR73.100（d）（2），胭脂虫红提取液和胭脂虫红（e120）必须在食品标签上声明，使用术语"胭脂虫红提取液"或"胭脂虫红"。
• 声称为"着色（FDCA）"的着色剂未按照21CFR第74部分的要求进行认证。

2.3.4 标签违规的水产品

2014年7月14日，致日本丸井食品有限公司的一封警告信（FDA，2014d）以"cGMP食品/标签违规"为主题，指出FDA检查员已经得出该公司产品违反了法规21CFR101的结论，具体如下：

"（1）贵公司的……产品以'沙丁鱼'的商品名销售，但产品实际是'凤尾鱼'，根据法规21 U.S.C.§343（b）第403（b）条规定，该产品属于标签违规。

（2）贵公司的……产品含有两种语言的信息，但未列明所有必需的标签信息，例如，按照法规21CFR101.15（c）（2）的要求必须以日语和英语列明营养成分信息，故根据法规21 U.S.C.§343（b）第403（f）条规定，该产品属于标签违规。

（3）贵公司的……产品营养成分信息的格式不符合要求，例如产品份量……未按照法规21CFR101.12要求标明'参考摄入量'。干鱼（包括凤尾鱼干或沙丁鱼干）的参考摄入量（RACC）为30g，食品份量是'__片（s）__（g）'。标签未按照法规21CFR101.9（c）（2）（ii）要求标明反式脂肪含量……未按照法规21CFR101.9（c）（2）（i）要求标明饱和脂肪含量……未按照法规21CFR101.9（c）要求标明膳食纤维含量……未按照法规21CFR 101.9（c）（6）（ii）要求标明糖含量。"……故根据法规21 U.S.C.§343（b）第403（g）条规定，该产品属于标签违规。"

这封警告信要求企业在15个工作日内作出答复，并警告可能采取包括"没收贵公司的产品或禁令"在内的执法行动。FDA还指出：

"营业地点的声明必须包括街道地址，除非在当前的城市目录或电话目录中能找到该营业地点。"

2016年8月20日，当所有被指控的问题都得到解决后，FDA收回了这封警告信（FDA，2014e）。

2.3.5 关于"食物过敏"信息的标签违规

2015年8月3日，位于巴西SA的Garoto巧克力公司收到一封警告信（FDA，2015），FDA列出了6项违反法规21CFR 101的情形，涉及一种含有白巧克力和葡萄干的谷类食品的标签违规，具体内容如下：

（1）没有"说明产品中主要的食物过敏原——小麦"。该警告信还指出，"在'成分'声明中列出的'谷蛋白'在《食品过敏原标签和消费者保护法案》（FALCPA）中并没有相关规定，因为谷蛋白并不是主要的食品过敏原之一。"此外，标签表明产品"含有微量（contains traces）"的各种坚果、面筋和杏仁；然而，"按照FALCPA要求，非有意添加到食品中的主要食物过敏原不得使用'含有（contains）'进行声明，"而FDA也没有对术语"微量（traces）"进行定义。信中写道："建议性声称不能代替对cGMP的遵守，标签上的声称必须真实，不得误导。"

（2）"营养成分表"格式错误（21CFR101.9）。例如，"每条重100g，声明的食用分量是1/3条"。参考"其他糖果"的食用习惯为40g，故该产品份量应为1/2条，或如果一次食用整条确属合理的话产品份量也可为整条［21CFR101.9（b）（2）（i）（D）］。所有的营养信息必须进行调整［21CFR 101.12、表2、101.9（b）（2）（i）（C）］……按法规21CFR 101.9（d）（1）（i）条的规定，营养成分应该在标签中用表格单独列出。

（3）未列明每种成分的通用或常用名称（21CFR101.4）。例如，列出了"植物油脂"，但没有使用其常用名称，以及列明油脂的来源（如玉米油、菜籽油）。此外，根据法规21CFR101.4要求，没有在成分后面加上编码［如大豆卵磷脂（322）和聚甘油聚蓖麻油酸酯（476）］。

（4）包装上没有"产品属性及营养成分信息"的英文译文，该信息必须使用包装上所有语言标明［21CFR101.15（c）（2）］。

（5）标签信息显示方式不够"明显"［21CFR101.15（a）（6）］。

（6）未列出制造商、包装商和分销商的名称和地址［21CFR101.5］。

本警告信在所有问题解决后于2016年8月26日被FDA收回（FDA，2016d）。

2.3.6 不卫生条件

2013年2月5日，FDA向哥斯达黎加的Agroindustrias Mora SA公司发出了一封警告信（FDA，2013），主题是"cGMP/制造、包装或贮藏人类食品/掺杂的/不卫生条件"。FDA对一家收获和包装公司的检查中发现了"令人反感的条件和做法"，导致食品掺杂的原因是这些食品"在不卫生的条件下生产、包装或贮藏，在这种情况下产品可能被污染或有损健康。"

该警告信记载了四种"不卫生的条件和做法"，具体如下：

"（1）猪圈里的水顺着一条排水沟流向农场中央的一条被大雨冲刷成的水沟里，水沟旁边是一排排的小胡萝卜。动物是人畜共患疾病的宿主，因此，含有猪排泄物的径流可能会造成污染。

（2）没有厕所设施可供工人使用。最近的厕所离现场有500多米远。FDA建议贵公司为工作人员提供足够的、方便使用的厕所设施，包括在收割期间方便种植区域工作人员使用的厕所设施。

（3）废水从化粪池中漏出，沿着一排排胡萝卜向下流。化粪池含有来自家用厕所的废物，并且可能含有人类病原体，这些病原体可能污染所接触到的产品。

（4）把胡萝卜倒进未经处理的脏水里。另外，根据第342（a）（2）（B）条的规定，使用多菌灵作为杀虫剂处理的产品属于掺杂行为，按照346a（a）的规定多菌灵是一种不安全的杀虫剂，因为没有对这种杀虫剂开展耐受性验证。用多菌灵处理过的产品不得在美国销售。"

与其他警告信一样，此警告信指出FDA可能会采取进一步执法行动，包括拒绝其产品进入美国，包括列入无需检验直接扣留（DWPE）名单。

2.4 出版物

食品质量体系（QS）经过了几十年的发展和研究，一些医学文献中对质量管理体系（QMS）也有相关描述。食品企业将从已发表的文献中获益，因为其他企业可能已经发生了类似质量问题。有关食品质量管理体系的文献可在PubMed搜索系统内找到，使用的搜索词如下："食品（food）"加"质量体系（quality system或quality systems）"，搜索出的90篇文章中有20篇与食品质量体系有关，其余的70篇文章是用非英语语言撰写（8篇）或与"食品"质量体系无关（68篇），其主要与药品、医疗设备和临床试验的质量管理体系有关（表2.2）。

表2.2 食品质量体系出版物（按时间顺序排列）

作者 / 标题 / 日志	描述
Dalen GA. Assuring eating quality of meat. Meat Sci. 1996; 43S1:21-33.	在肉类工业的设计和生产过程中，质量管理体系必须对快速变化的客户需求、原材料和粗加工肉类的特点变化做出反应
Smith TM, Jukes DJ. Food control systems in Canada. Crit Rev Food Sci Nutr. 1997 Apr;37（3）:229-51. Review.	对"复杂"的加拿大食品质量控制体系进行了审查，包括"松散的"联邦组织结构、司法管辖范围和国际关系（如与美国的关系）
Bolton FJ. Quality assurance in food microbiology—a novel approach. Int J Food Microbiol. 1998 Nov 24; 45（1）:7-11.	对于食品微生物实验室的质量保证需求越来越多，本文在1998年创建了一个类似于HACCP的全面质量体系，使用了质量评估点（QAP），以及每个QAP的质量控制和监控实践
Tatum JD, Belk KE, George MH, Smith GC. Identification of quality management practices to reduce the incidence of retailbeef tenderness problems: development andevaluation of a prototype quality system toproduce tender beef. J Anim Sci. 1999 Aug;77（8）:2112-8.	建立了一套关于"青年"牛（14~17个月龄）的牛肉嫩度质量体系，对成品谷饲牛肉进行持续的屠宰前管理，在精选和低精选等级水平下，牛肉的嫩度比率达到92%（顶级牛脊肉的嫩度不合格率从23%降低到13%，带状牛脊肉的嫩度不合格率从26%降低到12%）

续表

作者 / 标题 / 日志	描述
Efstratiadis MM, Karirti AC, ArvanitoyannisIS. Implementation of ISO 9000 to the foodindustry: an overview. Int J Food Sci Nutr.2000 Nov; 51（6）:459-73. Review.	随着时间的推移，质量要求发生了变化（如1980年—2000年），导致在许多制造环境中实施了ISO 9000，包括在食品公司内部（如希腊80%的食品生产企业采用了IOS 9000）
van der Spiegel M, Luning PA, Ziggers GW, Jongen WM. Evaluation of performance measurement instruments on their use for food quality systems. Crit Rev Food Sci Nutr.2004; 44（7-8）:501-12. Review.	食品质量体系有效性的评估（HACCP、ISO、BRC）可能受益于在生产（如产品质量、可用性、成本、灵活性、可靠性、和服务）和QMS性能措施（如组织结构、工艺验证、生产质量、和规范的过程）中发现的三种方法：瓦赫宁根管理方法、扩展质量三角形，以及Noori和Radford的质量概念
Ababouch L. Assuring fish safety and quality in international fish trade. Mar Pollut Bull. 2006; 53（10-12）:561-8. Epub 2006Oct 18. Review.	回顾了国际上对鱼类产品的安全和质量要求，包括2006年以前基于HACCP体系的要求
Shorten PR, Soboleva TK, Pleasants AB, Membre JM. A risk assessment approach applied to the growth of Erwinia carotovorain vegetable juice for variable temperatureconditions. Int J Food Microbiol. 2006 May25; 109（1-2）:60-70. Epub 2006 Feb 28.	利用计算机风险评估模型，研究了导致蔬菜汁腐败的微生物污染物——胡萝卜软腐欧文菌（tovo *Erwinia tovora*）生长的各种风险因素（如菌种、温度、微生物含量）
Katerere DR, Stockenstrom S, Thembo KM, Balducci G, Shephard GS. Investigation of patulin contamination in apple juice sold inretail outlets in Italy and South Africa. FoodAddit Contam. 2007 Jun; 24（6）:630-4.	对在意大利和南非销售的苹果汁进行分析，其中1/12产自意大利、5/8产自南非的苹果汁展青霉素（patulin）污染超过10ng/mL的监管上限，低收入地区销售的苹果汁中存在霉菌毒素污染风险，建议引入QMS进行管理
de Hon O, Coumans B. The continuing story of nutritional supplements and doping infractions. Br J Sports Med. 2007 Nov; 41（11）:800-5; discussion 805. Review.	因含有违禁物质且未在标签中做出相应申明，营养补充剂可能会被判定为标签违规和掺杂，而且有些违禁物质还与主观性体育"兴奋剂"案件有关（如网球运动员和诺龙或诺龙激素原相关案件）。"荷兰为竞技体育提供营养补充剂的安全系统"通过总结经验，建议对每批新营养补充剂成分进行兴奋剂物质的实验室检测
Vandendriessche F. Meat products in the past, today and in the future. Meat Sci. 2008 Jan; 78（1-2）:104-13. http://dx.doi.org/10.1016/j.meatsci.2007.10.003. Epub 2007Oct 17.	ISO和HACCP食品质量和安全标准将食品质量控制从产品层面转移到系统层面，提高了监管机构的影响力，并加入了配送要求，还包括"营养和健康"标准的更新，即肉类中的脂肪和钠含量要求
Johnson QW, Wesley AS. Miller's best/enhanced practices for flour fortification atthe flour mill. Food Nutr Bull. 2010 Mar; 31（1Suppl）:S75-85. Review.	用于强化面粉加工过程的主要营养素预混料、进料器、强化过程和质量控制系统，并描述了如何确保谷物面粉强化的有效性，来"解决微量营养素不足问题，改善健康水平……"
Oliveira LM, Castanheira IP, Dantas MA, Porto AA, Calhau MA. Portuguese food composition database quality management system. Eur J Clin Nutr. 2010 Nov; 64 Suppl 3:S53-7. http://dx.doi.org/10.1038/ejcn.2010.211.	符合质量管理体系（如实验室管理体系、有关引用标准、食品摄入指南）的食品成分数据库会更加客观，提高用户信息，尤其是编写人员接受了适当的质量管理体系培训后
Judkins CM, Teale P, Hall DJ. The role of banned substance residue analysis in the control of dietary supplement contamination. Drug Test Anal. 2010 Sep; 2（9）:417-20. http://dx.doi.org/10.1002/dta.149.	受污染的膳食补充剂（如在竞技体育项目中禁止使用的类固醇和兴奋剂成分）与运动员兴奋剂检测不合格有关，应对膳食补充剂生产商实施产品检测以改善质量管理体系，以消除污染源
Streppel MT, de Groot LC, Feskens EJ. Nutrient-rich foods in relation to various measures of anthropometry. Fam Pract. 2012 Apr; 29 Suppl 1:i36-43. http://dx.doi.org/10.1093/fampra/cmr093.	采用前瞻性队列设计对荷兰4969名男性和女性进行了营养丰富食品（NRF）评估，NRF指数得分与较低的能量摄入和较高的体质指数、体重、腰围和腰臀比相关，这表明营养密度和体重之间的关系比与NRF指数的简单直接关系更复杂

续表

作者 / 标题 / 日志	描述
Cebolla-Cornejo J, Valcarcel M, Herrero-Martinez JM, Rosello S, Nuez F. High efficiency joint CZE determination of sugars and acids in vegetables and fruits.Electrophoresis. 2012 Aug; 33（15）:2416-23. http://dx.doi.org/10.1002/elps.201100640.	利用毛细管电泳（CZE）技术，对番茄、辣椒、甜瓜、冬瓜、橙等食品基质中有机酸、氨基酸和糖类进行测定并对果蔬作物的口感强度进行了研究，建立了果蔬产品样品的质量体系分析方法
Maldonado-Siman E, Bernal-Alcantara R, Cadena-Meneses JA, Altamirano-Cardenas JR, Martinez-Hernandez PA. Implementation of quality systems by Mexican exporters of processed meat. J Food Prot. 2014 Dec; 77（12）:2148-52. http://dx.doi.org/10.4315/0362-028X.JFP-14-003.	接受调查的墨西哥加工肉类出口商都采用了HACCP（进入国际市场，提高质量，减少客户审计），而只有30%采用ISO 9000。工作人员培训是最重要的问题，微生物检测花费的成本是最高的，减少微生物数量以及进入国际市场是其主要目的
Steeneveld W, Velthuis AG, Hogeveen H. Short communication: Effectiveness of tools provided by a dairy company on udder health in Dutch dairy farms. J Dairy Sci. 2014 Mar; 97（3）:1529-34. http://dx.doi.org/10.3168/jds.2013-7132. Epub 2014 Jan 11.	奶牛场认为奶牛乳房健康与散装牛乳体细胞数（BMSCC）降低有关。荷兰有12782家乳牛场提供了数据，数据显示，两个基于互联网的工具（乳房健康导航器和乳房健康检查表）被设计用来评估奶牛场的乳房健康水平与每月BMSCC减低有关，并建议应提升奶牛群的乳房健康状况
Marti R, Valcarcel M, Herrero-Martinez JM, Cebolla-Cornejo J, Rosello S. Fast simultaneous determination of prominent polyphenols in vegetables and fruits by reversed phase liquid chromatography using a fused-core column. Food Chem. 015 Feb 15; 169:169-79. http://dx.doi.org/10.1016/j.foodchem.2014.07.151. Epub 2014 Aug 7.	以番茄为模型，对蔬菜和水果中17种黄酮类化合物和酚酸进行了鉴别，为生产样品的质量体系分析提供了一种方法
Ahmed M, Jones E, Redmond E, Hewedi M, Wingert A, Gad El Rab M. Food production and service in UK hospitals. Int J Health CareQual Assur. 2015; 28（1）: 40-54. http://dx.doi.org/10.1108/IJHCQA-07-2013-0092.	使用"价值流图"对英国三家医院的食品生产系统进行了评估，以建议加强菜单/营养考虑、患者期望以及食品采购、生产和服务

注：BRC，英国零售商协会；HACCP，危害分析和关键控制点；ISO，国际标准化组织；QMS，质量管理体系。

这20篇文章描述了与食品质量体系相关的内容（表2.2），包括对用于保证和提高牛乳、肉类、强化面粉、鱼和果汁的质量和安全的质量体系或控制体系的研究，讨论加拿大、英国和其他国家或地区的管理体系，食品微生物实验室和实验室测试中的质量问题，在生产过程中引入客观的质量控制措施，在食品工业中使用性能监测、ISO 9000和ISO 17025标准，对于营养丰富食品（NRF）的控制措施，以及膳食补充剂的标签违规和掺杂问题。

以上20篇文献包含了许多不同产品的质量改进信息，这些数据由互联网上的四篇热门文章（即Rotaru等，2005；Van Der Spiegel等，2005；Krieger等，2007；Luning and Marcelis，2007）提供。这些热门文章是通过谷歌搜索"食品质量体系（food quality systems）"找到的（搜索到56100个结果或71300个结果与"食品质量体系"有关，查到的谷歌引用包含了上面已经报道的大部分文章。）这些文章包含四个关键点：

（1）提高食品质量是复杂的。

（2）所有QMS功能都应有相应记录。

（3）对员工进行关于遵守质量管理体系的培训。

（4）对全球市场上种类繁多的食品，需要使用不同的方案来管理（例如，详细说明不同的收获和加工需求、不同的质量水平、不同的变质率）。

通常，遵循HACCP、ISO和其他QS标准的企业可能比没有遵循这些体系和标准的企业更容易通过国际食品管理部门的监管审核。

通过全球医学和流行文献可得出结论，有关食品QS的信息严重缺乏，而药物、生物制剂、设备、甚至临床试验都有关于QS发展的重要医学文献。应鼓励食品科学家和技术人员发表更多文章。食品工业依靠研究来进一步提高食品质量。这些研究将为食品生产过程中的质量控制和质量检验控制提供新的方法。在生产过程中了解研究和使用现有技术进行质量控制将有助于避免收到警告信。此外，已发表的文献可以为公司提供如何处理各种违规警告信的思路。

2.4.1 食品质量与安全管理体系

一篇文章（Rotaru，2005）以食品安全相关事件为背景，如20世纪90年代英国爆发的牛海绵状脑病（疯牛病）和1999年比利时原料意外被致癌化合物二噁英和多氯联苯污染，对食品生产企业的食品质量和安全管理系统进行了极好的概述和评估，文章推荐的体系包括：

- ISO 9000质量管理体系要求
- ISO 9004使用质量管理方法持续有效
- 良好操作规范（GMP）
- 良好卫生习惯（GHP）
- 良好农业规范（GAP）
- 良好实验室规范（GLP）
- 危害分析和关键控制点（HACCP）
- ISO 22000食品安全管理体系——对食物生产链条中任何组织的要求

作者提出了一个简单的食品公司QS分类系统，包括：

- 基本质量管理体系要求（ISO 9001）
- "持续有效"的高级QMS方法（ISO 9004）
- 基本安全系统先决条件（GMP、GHPs、GAP、GLPs）
- 高级安全系统（HACCP）
- 食品安全管理体系（ISO 22000）
- 国际贸易条件和惯例（食品法典委员会《食品卫生通则》）

作者还将质量管理体系定义为"……指导和控制组织以持续提高效力和效率的活动"，文章详细描述了食品质量与安全之间"错综复杂"的关系，目的是"安全第一，安全高于其他所有质量方面"。此外，这些作者强调了QMS开发的基本技能和高级技能的要求，以帮助企业建立一条成功的食品生产线。

食品生产基本质量和"安全第一"的GMP内容在法规21CFR110中有详细的规定，这些规定要求有明确和详细的预防措施，以满足食品质量和安全要求。例如，所有的食品公司都应该满足以下要求：

- 遵守文件规定的食品公司的最低卫生和加工要求；
- 消除、预防和最小化产品不合格情况；
- 在整个生产过程中确保质量统一，产品产量"安全"；
- 提供生产"安全的、健康的食品"所需的基本环境和操作条件。

在建立QMS和GMP程序时，公司必须知道如何使用这些基本原则（即建立最有效和高效的食品生产流程）。除了QMS和良好实践（GxP）的基本知识外，还需要对诸如HACCP之类的安全系统有更进一步的理解和经验，而HACCP要求识别和控制所有生物、化学和物理健康危害（即从原材料的采购/生产、制造、分销、贮藏和成品消费的每一个环节都需要控制）。

对于国际贸易，食品法典要求在生产过程中使用GHP和HACCP系统进行"源头控制"，包括标签。此外，ISO 9001、ISO 9004和ISO 22000等国际标准要求企业切实关注过程管理，包括对食品生产任务和活动的质量监控数据进行管理评审，仅仅检查最终产品是不够的。对持续改进活动（包括客户满意措施）的投入是这些国际标准的核心。

ISO 22000主要关注食品安全，该国际标准的要求包括以下类型活动：

- 计划、实施、操作、维护和更新食品安全管理体系，以提供符合消费者预期用途的安全产品；

- 证明符合食品安全要求；

- 评估和了解客户要求，在满足客户要求的食品安全方面供需双方达成一致，以提高客户满意度；

- 与供应商、客户及食物链相关利益方有效沟通食品安全问题；

- 确保组织符合《食品安全政策声明》；

- 证明与相关利益方的一致性；

- 寻求外部组织对其食品安全管理体系进行认证或注册，或自我评估或自我声明符合ISO 22000要求。

对于初学者，该文阐述了"完全文件化的质量管理体系"可以确保满足两个重要的需求：（1）客户需求（所需的产品/服务满足客户需求）；（2）食品公司需求（内部和外部成本和资源得到有效、经济和适当的使用）。此外，"食品行业质量和安全保证的基本要求"概述如下：

- QMS的承诺和责任

- 员工培训和监督

- 设施和设备管理

- 文档监督

- 工艺验证、控制和产品管理（不合格品检验）

- GxP、过程检验和质量控制/校准数据

- 监管和法律合规

- 投诉、撤回和召回管理

- 内部检验和持续质量改进

- 关系管理/供应商改进

作者非常谨慎地将安全和质量术语分离出来，并详细说明了食品质量特征（如感官数据和便利性）可能不是出于安全或监管方面的原因而必需的（尽管消费者可能注重这些特征）。此外，文章强调了安全的强制性，对食品生产提出了一定的质量要求。为解决食品生产环节的关键点，需要实施适当的质量管理体系，并逐渐把握质量与安全之间的平衡。理解并执行这些原则通常会帮助食品公司避免收到警告信或通过警告信得到完善。

2.4.2　面包店改良的食品质量管理体系

另一篇文章（Van Der Spiegel，2005）描述了不同面包店中使用的背景设置和QMS体系，发现了不同种类面包店之间不同的食品质量管理活动、控制措施、原料供应/控制、生产计划和任务完成活动。大型面包店（>150名员工）、工业化面包店、糖果店、饼干店和采用英国零售商协会（BRC）认证的面包店质量控制活动更加完善。

该文回顾了面包店使用的四种QMS体系，包括"面包和糖果卫生规范"、HACCP、ISO 9000和BRC，并描述了食品生产操作管理不当导致的安全问题和规划问题（如温度控制不充分导致病原微生物生长，计划不充分导致生产过剩，以及因材料损失造成的产品短缺可能导致客户投诉和费用损失）。

作者使用其自行开发的题为"IMAQE-食品，食品行业管理评估和质量有效性的诊断工具"的调查问卷开展研究，从48位面包店质量经理提供的样本中评估食品质量管理体系的有效性。确定了以下QMS活动指标：

- 战略控制

- 供应控制

- 原材料的分配

- 生产计划

- 生产和生产任务执行的控制

- 接收订单控制

- 规划分布

面包店问卷调查结果按四个方面分组：（1）质量保证（QA）体系；（2）组织规模；（3）自动化程度；（4）面包店类型。作者报告说，HACCP和卫生法典在"生产计划"方面得分低于其他体系，ISO 9000在"供应控制"方面得分低于其他体系，大型面包店（＞150名员工）在"战略控制"和"生产任务的执行控制"方面比其他店表现出了"更高水平"，与非工业面包店相比，工业面包店的"战略控制""供应原料配置""生产计划"和"生产任务执行控制"得分更高。即便如此，作者表示"这项研究的结果表明，较低水平的食品质量管理并不一定会导致产品质量的下降，因为几家食品质量管理水平较低的公司是根据经验运作的"。作者总结道，公司应根据自己的具体情况选择质量管理体系和质量保证体系，"为了获得适当的生产质量，可以用经验来取代对高质量管理的需要"。

2.4.3 食品质量体系成本和效益

在由Rome Krieger等（2007）发表的题为《食品质量系统的成本和效益：概念和多标准评估方法　农业管理、市场营销和金融服务（AGSF）、农村基础设施和农业工业部、联合国粮食及农业组织（FAO）》的文章中，对QMS的普遍要求以及对ISO 9000和HACCP标准的遵守情况进行了审查。该文探讨了食品行业中各利益相关方的需求（如零售企业、农场、特定食品链或整个行业），从FAO的角度考虑了在食品行业中采用质量管理体系的成本和效益。

食品质量和安全体系是世界上许多国家的法律要求，食品零售商通常要求无论处于哪个国家的供应商都要遵循质量和安全体系。食品安全法规正在不断新增对潜在危险残留物的限制和食品允许组成的详细信息要求，这会影响HACCP要求并提高成本。

该文讨论了国际标准的范例，包括以下内容：
- 英国零售商协会（BRC）
- 比利时养猪业质量标准（Certus）
- 全球食品安全倡议（GFSI）
- 丹麦养猪业质量保证（DQG）
- 全球良好农业规范伙伴关系（GLOBALG.A.P）［前称：欧洲零售商生产良好农业规范（EurepGAP）］
- 国际食品标准（IFS）
- 荷兰生产链控制系统（IKB），用于猪和蛋行业
- 比利时综合连锁牛乳店（IKM），用于牛乳生产商
- 德国质量和安全系统（Q&S），用于肉类、水果和蔬菜供应链
- 卫生和植物检疫措施（SPS）
- 安全优质食品（SQF）

该文报告了标准的数量，以及各种标准之间的差异造成了全球食品供应商需要选择如何以最有效的方式遵守相关标准的情况（通过最小化成本来满足"有价值的"标准要求，或通过最大限度地遵守尽可能多的"有价值"标准，或两者兼有）。此外，作者认为，满足标准的过程可能需要特殊的技能和资源，并且在多个相关标准相互冲突的情况下可能会出现问题。因此，食品公司需要确定最佳解决方案，以符合适当的标准，不断提高食品安全和质量，管理成本，同时平衡食品相关企业的风险和收益。

作者使用审计清单来评估QMS实施要求的直接和间接成本和收益，包括：
- 生产过程（如限制农场使用的农药）
- 管理流程（如可追溯性）
- 产品质量和安全特性（如卫生、残留物）
- 地理位置和基础设施

作者还回顾了许多不同的成本效益分析方法，成本效益类别和成本项目，提出了一个案例研究，其标准实施决策的潜在好处如下："……一个拉丁美洲柑橘种植者是面对法国、德国和意大利潜在贸易伙伴（进口商）

提出的EurepGAP认证和英国ISO 9000认证的要求……"对于该案例，作者确定了以下效益类别：

- 市场准入
- 产品责任
- 交叉合规
- 工艺质量
- 产品质量/食品安全
- 可追溯性
- 信任
- 环境
- 交易支持

然后，作者对效益进行了评估和加权，并完成了全球效益效用计算，这导致了实施效益和实施成本的优先级相互冲突。作者总结，采用QMS意味着成本提高，并且是否遵守标准的决策可能取决于对成本与效益因素的考虑。

2.4.4　食品质量管理体系概念模型

Luning and Marcelis（2007）提出的"基于技术管理方法的食品质量管理功能概念模型"描述了与食品质量和安全相关的基本技术和管理要素（食品生产技术和人员行为）。作者认为，随着食品的日趋复杂和消费人群结构的变化，与食品质量和安全相关的监管要求也在不断增加，QMS可用来解决这些问题。技术要素包括食品的加热、贮藏、运输以及食品的采样、分析和检验。管理要素包括做出决策、提供指导、并确保食品符合客户的要求。

作者建立了包括以下要素的模型：

- 食品质量（六个维度）：产品质量（物理/化学性质）、成本（数量/价格）、可用性（时间/保质期）、灵活性（变化/改变）、可靠性（可靠/信心）和服务（客户支持/设计）。

- 食品管理（三个技术要素）：供应（收货检验和贮藏条件）、加工（生产具有所需特性的食品）和分发（保持和防止变质）。

- 食品质量管理体系（五个管理要素）：设计（顾客需求）、控制（容差率）、改进（减少错误）、保证（评估和确保质量管理体系的有效性）和质量策略（长期食品质量目标）。

- 食品环境：社会（健康/动物保护）、政治（政府规则/检查）、经济（来自发展中国家的供应成本）和其他影响食品质量的利益因素。

- 食品质量依赖于食品变化与人的行为（如食品可变的性能和生产条件，人类不同的感知和管理状况）。

该文定义的"食品质量决策模型"包括一个控制人类行为的管理系统和一个控制食品变化的食品生产系统（这些都有助于提高食品质量），可以达到减少变化和防止不良结果的预期目的。作者提供了一个"食品质量管理决策网"，可用于食品质量问题分析，并提供了可可产品生产企业的范例，这类产品在灭菌后贮藏易受微生物污染。企业一开始通过过滤室内空气来控制微生物污染，但是污染问题仍然存在，之后考虑了多方面因素（生产室分离、露天熔化可可脂、通过拆除旧设备调整空气压力、工人离开门窗、不良的清洁程序、不及时更换过滤器以及对新过滤器的使用和了解不足），并用决策网格来评估QMS体系运行情况。对其作者做如下描述：

- 质量设计标准：每个生产阶段的每个房间的空气微生物容差，生产室的重新设计，过滤器处理和更换的说明，以及员工培训。

- 质量控制工作：测量污染，测量压力差异以检测偏差，监控人员处理过滤器的过程，并确保程序和信息系统是最新的。

- 质量改进工作：找出产品污染与气压数据之间的关系，提高污染质量知识储备。

• 质量保证工作：确定病原体和污染源，在关键生产步骤中确认空气处理得到控制以防止再污染，并在HACCP系统中加入空气处理。

• 质量策略：确定可接受的风险，改进生产技术卫生条件，培训员工管理过滤器，并为培训分配预算。

作者认为，食品质量管理的第一步是认识到食品质量管理体系的"复杂性和动态性"，建议对食物和人员系统进行深入分析。

2.5 小结

如追溯到原始社会基本的粮食收获技术开始，食品质量管理行为已经存在了数千年。因为需要更严格的体系来管理大量人口的复杂食品生产安全和质量问题，政府对于食品安全管理的监管要求正在不断增加。在美国，最早的食品法规可追溯到1938年的FDCA，通过保证所有食品加工设施的卫生条件，满足食品安全消费的要求。最近，FDA和FSMA一直在增加对所有食品的监控，并提供数百份指导文件，包括有关如何开展HACCP活动的详细信息以及如何满足cGMP的特殊食品的具体细节要求。

CFSAN向食品公司发出了数百封警告信，内容涉及涉嫌违反食品QS要求的情形。大多数情况下，FDA警告信是针对执行水产品HACCP和cGMP计划有困难的公司。所有食品生产企业的关键问题包括员工培训，生产过程中防止污染、保证卫生以及食品设施的设计和建造，从收获到成品贮藏和不合格食品销毁，以适应食品生产的预期目标。

全球已有数千篇关于食品QS的文章，本章仅选择并查阅了少数文献，用于讨论食品安全问题，包括医学文献中20篇与提高肉类、乳制品和水产品质量相关的文章，互联网上的4篇热门趋势文章。从这些文章中注意到几个趋势：（1）改善食品质量是复杂的；（2）需要开展关于遵循QMS要求的员工培训；（3）需要对所有QMS行为进行记录；（4）针对全球市场上的各种食品需要采用不同的解决方案管理（如不同的收获和加工需求、不同的质量水平、不同的不合格率）。一般而言，遵循HACCP、ISO和其他QS体系的公司可能更容易通过国际食品主管部门的监管审核（虽然只拥有这些体系是不够的）。这些体系必须持续更新并保持最新状态，同时专注于公司特定的食品生产风险控制，以避免收到警告信或通过警告信得到进一步完善。

2.6 测试题

1. HACCP的定义是什么？
2. 开发食品QS时需要考虑的三个关键问题是什么？
3. 美国FDA曾在哪些地区发出警告信？
4. FDA警告信中提到的一些cGMP违规行为是什么？
5. 食品质量管理体系的主要特征是什么？
6. 企业如何使用医学文献或互联网搜索来帮助避免收到警告信或从警告信中改进和解决问题？

参考文献

FDA, U.S. Food and Drug Administration, 2005. Food CGMP Modernization – A Focus on Food Safety.（Online）http://www.fda.gov/Food/GuidanceRegulation/CGMP/ucm207458.htm.

FDA, U.S. Food and Drug Administration, 2010. Showa Marine Inc 11/3/10.（Online）https://wayback.archiveit.org/7993/20170112194240/http://www.fda.gov/ICECI/EnforcementActions/WarningLetters/2010/ucm233393.htm.

FDA, U.S. Food and Drug Administration, 2012a. Guidance for Industry: Bottled Water Quality Standard: Establishingan Allowable Level for Di（2-ethylhexyl）phthalate; Small Entity Compliance Guide.（Online）http://www.fda.gov/Food/GuidanceRegulation/

GuidanceDocumentsRegulatoryInformation/ucm302164.htm.

FDA, U.S. Food and Drug Administration, 2012b. Caseificio Sociale Manciano 7/5/12.（Online）http://www.fda.gov/iceci/enforcementactions/warningletters/2012/ucm319508.htm.

FDA, U.S. Food and Drug Administration, 2012c. Ciresa Formaggi Snc 7/9/12.（Online）http://www.fda.gov/iceci/enforcementactions/warningletters/2012/ucm314837.htm.

FDA, U.S. Food and Drug Administration, 2012d. Pallas S.A. Confections 11/27/12.（Online）http://www.fda.gov/iceci/enforcementactions/warningletters/2012/ucm344586.htm.

FDA, U.S. Food and Drug Administration, 2013. Agroindustrias Mora S.A. 2/5/13.（Online）http://www.fda.gov/iceci/enforcementactions/warningletters/2013/ucm377963.htm.

FDA, U.S. Food and Drug Administration, 2014a. Good Manufacturing Practices（GMP）for the 21st Century – Food Processing.（Online）. Available from: http://www.fda.gov/Food/GuidanceRegulation/CGMP/ucm110877.htm.

FDA, U.S. Food and Drug Administration, 2014b. GMP-Section One: Current Food Good Manufacturing Practices.（Online）http://www.fda.gov/Food/GuidanceRegulation/CGMP/ucm110907.htm.

FDA, U.S. Food and Drug Administration, 2014c. GMP-Section One: Current Food Good Manufacturing Practices, Executive Summary.（Online）http://www.fda.gov/food/guidanceregulation/cgmp/ucm207458.htm#Executive.

FDA, U.S. Food and Drug Administration, 2014d. Marukai Foods Co., Inc.（Takasu Factory）7/14/14.（Online）http://www.fda.gov/iceci/enforcementactions/warningletters/2014/ucm407118.htm.

FDA, U.S. Food and Drug Administration, 2014e. Marukai Foods Co., Inc.（Takasu Factory）– Close Out Letter 8/20/14.（Online）http://www.fda.gov/ICECI/EnforcementActions/WarningLetters/2014/ucm410763.htm.

FDA, U.S. Food and Drug Administration, 2017b. Bottled Water/Carbonated Soft Drinks Guidance Documents & Regulatory Information.（Online）http://www.fda.gov/Food/GuidanceRegulation/GuidanceDocumentsRegulatoryInformation/BottledWaterCarbonatedSoftDrinks/default.htm.

FDA, U.S. Food and Drug Administration, 2015. Chocolates Garoto S.A. 8/3/15.（Online）http://www.fda.gov/iceci/enforcementactions/warningletters/2015/ucm458194.htm.

FDA, U.S. Food and Drug Administration, 2016a. Defect Levels Handbook.（Online）http://www.fda.gov/Food/GuidanceRegulation/GuidanceDocumentsRegulatoryInformation/ucm056174.htm.

FDA, U.S. Food and Drug Administration, 2016b. Guidance for Industry: Exempt Infant Formula Production: Current Good Manufacturing Practices（CGMP）, Quality Control Procedures, Conduct of Audits, and Records and Reports.（Online）http://www.fda.gov/Food/GuidanceRegulation/GuidanceDocumentsRegulatoryInformation/ucm384451.htm.

FDA, U.S. Food and Drug Administration, 2016c. Infant Formula Guidance Documents & Regulatory Information.（Online）http://www.fda.gov/Food/GuidanceRegulation/GuidanceDocumentsRegulatoryInformation/InfantFormula/default.htm.

FDA, U.S. Food and Drug Administration, 2016d. Chocolates Garoto S.A. – Close Out Letter 8/26/16.（Online）http://www.fda.gov/ICECI/EnforcementActions/WarningLetters/2016/ucm518704.htm.

FDA, U.S. Food and Drug Administration, 2017a. Food Guidance Documents.（Online）http://www.fda.gov/Food/GuidanceRegulation/GuidanceDocumentsRegulatoryInformation/default.htm.

FDA, U.S. Food and Drug Administration, 2017c. Draft Guidance for Industry: Control of *Listeria monocytogenes* in Ready-to-Eat-Foods.（Online）http://www.fda.gov/food/guidanceregulation/guidancedocumentsregulatoryinformation/ucm073110.htm.

Krieger, S., Schiefer, G., da Silva, C.A., 2007. Costs and benefits in food quality systems: concepts and a multi-criteria evaluation approach. Agricultural Management, Marketing and Finance Service（AGSF）Rural Infrastructure and Agro-Industries Division Food and Agriculture Organization Of The United Nations（FAO）Rome.（Online）In: Agricultural Management, Marketing and Finance Working Document, 22 Available from: http://www.fao.org/docrep/016/ap298e/ap298e.pdf.

Luning, P.A., Marcelis, W.J., 2007. A conceptual model of food quality management functions based on a technomanagerial approach（Online）Trends Food Sci. Technol. 18, 159–166. Available from: http://ucanr.edu/datastoreFiles/608-292.pdf.

Rotaru, G., Sava, N., Borda, D., Stanciu, S., 2005. Food quality and safety management systems: a brief analysis of the individual and integrated approaches（Online）Sci. Res. Agroaliment. Process. Technol. XI（1）, 229–236. Available from: http://www.journal-of-agroalimentary.ro/admin/articole/40522L22_article-Rotaru_rev_IV.pdf.

Senate and House of Representatives of the United States of America in Congress. FDA Food Safety Modernization Act 2011, Public Law 111-353.（Online）. https://www.gpo.gov/fdsys/pkg/PLAW-111publ353/pdf/PLAW-111publ353.pdf.

Van Der Spiegel, M., Luning, P.A., De Boer, W.J., Ziggers, G.W., Jongen, W.M.F., 2005. How to improve food quality management in the bakery sector（Online）NJAS Wagening. J. Life Sci. 53（2）, 131–150. Available from: http://ac.els-cdn.com/S1573521405800028/1-s2.0-S1573521405800028-main.pdf?_tid=be3e72fa-788a-11e6-a5d6-00000aacb35d&acdnat=1473644977_bf23cbd6376f659b7de31ff 45af83ab6.

3

危害分析和关键控制点
（HACCP）

3.1 HACCP原则

FDA公布了一个由美国食品微生物学标准咨询委员会（NACMCF）开发的"HACCP原则和申请指南"网站（FDA，2014a），该网站提供了食品微生物安全方面的建议，描述了危害分析和关键控制点（HACCP）计划中采用的七项基本原则或者说是步骤，如下所述：

- 进行危险分析
- 确定关键控制点（CCP）
- 建立临界极限
- 建立监测程序
- 建立纠偏措施程序
- 建立核查程序
- 建立记录保存系统和文件系统

HACCP体系的目标是尽早发现偏差，并及时采取措施重新建立控制系统，以防止消费者接触到存在潜在危害的产品。

HACCP体系要求以当前良好操作规范的坚实基础为前提，包括（但不限于）以下内容：

- 设施卫生设计
- 供应商控制的食品安全计划
- 配料、食品和包装材料的书面说明
- 符合卫生设计原则的设备
- 设备和设施的清洁和卫生书面程序（包括书面的总体卫生计划）
- 所有员工和访客的个人卫生要求
- 对每个参与HACCP的人员进行有文件记录证明的培训（特别是在个人卫生、食品处理、cGMP、清洁和卫生程序、个人安全及其角色和责任方面）
- 工厂中所有非食用化学品的控制记录
- 所有原材料和产品的卫生贮藏（包括适宜的环境条件控制）
- 可以实现在必要时快速、完整地追溯、召回的批次代码和可追溯体系
- 有效的害虫控制
- 其他要求

以上这些情况通常在国际，美国联邦、州和地方法律、法规、指南和标准（如cGMP、食品法典、食品卫生通则）中有相关规定（但并不详细说明）。

3.2 制定HACCP计划

启动HACCP计划的过程非常简单。首先，应组建HACCP小组并制定HACCP计划。HACCP小组成员必须具备正确识别食品危害和控制这些危害所必要的知识和经验，以及控制限度和方法，以监控和制定合适的纠偏措施。

HACCP小组应以书面形式描述食品、食品分销、预期用途和食品消费者，制定描述食品生产及制造过程的流程图。为了对每个步骤采用适宜的规范和控制措施，该流程图需显示从原材料采购到最终产品的清晰、简单的步骤概述。注：在定义生产流程时，使用生产设施示意图是一个很好的方式！

当完成流程图，所有加工和制造步骤都形成文件记录后，应采用以下七个HACCP原则：

（1）进行危害分析（列出如果不加以控制就可能导致疾病或伤害的合理危害，并确定"安全"控制措施）。

（2）建立CCP以防止或消除食品安全危害（或将危害降低到可接受的水平）：例如，热处理、化学残留物

或污染物的冷却测试，控制产品配方。

（3）使用符合科学原理的临界限值来区分安全和不安全状况（如温度、时间、湿度、物理尺寸及组成、酸碱度、盐浓度、防腐剂含量、香味、外观等），以符合食品安全CCP要求。

（4）建立书面监控系统，以跟踪操作、发现偏差并采取纠偏措施（检查官应记录日期并签字）。

（5）实施纠正（和预防）措施以纠正任何不符合项的根本原因（并确保记录所采取的纠正和预防措施）。

（6）验证HACCP计划是否有效。

（7）保存记录和文件（包括危害分析、HACCP计划和验证数据）。

这个过程非常耗时并且至关重要，因此务必确保从一开始就投入足够的资源来准确完成HACCP制定工作。如果团队以前从未做过这类工作，请一个顾问协助可能有所帮助。

3.3 法规和指导文件

如前文提到的，FDA标题为"危害分析关键控制点（HACCP）"的网页（FDA，2017a）详细介绍了以下四种特定类型的HACCP：

- A级乳制品自愿HACCP
- 果蔬汁HACCP
- 零售和餐饮行业HACCP
- 水产品HACCP

对这些特定文件的审查能深入了解HACCP体系如何在这些特定领域中发挥作用，并进一步了解有无可能将此类HACCP根据需要应用于食品工业的其他部门。

3.3.1 A级乳制品自愿HACCP

自1999年以来，一个自愿乳制品HACCP试点项目一直在测试一个概念，以取代多年来用于衡量乳制品厂监管合规性的数值评级。该计划包括《乳制品HACCP危害分析与控制指南》（FDA，2006），FDA对该自愿乳制品HACCP计划进行了如下描述：

> "1999年，美国国家州际乳运输协会（NCIMS）启动了一项面向乳制品厂的自愿乳制品HACCP试点计划，以测试一个概念，即HACCP计划可以作为数年来用于衡量工厂合规性的数值评级的同等替代方案。HACCP是一个以科学为基础的系统，用于控制食品安全危害，防止不安全食品进入消费者手中。该计划采用当前NACMCF标准，与现行的FDA建议保持一致。"（FDA，2017b）

该指南由11个部分组成，包括导言、术语/定义、概述、先决条件、危害分析（五个初步步骤）、HACCP决策过程、HACCP决策树、控制措施、危害和控制指南（侧重于牛乳原料和牛乳加工操作）以及参考资料。第一部分讨论了基本的食品安全问题，第二部分讨论了具体的与牛乳加工相关的危害点。该指南是乳制品HACCP计划开发过程中的良好工具。

该NCIMS自愿乳制品系统指南建议记录先决条件包括cGMP、危害分析、HACCP和纠偏措施计划，并在发生任何变更后至少每年重新验证计划。乳制品和果蔬汁HACCP体系都要求通过有效监控安全性、对所有生产人员应进行培训（尤其是针对个人卫生、HACCP原则、病原体减少、记录保存、监控/测试规范细节，管理问题/纠偏措施、清洁和卫生等方面），总结客户投诉。

该指南概述了九个必备的前提，包括与牛乳/产品或接触面接触的水（包括气态和固态水）的安全性、设备/接触面的状况/清洁度；控制交叉污染风险、洗手和掺杂风险；对生产设施中有毒化合物的标记、储存和使用的限制；员工健康控制；害虫管理；以及危险分析的其他具体要求。

特别是，乳品厂必须写下HACCP和先决条件计划，以创造和维护能够生产安全、有益健康的食品的环境和卫生生产线。这些计划内容应包括乳牛群、挤乳站、接收站、转运站和生产厂的详细信息。接受过HACCP培训的员工需要确保解决所有生物和化学危害，并且该指南提供了影响食源性病原体生长的细菌病原体因素，例如（但不限于）：

"与乳及乳制品有关的病原体包括沙门菌属病菌、单增李斯特菌、肠出血性大肠杆菌和空肠弯曲杆菌。关注的芽孢形成细菌包括肉毒杆菌和蜡样芽孢杆菌。这些微生物存在于生乳中，且大多数都与乳制品中的疾病爆发有关……与产毒素细菌和芽孢杆菌有关的危害有关……食品温度控制的经验法则是，当有现象表明金黄色葡萄球菌或蜡状芽孢杆菌可能增加3个数量级时，应实施控制……"

此外，该指南还对病毒和化学污染物提出了警示（例如，与食物过敏原/敏感性相关的；动物和作物生产的清洁、消毒和农业活动产生的化学残留物；治疗药物、维生素A和维生素D过度强化和真菌毒素的使用）。还就物理污染物进行了讨论，如金属、玻璃和塑料碎片。必需遵循良好农业规范（GAP）和cGMP，在确定和控制了危害后，需要良好的数据管理来记录偏差和纠偏措施。该指南列出了原材料和加工步骤的潜在危害，包括分馏、结晶和干燥等潜在过程。

3.3.2 果蔬汁HACCP

《果蔬汁HACCP最终规则》（66FR6138）于2001年1月19日发布，FDA已发布多份指导文件和培训资源，来协助企业遵守果蔬汁HACCP法规（21CFR120）（FDA，2014b、c，2017a，2016a、b）。《果蔬汁HACCP最终规则》要求果蔬汁加工商制定并施行HACCP计划，考虑到一些小型企业的情况，FDA允许推迟《果蔬汁HACCP最终规则》生效日期（这是FDA的典型做法），无论其规模大小，这些要求适用于所有企业。业务规模取决于企业运营规模和数量，而不是业务量。[小型企业标准：企业员工少于500人，销售额少于500000美元，在美国业务量不到100000单位的果蔬汁，法规21CFR120.1（b）（2）]。

与果蔬汁HACCP相关的法规和指导文件数量惊人，有1000多份，而且这个数字随着时间的推移而波动。为确保符合当前的要求，需要定期审查法规和指南，当在FDA网站上搜索果蔬汁HACCP时，前五项内容如下：

（1）果蔬汁HACCP（FDA，2014d）

（2）行业指南：果蔬汁HACCP；《小型企业合规手册》（FDA，2016c）

（3）果蔬汁HACCP检验计划——《小型企业合规手册》7303.847（FDA，2015a）

（4）《小型企业合规手册》——第3章……（FDA，2009）

（5）Buchanan制造企业……（FDA，2013a）

鉴于《小型企业合规手册》（第4项）与果蔬汁HACCP检验计划（第3项）非常相似，因此以下章节仅描述前3项，警告信（第5项）将在本章的警告信章节中进行单独描述。

3.3.2.1 "果蔬汁HACCP"——FDA网页及参考资料

FDA题为"果蔬汁HACCP"的网页列出了具体的法规、实施指南、培训和教育信息以及相关背景信息（表3.1）。这份"明确"的参考资料列出了企业员工的培训和教育理念。每周选择其中一份文件与食品生产团队一起学习，要生产团队提出对果蔬汁HACCP的理解。此外，对这些文件的学习应能提供一个从总体讨论果蔬汁HACCP的机会，并说明最难控制的生产领域的最大风险。浏览表格后，选择与生产团队最相关的文档，然后访问FDA网站检索文档，查看是否满足团队的培训需求，并开展培训。

表3.1　果蔬汁HACCP法规、实施、培训和教育

文件类型	文件名	日期
最终规则	果蔬汁进口和安全卫生处理的HACCP程序：最终规则	2001年1月19日
最终规则	果蔬汁产品标签：最终规则	1998年7月8日

续表

文件类型	文件名	日期
指导性规则	果蔬汁安全卫生处理和进口HACCP程序：指导性规则	1998年4月24日
指导性规则	果蔬汁产品标签：指导性规则	1998年4月24日
问答	果蔬汁HACCP规则问答	2003年9月4日
问答	果蔬汁HACCP规则问答	2001年8月31日
行业指南	冷冻胡萝卜汁和其他低酸果蔬汁	2007年6月
行业指南	致国家监管机构和企业的关于生产经过处理（但未经巴氏杀菌）和未经处理的果蔬汁和苹果酒的信函	2005年9月22日
行业指南	苹果蔬汁或苹果蔬汁加工者关于臭氧用于减少病原体的用途的建议	2004年10月
行业指南	果蔬汁HACCP危害和控制指南（第一版）	2004年3月3日
境外生产企业名单（中国）	果蔬汁进口：必备步骤——政府批准的境外生产企业名单	2004年1月22日
行业指南	浓缩果蔬汁和某些易贮藏果蔬汁的散装运输	2003年4月24日
行业指南	小型企业果蔬汁HACCP指南	2003年4月24日
行业指南	对有效实现病原体5个数量级减少的果蔬汁推荐信的警告标签要求的豁免	2002年10月7日
小型企业合规手册	苹果蔬汁和浓缩苹果蔬汁中棒曲霉素的掺杂记录	2005年11月29日
小型企业合规手册	小型企业合规手册（CPGM）果蔬汁HACCP检验计划7303.847（可提供PDF格式）	2009年4月8日
行业指南	果蔬汁加工原理的HACCP标准化培训课程	2003年1月13日
食品安全与健康计划项目的网页	果蔬汁HACCP联盟/伊利诺伊理工学院——果蔬汁HACCP培训课程（第一版）	无
培训指南	果蔬汁HACCP内审员培训	2002年9月
委员会建议	国家咨询委员会关于鲜果蔬汁食品微生物标准的建议	1997年4月9日
检测报告	1997年未经巴氏灭菌的苹果酒检测报告	1999年1月
背景资料	人类病原体在水果和蔬菜中的渗透、生存、生长的潜力	2014年6月14日
初步研究报告	肠道沙门菌血清变种哈特福德和橙中的大肠杆菌O157:H7渗透、生长潜力的初步研究	2014年6月15日
初步研究报告	温度差异对橘和葡萄柚着色剂吸收影响的初步试验	2014年6月16日
副本	国家咨询委员会符合新鲜柑橘汁的食品微生物标准（副本）（1999年12月8—10日）	2014年6月21日
副本	柑橘汁企业是如何做到实现病原体5个数量级减少技术科学研讨会	2014年6月21日
信函	关于单一设施要求的信函（2002年1月22日，并且更正到2002年1月22日），关于单一设施要求的信函（2002年1月25日）	2014年6月21日

资料来源：FDA，2014d，果蔬汁HACCP（在线），可查阅：http://www．FDA．gov/food/guidance regulation/HACCP/UCM 2006803．htm。

3.3.2.2　果蔬汁HACCP与食品法典

为确保果蔬汁生产的安全卫生，FDA《小型企业合规手册》（FDA，2016 c）以"简洁的语言"重申了法规21CFR120题为《危害分析和关键控制点（HACCP）体系》的法律要求。尽管此文件中提供的内容适用于所有企业，但FDA指导文件旨在帮助小型和极小型企业遵守规定。该文件由一系列的56个问题和答案组成，从"法规涵盖哪些果蔬汁和果蔬汁产品"这一问答开始。

此文件将果蔬汁定义为"……从一种或多种水果或蔬菜中提取的水状液体、一种或多种水果或蔬菜的可食用部分的浓汁或任何此类液体或浓汁的浓缩物……"任何作为成品或饮料成分生产和销售的果蔬汁都需要在生产过程中应用HACCP原则（包括果浆、浓缩果蔬汁和巴氏杀菌果蔬汁）。

果蔬汁零售生产商不需要建立HACCP体系，因为他们只贮藏、准备、包装、服务或仅充当直接向消费者提供果蔬汁的供应商［21CFR123（e）］。但为了减少美国食源性疾病的爆发，这些零售商必须遵守FDA每4年更新一次的《食品法典》，以确保食品服务、零售食品店和食品自动售货机的食品安全（FDA，2013b，2015b，2016d）。

> FDA《食品法典》是一份768页的文件，其中包括"对州、市、县和机构的建议和参考文件"，这些机构负责管理诸如餐馆、零售食品商店、食品供应商等单位，以及学校、医院、养老院和儿童护理中心等机构的餐饮服务单位。《食品法典》旨在提供"有效控制食品设施中可能导致食源性疾病的微生物、化学和物理危害的循证实践"。《食品法典》中确定的"与员工行为和准备方法相关"的5个主要风险因素可直接与果蔬汁有关：（1）不适宜的温度；（2）加热不足（视情况而定）；（3）不干净的设备；（4）不安全食品来源；（5）卫生状况不佳。

如果果蔬汁由第三方加工并通过零售商进行分销，则要求加工企业在制造、包装或贮藏食品时遵循HACCP指南和先决条件cGMP（21CFR110）。cGMP为HACCP体系的成功提供了必要基础。此外，因为所有果蔬汁都必须符合美国法规，法规21CFR120中的HACCP要求也同样适用于果蔬汁进口商。有些国家可能与FDA就其执行HACCP的状况达成谅解备忘录（MOU）；然而，目前还没有关于果蔬汁HACCP的谅解备忘录，因此进口商必须证明其所有进口果蔬汁符合HACCP要求。

果蔬汁HACCP法规不适用于为美国州际贸易中含有果蔬汁成分食品的生产（如果味糖果）或从水果中提取的其他成分（如柑橘油），因为果蔬汁HACCP法规只针对水果和蔬菜的水提取物。注：这些含有果蔬汁成分或其他水果衍生成分的非饮料食品需要遵守其他食品法规。

果蔬汁HACCP要求由受过微生物学、化学和物理危害分析培训的人员对果蔬汁的原材料和生产工艺进行危害分析，该人员必须了解果蔬汁HACCP项目的法规和FDA培训课程。危害分析需包括危害的确定、因果关系和发生频率，以及以确保采取适当的控制措施来降低危害发生率的文件。指导文件指出书面危险分析需要以下步骤［21CFR120.7（a）］：

- 列出果蔬汁产品的物理、化学和生物危害。
- 针对每种危害，评估其在没有控制的情况下的发生概率和造成健康后果的严重性，确定每种危害是否可能发生在果蔬汁产品中（无需包括不太可能发生的危害）。
- 确定每种可能发生的危害的可行控制措施。
- 审查当前流程，并决定是否需要修改。
- 确定每个合理的可能发生危险的CCP。

文件必须记录并支撑HACCP计划，无论执行HACCP程序的人员是谁，企业都有责任遵守其所需的HACCP体系。例如，为了确保果蔬汁生产和卫生程序维持有效，标准操作程序（SOP）和纠正和预防措施（CAPA）应该是建立HACCP计划步骤的基本程序。危害分析、SOP、CAPA、操作记录、消费者投诉、验证和确认记录和报告、进口商验证以及书面HACCP计划是在FDA检查期间应保留和提供的文件记录。

果蔬汁生产商应当努力减少和预防危害，尤其是可能引起消费者安全问题或对业务造成重大风险的危害。

无论危害发生的频率如何，HACCP计划必须记录所有危害。例如，食入玻璃碎片或展青霉素等多种物质可能导致伤害，展青霉素在变质苹果汁中含量很高。要有适当的控制以减少或消除每种危害，有效的HACCP计划应确定在哪个环节可以防止玻璃碎片或变质的苹果进入成品，这种类型的预防活动应能显著减少成品中这些特定危害的发生。

HACCP计划还应记录企业如何对生产线进行合理控制。例如，当使用某些列明的控制方法，如加热或紫外线（UV）来减少病原体，作为记录这些特定的高风险微生物减少的性能标准，FDA法规要求控制过程能够实现"相关病原体"的5个数量级减少。病原体的类型随果蔬汁类型发生变化，并且每种病原体需要特定的处理方式。最常见的病原体包括沙门菌、大肠杆菌和小型隐孢子虫，果蔬汁加工企业必须采取合理的控制措施，选择方法和测试方案，以确保每个加工场所的每个相关病原体控制过程符合5个数量级减少标准。

果蔬汁HACCP指导文件还讨论了在危害分析和规划中解决过敏原问题的必要性，如牛乳、蛋白质、鸡蛋和大豆副产品等。例如，如果使用相同的设备处理牛乳和果蔬汁，牛乳加工企业必须消除交叉污染风险。HACCP计划必须制定防止交叉污染的控制措施和规范。

和美国FDA所有监管产品的包装和标签一样，所有果蔬汁包装和标签必须真实并且没有误导性（无论果蔬汁是在美国国内销售还是出口到国外）。简单的果蔬汁警告标签或描述如"巴氏杀菌"本身就可能不合适或不充分，因为这类标签可能会被误解或会对消费者传递无效的信息。例如，标有"巴氏杀菌"的果蔬汁必须经过热处理才能消灭微生物；但是，如果用紫外线处理来消灭微生物，果蔬汁标签必须标明"紫外线处理来消除病原体"，或者更简单地标为"紫外线处理"，换句话说，所有标签必须简洁、准确和完整。

总之，无论果蔬汁加工企业规模如何，果蔬汁HACCP《小型企业合规手册》为所有美国果蔬汁加工商详细描述了果蔬汁HACCP计划的相关内容。受过培训的专业人员必须要确保采取行动制定、执行和实施HACCP计划。并且要求为产品贴上准确的标签，为了证明果蔬汁HACCP的合规性，必须留存所有果蔬汁危害分析和CCP执行活动的文件。

3.3.2.3 果蔬汁HACCP：内审和FDA检查

CPGM关于果蔬汁HACCP的检查计划（7303.847）详细介绍了FDA对果蔬汁HACCP计划的检查内容（FDA，2015a）。果蔬汁工厂在制定内部监控计划和审计时要参考该指南，以符合果蔬汁HACCP法规，并在FDA进行检查时做好准备。FDA检查官将检查食品中是否含有生物和其他危害物质，该指南专门针对美国国内加工企业及果蔬汁进口商的HACCP检查，包括（但不限于）以下方面：寻找污染物和卫生问题、进口商问题、微生物和物理危害、有毒物质（如铅、杀虫剂和其他污染物）、真菌毒素（如展青霉素）、着色剂和食品添加剂违规以及标签问题。

内审和FDA检查的目的是"确保果蔬汁加工的安全和卫生"，果蔬汁HACCP的实施不是一个独立的体系，需要其他"非HACCP要素"才能有效运作。因此，FDA检查官接受了相关培训，他们不仅要评估具体的果蔬汁HACCP记录，还要评估果蔬汁生产中的某些非HACCP要素，包括遵守必要的cGMP（如在清洁卫生、个人卫生和员工培训方面）。而且可能会进行全面的GMP审核，审核结果可能涉及以下方面：检查报告不合格、标签违规、员工未戴发网、检查现场的污秽和不卫生状况、缺乏害虫控制、安全照明问题和其他卫生问题。

FDA首先检查的是与最近的食物传播疾病有关的或生产未经巴氏杀菌果蔬汁的加工企业，其次是果蔬汁进口商（特别是进口未经巴氏杀菌果蔬汁或曾经违反过果蔬汁HACCP规则的企业）。FDA检查官将审查进口记录和协议，来确认进口商的所有果蔬汁产品都符合法规21CFR120.14，该法规规定果蔬汁必须来自签署MOV的国家或进口商必须有书面文件来确保果蔬汁都按照美国法规要求进行了处理（如确认产品规格以防止掺杂，确保采取适当的控制措施）。进口商应该从提供进口产品的供应商处获得HACCP计划、标准操作程序和特定批次的保证书。进口商还应检查境外企业生产设施，并保存一份HACCP记录文件以及一份书面保证，以此证明进口食品的加工符合美国法规，所有记录必须是英文版。

为了验证是否满足安全生产要求，FDA检查官可以采集果蔬汁HACCP样品。通常，FDA对"官方样本"的检测主要是为了监测企业果蔬汁HACCP计划中既定的安全危害，其结果将用于确认HACCP计划在美国商业中的有效性以及"……产品中出现特定安全缺陷的可能性……"CPGM特别针对苹果汁做出如下声明：

> 收集"验证"样品时，除非产品的HACCP计划将展青霉素列为化学危害，否则每次检查只收集一个样品，然后收集分离样品，并将一部分样品运送到指定的化学实验室，另一部分运送到指定的微生物实验室。在最初的加工厂（从苹果中提取果汁的加工厂）收集苹果汁时，要想办法获得用于生产特定批次果汁的苹果类型的证据，以及这些苹果是否在加工前已经过贮藏，并将这些证据记录在收集报告、检验报告和宣誓书中。

尽管FDA检查官记录的大多数缺陷不需要用样品验证，但作为真菌毒素合规计划的一部分，只要检验条件允许，可采取"原因"样品进行展青霉素监测分析（例如，检查官如果观察到发霉的苹果混成一批，或在加工线上观察到破碎的瓶子，可采集样品进行展青霉素测试）。

FDA将在工厂现场收集样品，并分发到相应的FDA服务实验室。实验室测试项目可能包括污物、霉菌和异物的评估：微观/宏观、微生物、有毒元素、天然毒素（展青霉素）、食品着色剂、食品成分、标准、标签和经济性。CPGM对特定的实验室检测方法做出了规定，用于分析HACCP检查期间发现的常见污染物［如大肠杆菌O157：H7、单增李斯特菌、沙门菌、铅（>0.05mg/kg）、展青霉素］。

FDA检察官对按照CPGM实施的HACCP进行审核并完成检查报告（EIR）时，可能需要采取以下步骤：

（1）组织初次会面，并出示FDA 482表格。

（2）确定要检查的果蔬汁类型。

（3）做"走访"，了解操作和卫生程序。

（4）编写包含EIR的操作说明流程图。

（5）识别"重大"危险和关键控制点。

（6）进行独立的危险分析，并将结果与企业的分析进行比较。

（7）评估HACCP计划（关键限值、监控和验证程序是否有效）。

（8）要求员工展示在CCP中"他们做了什么"，以评估关键控制点的实施情况。

（9）陪同卫生监督员，并要求他们"展示他们做了什么"。

（10）进行卫生检查。

（11）检察监控、验证、纠偏措施和卫生纠正记录。

（12）在FDA 483表格上记录缺陷项。

（13）编写一份叙述性的EIR，描述在检查过程中发现的HACCP控制和卫生监控计划的缺陷项。

污物是所有接受过潜在污染媒介记录培训的FDA检查官特别关注的领域，包括苍蝇的数量和苍蝇接触产品的次数、破损的纱窗和敞开的门、动物粪便、垃圾或腐烂的动物尸体。

3.3.2.4 果蔬汁HACCP管理员培训

《FDA果蔬汁HACCP管理员培训指南》（FDA，2014b）描述了如何进行果蔬汁HACCP检查，并对管理员在检查果蔬汁加工企业时应注意的关键点做出了规定。该指南假定FDA检查官接受了严格的HACCP培训，回顾了七项HACCP原则，特别关注了果蔬汁产品。培训指南审核了完成检查的基本步骤，包括初始面谈、危害分析/HACCP审查、评估HACCP计划、实施和绩效标准（如5个数量级减少的标准）、记录审查和记录观察结果。

3.3.2.4.1 卫生控制

果蔬汁HACCP检查官会审核"全面卫生控制计划"及表明企业已经实施HACCP的证据。此外，为了确保果蔬汁产品安全性，FDA检查官会检查其他必备的业务系统是否正常运行。例如：

• 工作人员是否规范着装（发网、手套、大衣）？

• 为防止污染，设施和装备（包括器具、手套、外衣）是否干净，卫生状况是否良好？

• 是否及时洗手/消毒，卫生间设施是否卫生？

- 接触食物或食物表面的水/蒸汽/冰安全吗？
- 生产线能否防止交叉污染（例如，从不卫生的物体到食品、食品表面和包装，或者从原料到成品）？
- 产品是否不含化学、物理或生物污染物？
- 产品是否含有润滑油、燃料、杀虫剂、清洁和消毒化合物等生产线杂物？
- 是否正确标记、储存和使用有毒化合物？
- 生产车间是否存在患有疾病、其健康状况可能导致微生物污染的员工？
- 设施是否干净，没有害虫和昆虫？
- 企业是否有潜在的经济欺诈行为？
- 基于监测结果的监测记录和纠偏措施是否符合cGMP（21CFR110）和法规21CFR120.12的规定？

即使没有收到FDA的检查通知，果汁加工企业也应当为果蔬汁HACCP检查提前做好准备（例如，管理团队和生产线员工应该接受培训，了解HACCP和实施HACCP计划的方法，组建小组，确定可能会被检查的产品，并编写流程图记录生产步骤）。

3.3.2.4.2　初次会面

初次会面开始时，为了确定要检查的产品，检查官可能会要求提供过去的检查报告和文件。检察官将根据产品中存在安全隐患的可能性、产品以前的检查历史以及企业的合规历史进行产品的选择（如果当天生产的产品不止一种）。典型的访谈问题可能包括以下方面：

- 产品类型（如参观当天生产的具体产品）
- 产品预期用途
- 特定产品的HACCP计划
- 参观当天的生产流程和功能生产线
- 每天各生产线的时间表
- 企业规模或员工人数
- 产品存储位置和分销详情
- 装运流程和装运时间表
- 质量控制的证据、记录
- 需要对协议的差异或偏离采取的措施
- 质量管理体系和具体的卫生标准操作程序和记录

3.3.2.4.3　工厂参观及流程图

实地走访完工厂（从进料、原材料接收地点到成品运输地点）并与管理层和生产线员工讨论工厂运营情况后，检查官将根据工艺操作、材料使用、加工过程中的贮藏时间和温度、测量/控制仪器、加工延迟的可能性以及污染风险、危害或控制措施，设计流程图和独立的危害分析，然后将其与工厂的危害分析、HACCP计划和卫生标准操作程序进行比较。检查重点将会集中在具体选定的产品上，审查生产线运行情况和相关记录。检查官会记录他们遇到的每个HACCP和非HACCP违规行为（如卫生问题、欺诈、污物）。

根据FDA培训指南，检查官可能要求查看企业流程图，但这并不是法定要求。法规明确要求要有书面的果蔬汁危害分析（21CFR120.7）和HACCP计划。培训指南还提供了处理不同情况的指导意见，包括（但不限于）以下方面：

- 企业没有书面的危害分析（违反法规21CFR120的规定）。
- 企业的危害分析中有或多或少超出检查官预期的关键控制点（与企业讨论调查结果，并在检查结束后确保机构审查文件以及EIR提交文件的安全性）。
- 企业没有使用果蔬汁HACCP危害和控制指南中提供的"标准化HACCP计划表"（对企业提供的HACCP计划进行审查，并对企业是否采取了必要的控制措施进行评估。即使企业没有HACCP计划，也应进行此项评估）。

· 制定果蔬汁HACCP计划的人员在果蔬汁加工方面没有相关培训或经验（记录提供的培训信息，以符合法规21CFR120.13，除非企业明显不满足培训要求，否则不要提出质疑）。

· 果蔬汁HACCP计划缺失，计划发布者或企业官方签名缺失，或果蔬汁HACCP计划最初未签署，无论何时修改，至少每年修改一次（21CFR 120.11–12）［培训指南声明"一些企业可能没有HACCP计划，因为他们不需要"和"没有HACCP计划是严重违规行为（21CFR120.9）"］。

· 未满足果蔬汁HACCP的技术要求（这需要对HACCP有深刻的理解）——培训指南建议通过以下问题列表进行处理：

　· 危害分析和关键控制点计划是否针对该加工地点和此类果蔬汁？
　· 该计划是否包括书面危害分析，以确定该产品可能发生的所有食品安全危害？（原则1）
　· 该计划是否列出了可能发生的每种已识别食品安全危害的关键控制点？（原则2）
　· 该计划是否确定了每个CCP的关键限制？（原则3）
　· 关键限值是否合适？（原则3）
　· 计划是否列出了用于监控每一个CCP以确保合规的程序
　· 有关键限值吗？（原则4）
　· 计划是否列出了监控程序的频率？（原则4）
　· 监控和监控频率是否适用于该产品？（原则4）
　· 计划是否描述了针对每个关键限制的过程和产品特定的纠偏措施程序。需要注意，企业不需预先确定纠偏措施。如果没有，企业是否理解法规要求的纠偏措施？（原则5）
　· 列出的纠偏措施程序是否适用于该产品？（原则5）
　· 该计划是否规定了记录保存体系，是否记录了关键控制点的监控、纠偏措施和验证程序？（原则6）
　· 这些监测记录是否包含实际值和观察值？（原则6）
　· 验证和确认程序，如产品测试和HACCP计划审查是否包括在计划中？（原则7）
　· 计划中是否包含验证和确认程序的频率？（原则7）

果蔬汁HACCP旨在解决食品安全问题，每个企业都有权在其危害计划中纳入适当的主题和CCP。当检查官将其危害分析与企业专家制定的危害分析进行比较时，建议检查官了解制定文件的人员或团队的培训和经验，并参考FDA的"危害和控制指南"，检查官有权决定是否修改其危害分析来和企业的危险分析匹配，或是反对企业危害分析中的特定点。特别需要注意的是，培训手册要求检查官将他们认为必要，但未被企业列出的危险、关键控制点和关键限值列为"不良情况"。

检查官的目的不是质疑企业是否遵守法规，而是继续关注其HACCP计划执行和危害控制的事实依据。例如，有偏离情况出现后，企业与检察官列出的关键控制点数量存在差异，而审查目的就是充分了解出现上述差异的原因。

果蔬汁控制措施方式包括热处理、水果剔除或修整、观察是否有任何碎玻璃或金属片、剔除害虫的成品分析以及遵守GAP、cGMP和SOP要求等。同时需要监控生产线，检查官应评估监控频率是否违反关键限值，这可能涉及不同类型的监控设备，为了评估企业是否按HACCP计划监控关键限值，检察官应询问HACCP计划中列出的每个监控记录的示例，还应审查纠偏措施，特别是HACCP计划要求预先确定的以使过程返回受控状态的纠偏措施。

3.3.2.4.4　记录审查

检查官将通过审查记录、验证监控设备的校准过程和测试样品（如果需要）来验证生产控制体系。检查官将评估监控程序和验证规划之间的关系。例如，若采用供应商提供的监控程序被视为"弱"监控，要通过供货检查和定期产品测试的强验证过程来抵消。为了确保供应商遵循HACCP计划，检查官还将评估关键限值和纠偏措施之间的关系。

需要注意，FDA的检查官接受过相关培训，他们将记录在工厂检查和访谈期间的发现违规行为（如卫生条件差、污物、欺诈、食物腐烂），经验丰富的员工才能和他们交流，在不干扰生产线的前提下，检查官可以对生产线员工进行询问。《果蔬汁HACCP监管员培训手册》指出，"分散员工注意力不仅会干扰企业的生产，还可能造成安全隐患。"培训指南还详细介绍了如何通过关注以下因素指导检查官验证HACCP计划：

- 监测是否按计划规定执行？
- 监测是否按规定频率进行？
- 监测设备是否合规？
- 监测设备是否正常良好运行？
- 监测设备是否按照计划规定进行校准？
- 是否准确及时地记录监测结果？

例如，检察官使用自备的温度计检查冷却器温度，使用自备的试纸检查消毒剂溶液的浓度。

- 临界极限偏差后是否采取了纠偏措施？

纠偏措施要纠正产生偏差的原因，并确保不合格产品不得流出工厂。企业不必预先设定纠偏措施，如果纠正措施是预先确定的，加工企业必须遵循其制定的HACCP计划或法规中规定的标准程序，否则，企业就必须遵循标准程序（21CFR120.10）。

- 是否准确记录纠偏措施？
- 是否按照规定执行了其他验证程序，如产品测试？
- 是否记录验证程序？

3.3.2.4.5 样品收集，微生物5个数量级减少和测试验证要求

作为检查工作的一部分，检查官采集的样品将送至相应的FDA实验室检测，来验证产品是否含有污染物，对消费者是否安全。通过检测记录所有偏差，将有助于确定企业是否充分实施危害控制和果蔬汁HACCP计划。HACCP计划能够控制每种果蔬汁中"最具公共卫生意义的抗性微生物"。该法规非常具体地规定了对特定微生物（如大肠杆菌）的阳性结果所需要采取的纠偏措施，以及根据法规21CFR120.20对"相关微生物"有效实施5个数量级减量的必要性。一些微生物计划中规定了实现强制性5个数量级减量的豁免条件包括受法规21CFR113/114限制的果蔬汁加工企业"……使用足以实现产品稳定性的独立热处理步骤……"（21CFR 120.24）。加工企业必须提供满足豁免要求的文件副本。

在检查过程中，检查官应确认该工艺能生产出耐贮藏果蔬汁，并符合法规中规定的5个数量级减少要求。例如，为确保微生物数量减少，检查官可能会询问快速巴氏灭菌器的使用时间、温度等是否准确。企业应该开展研究，来记录具体的特定快速巴氏灭菌器的时间和温度设置使官方关注的特定微生物实现了5个数量级减少，并提供注明签名和日期的报告。

培训指南提出了柑橘汁加工企业检查官的具体要求，即检察官可以将5个数量级减少的要求应用经过验证的果蔬汁提取过程（一次精确提取，不允许果蔬汁接触果皮）或包括剔除（剔除受损果及所有掉落或磨碎果）在内的过程。产品包装前，在设备中进行清洁（水果表面清洗）和有效的表面处理（清洁、刷洗和消毒），以实现5个数量级减少要求。企业要验证和监控每次处理的化学浓度、酸碱度、持续时间和温度。

检查官接受了培训，确保其掌握在模型试验系统的验证测试中，或在表面处理后果汁的成品试验中，对灌装水果或果汁的特定验证要求。企业所采取的与微生物水平相关的纠偏措施必须保证"对消费者健康有害的产品没有流入市场"，并且企业必须保存监测和验证记录，以证明其遵守HACCP计划。此外，检查官将接受培训，审核巴氏杀菌方法（包括批量或连续方法）和热处理结果记录，以确认这些方法可以保证实现5个数量级减少豁免，也可能对包括经批准用于果蔬汁的紫外线照射和臭氧处理等替代方法进行审核。

3.3.2.4.6 强制性记录和日期选择

"强制性记录"的强化审查通常在检查结束时进行，包括以下内容：书面危害分析、书面HACCP计划和记录、记录卫生标准操作程序的遵守情况、CCP监测情况、纠偏措施以及HACCP体系的验证情况。培训手册条例规定检查官有权查阅和复制所有"强制性记录"。受过培训的检查官会以特定的方式选择记录："先选择给

定生产天数的完整记录集……选择查看……检查当天生产的记录……"允许检查官"建立自己的体系"；此外，培训手册为记录选择提供了一个框架性示例方法。

培训手册提示，检查官确定了自上次检查（或自最初实施HACCP计划）以来的生产天数后，要根据保存监测记录的规定（例如，冷藏产品：1年；冷冻、保藏、耐藏产品：2年，21CFR120.12）计算检查天数。检查官应取总生产天数的平方根，来确定需进行记录检查的天数，最低不应少于12d（例如，连续生产365d，应检查19d的记录；连续生产730d，应检查27d的记录）。

培训手册要求检察官要每月选择广泛的日期分布，重点是选择企业最差状况下的日期（例如，季节性停工/变更后，HACCP/设备/人员变更后，长期轮班/加班、节假日、周末或高峰生产超过产能时）。手册描述了选择这些日期的基本原理："如果企业在这些条件下正常运作，那么它们很可能在更理想的条件下运作更加良好。"不过FDA并未提供任何数据来证实这一理论。

如果在选定日期的记录检查过程中发现问题，手册提示检查官需在出现"问题"的时间范围内选择更多记录进行检测，并向外延伸直到"确定问题的范围"。该手册阐述了本检查程序的基本原理："重点是要了解问题只是一个孤立的事件，还是它代表了一种不合规模式。"然而，该手册并没有提示检查官如何确定问题范围，或区分"孤立事件"与"不合规模式"。这种仅着眼于识别问题，而不重视解决问题的观念，可能会导致检查官无法将已经证实可解决的问题与正在发生并确实威胁公共健康的系统性问题区分开来，这是FDA检查官培训项目的一个关键问题。

检察官审查监测记录、纠偏措施记录和验证记录，目的是确保HACCP计划按规定执行，所有关键限值均已满足，所有关键限值偏差均已妥善解决。检查官还将记录中所有的错误（如签名或日期、产品标签、生产代码、记录的实际值、所有纠偏时间）

注：检查官培训手册明确指出："本条例并未授权检查官查看消费者投诉，只允许查看针对消费者投诉采取的纠偏措施的记录。"

检验员可要求查阅所有CCP测量设备（如温度计、pH计）的校准记录。

3.3.2.4.7　HACCP 计划欺诈和伪造

为确保HACCP计划的合法性，检察官会对HACCP记录进行审查，并在这些记录中寻找欺诈或不一致之处，因为这些差异可能表明企业存在伪造记录的违规行为。例如，不允许预先记录数据。如果检查官正在检查温度校准记录，规定是每小时记录一次温度，而检查官发现一天中每小时的温度记录已经填写在案，那么检查官将记录这一点作为伪造记录的证据。接下来，检查官应与员工面谈，以确定是谁伪造了记录及其动机。部分员工可能是不清楚如何正确执行监测程序，或是担心如果忘记记录某个时段，经理会察觉。或者，他们的动机可能是要掩盖一个更大的问题，包括不合规的结果或不严格遵循HACCP计划。

伪造迹象可能包括：

- 监测频率太稳定。例如，毫无变化的精确时间。
- 数据点太一致。例如，温度总是一个精确数值。
- 纸质监控记录太过"整洁"。例如，记录太干净，不像曾经处于潮湿、易受污染的地方。
- 墨水或签名笔迹无变化。例如，不同负责人的书写风格没有差异；这提示检查官要检查手写字迹。
- 设备仪器缺少标记，或频繁发生不太可能的事件。

自然变化是可以预料的，当变化缺失时，训练有素的检查官会质疑并查看"重叠"的记录，并立即复制伪造的证据，而且不允许企业删除或更改记录。在这种情况下，检查官应该在与企业高层讨论问题之前先与他们的主管讨论，因为"……以欺诈为目的的伪造可能是重罪违法行为"（《联邦财务条例》第18条）。

检查官会收集并记录所有数据、偏差和违反HACCP或其他法规的情况。检查官接受过复制记录和记录检查的相关培训，记录检查内容包括：（1）伪造；（2）相关缺陷；（3）检查信息；（4）下次检查信息数据。检查官需要复印副本来记录违反规定的情况。检查官接受过培训，如果他们在对自己发现的问题不确定的情况下，就要复印记录，地区办公室和食品安全与应用中心营养办公室可以独立审查记录。这对企业来说可能特别麻烦，尤其是如果检查官是新来的或者缺乏经验，并想要复制他审查的所有内容。

3.3.2.4.8　卫生监测

培训手册有整整一章专门讨论了"确定卫生监测是否准确实施"的问题，该章节包括法规21CFR210.6（a）中要求检查的与以下风险相关的八个关键领域：

（1）用水安全　包括气态和固态水的使用［21CFR110.37（a）、21CFR110.80（b）］。

（2）食品接触表面的条件和清洁度［21CFR110.10（b）（5）、21CFR110.35（d）、21CFR110.40（a）］。

（3）交叉污染　包括生熟产品分离［21CFR110.10（b）（5）、21CFR110.35（d）、21CFR110.40（a）］。

（4）个人卫生　包括洗手、消毒和厕所设施［21CFR110.37（d）、21CFR110.37（e）］。

（5）掺杂物［21CFR110.20（b）（4）、21CFR110.40（a）21CFR110.80（b）（12）（iv）］。

（6）有毒化合物的标记、储存和使用［21CFR110.35（b）（2）、21CFR110.35（c）］。

（7）员工健康状况　包括不得使用有疾病或传染性伤口的员工［21CFR110.10（a）］。

（8）消灭所有害虫　包括合理使用害虫控制方法［21CFR110.35（c）］。

即使不会对产品安全产生直接影响，培训手册也要求检查官将任何可能对产品掺杂产生影响的"不卫生状况"确定为"有关"事件。并且手册详细举例说明员工不注意卫生或"害虫活动"几乎不会影响产品安全，但可能导致产品掺杂；然而，培训手册还指出"在员工不接触暴露产品的仓库等设施中监控员工洗手是不相关事件。"

检查官同样接受了判断卫生标准操作程序（SSOP）和卫生监测活动的相关性方面的培训（例如，手册规定需要在某些加工区监控员工"洗手"，但不在包装好的成品贮藏区或装货码头进行监控……）。此外，本培训手册准确陈述了"要求有卫生标准操作程序，但法规并未规定必须按照法规21CFR120.6的要求"制定。因此，检查官必须判断企业标准是否达标，如果企业不符合法规21CFR110要求，为了"加强观察"，诸如不卫生设备或清洁程序等问题需要与SSOP的相应薄弱点联系起来。

卫生监测的频率和所有特殊情况都是检查官必须考虑的重要因素。例如，每月的监控运用于以下情形：

• 用水安全——记录在市政水费单或第三方检测报告中。

• 食品接触表面条件和清洁度——记录在相关设备、器具等的更换记录中。

• 防止交叉污染——记录在"巡视"报告中，为了确保工厂布局不会导致产品污染。

或者，日常监控运用于记录所有八个关键领域的观察结果，例如：

• 每天生产开始前检查员工健康和虫害控制情况。

• 每次清洗和消毒设备或表面，每隔4h检查水质、消毒剂浓度和食品接触表面的清洁度之后，再开始操作。

• 检查冷却器和加工区是否有交叉污染，尤其是在员工休息期间，或在员工从工厂的生料区移动到熟料区时。

• 验证洗手、消毒、厕所设施和用品是否正常、可用、适宜，包括目视检查每个厕所底部周围的密封性。

• 验证掺杂物和有毒化合物是否有效控制，包括防止"……冷凝物、地板飞溅、玻璃破裂、使用有毒化学品和其他污染源"。

FDA检查官接受了关于记录生产过程中发现缺陷时采取的纠偏措施的培训。例如，当监测到供水中大肠菌群数量较高时，检查官应注意企业是否停止生产，并立即重新取样，直至恢复正常，然后才能再次开始处理。另一个可接受的纠偏措施包括使用替代供水，直到供水符合规范。培训手册中第二个可接受的纠偏实例，即在仓库日常检查中发现啮齿动物排泄物颗粒。纠正措施是确认仓库中的原料没有受到污染，移除排泄物颗粒，清洁开工前区域，以及通知消灭害虫企业。检查官要在报告中记录这类可接受的纠正措施。

法规要求卫生记录必须有企业名称、位置、日期、监控员签名以及监控观察的实际时间（21CFR120.12）。培训手册中提供了检查官可以用来记录所有卫生监控要求是否得到满足的表格示例，果蔬汁加工企业可以考虑参考这些表格示例来制作自己的文档和记录。

3.3.2.4.9 记录不良状况

联邦《食品、药品和化妆品法案》（FDCA）要求检查官在检查结束后给企业留下一份书面的观察清单，尤其是与以下情况相关的清单，如"工厂中加工的食品可能全部或部分含有污秽、腐败或分解的物质，或者是在不卫生的条件下生产、包装、贮藏，以致沾染污物，或者可能对健康有害"。培训手册指出，在报告这些不良情况时，检查官可能会采用多种记录方式，导致一些差异。例如，除非提出某种警告或命令，否则检查官可以口头提出意见清单。或者，检查官可以在FDA 483表格上发布书面的清单、核对表、大纲或详细说明。

FDA 483表格上的书面意见必须客观，以审查人员的第一手意见为基础，并以"简明方式"书写，便于协助审核的团队理解。反对意见应当重点注明，且与可能发生的问题相关。类似的意见应该组合在一起，不赘述。结论不应包括意见或假设，也不应参考果蔬汁HACCP法规或果蔬汁危害和控制指南。相反，FDA检查官接受的培训是记录事实，如"记录的温度不正确"，而不是做出说明某个雇员"在伪造记录"的结论。此外，要求检查官不要"原创"，而是在语言适合所述问题的情况下，反复使用同一种语言。为表明每个问题的严重程度，记录文书应包括频率和具体数字。

FDA检查官接受相关培训，以记录下列特定类型的果蔬汁HACCP违规行为：

- 伪造记录。
- 当偏离关键限值时，没有纠偏措施或纠偏措施不充分。
- CCP没有监测或监测不充分。
- 无HACCP计划。
- HACCP计划不充分，没有处理部分或全部重大危害，或处理不当。
- 没有或没有足够的监测记录或记录不充分。
- 没有对卫生缺陷进行纠正或无纠正记录。
- 没有对卫生设施进行监测。
- 没有审查记录。
- 没有受过培训的人员参与HACCP评审。
- HACCP计划上没有签名和日期。
- 记录上没有签名和日期。
- 没有对HACCP计划的年度审查。

检察官培训手册提供了在检查生产玻璃瓶装巴氏杀菌果蔬汁和冷冻果蔬汁的果蔬汁加工设施时可能遇到的HACCP违规的具体案例，而且指出了该如何报告这些不良状况。

HACCP记录示例：

检查官来到一家企业，于上午8：20检查了巴氏杀菌温度记录，发现已经记录了一天中其余时间的所有温度数据。培训手册指出，这个"伪造文书"的证据应记录在FDA 483表格中，记录内容如下所示：

"2002年12月6日上午8：20，巴氏杀菌温度记录上的时间和温度，在上午8：30到下午1：30时间段内，以半小时为间隔，提前填写"。

HACCP计划示例：

检查官确定该企业正在加工苹果汁和橙汁，但企业却没有为这两种产品制定HACCP计划。培训手册指出，这种违规行为应记录在FDA 483表格中："贵公司的工厂在加工苹果汁和橙汁期间，没有书面的HACCP计划描述对细小隐孢子虫或沙门菌的控制措施。"

危害：

检查官注意到，该企业已经制定了标准操作程序控制进口苹果的状况，但检查官未见"展青霉的形成"列为HACCP计划中的一种危害。培训手册指出，这种违规行为应记录在FDA 483表格中，具体如下："针对新鲜苹果汁的书面HACCP计划没有解决展青霉素形成的危害。"

控制：

检查官发现苹果在锤式粉碎机中粉碎后，成品中可能会掺杂金属碎片。此外，检查官记录的HACCP计划不包括金属碎片进入食品中的可能性控制，而且企业无法检测成品中的金属。培训手册指出，这种违规行为应记录在FDA 483表格中，具体如下："巴氏杀菌苹果蔬汁的书面HACCP计划没有解决金属碎片的危害，也没有替代的控制措施。"

关键限值偏差：

检查官注意到，CCP对苹果汁巴氏杀菌法设定了时间和温度的关键限值；然而，有两次温度至少低于关键限值-15℃（5℉）的情况下，没有任何纠偏措施及相应记录。培训手册指出，这种情况应记录在FDA 483表格中，内容如下："通过对2002年6月12日巴氏杀菌温度记录的审查发现，有两次巴氏杀菌温度低于关键限值-15℃（5℉），而记录或文件中没有记录对此缺陷的纠正。"

验证：

下文提供了两个关于监测成品果蔬汁中玻璃碎片和审查监测记录的案例。该企业对玻璃碎片的检查从目视检查转变为X光检测，HACCP计划要求技术人员在每天开工时和生产过程中每隔4h验证X光设备运行是否正常。检查官注意到质量保证技术人员没有做任何验证，工厂经理例行公事地将不经审查的监控记录存档。培训手册指出，这两种违规行为应记录在FDA 483表格中，具体如下："X光机的验证程序没有按照HACCP计划的规定实施，因为未在每日开工前或每隔4h检查X光设备"以及"对巴氏杀菌温度日志和金属检测日志监测记录的审查发现，所有审查日期都没有按照HACCP计划的规定签字并注明日期。"

3.3.2.4.10　进口商检查

因为进口商只能依靠境外企业进行加工生产，所以FDA检查官还接受了关于加工者和进口商之间遵守法规差异性的培训，检查官无法看到境外加工厂的果蔬汁HACCP计划，也无法实地走访。由于这些原因，美国国内果蔬汁加工厂的检查过程（包括准入文件审查）可能比文件记录审查更加复杂。

进口要求（21CFR120.14）表明，所有果蔬汁产品必须符合HACCP规定，并要求进口商进行验证。当某个国家与FDA签订了谅解备忘录时，进口企业就可以依靠谅解备忘录，并且不再有义务确保果蔬汁HACCP法规得到遵守，因为根据谅解备忘录，确保合规的责任已经转移到来源国。对于从没有谅解备忘录的国家进口的果蔬汁，进口商必须有书面验证程序，确保其果蔬汁符合果蔬汁HACCP法规，包括产品说明书（例如，相关安全问题的限制，如"不存在沙门菌"），以及包括以下一项或多项的规定验证内容：

- 每批次产品境外加工厂的HACCP和卫生监控记录。
- 证明符合果蔬汁HACCP的出口国政府或第三方的特定批次认证。
- 果蔬汁HACCP合规性检查记录。
- 境外加工厂HACCP计划的英文副本，附有境外加工企业声称符合果蔬汁HACCP的书面保证，或定期提交进口果蔬汁的检测报告以及书面保证。
- 声称符合果蔬汁HACCP的程序。

检查官将接受相关培训，对进口商进行以下步骤的HACCP审查工作：

- 进行初次会面
- 选择要审查的产品
- 确定选定进口果蔬汁产品的境外来源
- 审查进口商的产品安全规范
- 审查进口商的验证计划
- 审查进口商的核查记录
- 记录不合规情况

如果进口商的HACCP计划不够充分，检查官可能会认为进口果蔬汁掺杂。

对微生物5个数量级减少控制方法、书面HACCP计划和其他文件的审查可以让检查官对企业流程和

HACCP实施情况有一个整体概念。这通常需要审查标准作业程序、CAPA文件、监测程序、验证程序、验证协议和记录。为了验证HACCP计划，检查官会寻找完整、准确和一致的记录。HACCP计划验证（21CFR 120.11）工作需要在至少每年或当变化可能影响危害分析或HACCP计划时开展，检查官接受了相关培训，来确定工厂的实际记录活动（如检查官观察到的第一手资料）是否遵循HACCP计划。

总之，检查官的目标是了解企业的危害分析，通过访谈和数据收集评估HACCP实施的成功程度，并验证是否达到了5个数量级减少的标准，是否始终有与企业HACCP计划一致的记录。当检查官发现与果蔬汁HACCP或cGMP法规存在偏差时，可以提交报告。此外，检查官应审查CPGM第3章"果蔬汁HACCP检查计划FY07/08/09"（FDA，2009）。

3.3.3 零售和餐饮行业HACCP

FDA的"零售和餐饮行业HACCP"（FDA，2014e）网页中有多种资源来帮助那些想了解更多关于零售及餐饮行业HACCP信息的员工和企业（附录5）。

需要特别说明的是，FDA《食品安全管理：餐饮和零售企业经营者自愿使用HACCP原则手册》讲解了自愿使用HACCP的原则，以帮助零售食品与餐饮企业管理和控制食品安全。本手册介绍了什么是HACCP，回顾了HACCP过程方法，并描述了如何建立食品安全管理体系。基本上，所有的餐饮和零售机构都有责任确保食品安全，卫生检查官也有预防食物传播疾病的责任。该手册描述了食品危害、食源性疾病风险因素、主动管理控制，以及如何进行危害分析和使用HACCP来进行零售和餐饮行业的食品安全管理。

该手册使用"危险区域图"的方法，详细说明了如何确定在零售和餐饮机构中最常见的无烹饪、当天和复杂的食品制备流程的风险因素。具体来说，零售和餐饮企业的员工应该了解建立食品管理体系的九个步骤，总结如下：

（1）控制污染和细菌生长，维护设备；使用供应商认证、培训、过敏原管理、过程说明、标准操作程序等。

（2）按照未烹饪、当天和复杂准备过程对菜单项和产品进行分组。

（3）使用食物流程图、危险情况列表和每个步骤的控制措施来分析危害。

（4）在每个步骤中为CCP设立限值。参见以下示例和注释：《食品法典》建议即食食物应符合时间和温度标准，并避免徒手接触。

①接收（在适宜温度下装运，并且仅接收来自获批来源的食物）

②贮藏（保持适宜温度，防止交叉污染）

③准备（控制细菌生长和污染）

④烹饪（用书面文件来记录控制烹饪的适宜温度和时间）

⑤冷却（使用小批量、搅拌、加冰、预冷却配料）

⑥再加热（将食物保持在适宜的温度和时间，再加热到适宜的温度）

⑦温度保持［控制热、冷、时间；57.2℃（135℉）或以上；5℃（41℉）或以下］

⑧设置、组装、包装（包装食物，放在托盘上等）

⑨服务和销售（监督个人卫生、洗手、使用手套和用具、禁止徒手接触、禁止生病的员工入内等）

（5）监控程序（例如，使用校准设备测量成品的温度和时间）。

（6）采取纠偏措施（例如，对未达到的关键限值立即采取措施）。

（7）核实是否遵循验证程序（例如，经理检查：监测按计划完成，记录准确、完整、符合计划频率，采取了纠偏措施，正确使用和校准监测设备，每日记录时间和温度，并保留接收日志、冷却日志、清洗和徒手接触日志）。

（8）保存记录（例如，细菌生长、设备维护、烹饪、冷却、再加热、监测、纠偏措施、验证和确认、校准）。

（9）验证（例如，使用适当的工作表，确保满足控制要求）。

该手册指出，不同食品安全危害的控制措施有时是相同的，并提供了生物、化学和物理危害类别的实例，以及在评估食品危害时应使用的一些指导性问题。

- 是否有食材或菜单项需要特别关注……？
- 这是一种需要特殊温度控制的潜在危险的食品吗？
- 这道菜怎么上？马上吗？自助餐？
- 这种食物有与疾病相关的历史吗？
- 这是否需要大量的准备工作，以致使准备时间、员工健康以及与即食食品的徒手接触成为特别关注的问题？
- 如何处理出现腹泻或呕吐等症状的员工？
- 是否为易受食源性疾病影响的人群提供食物（如卫生保健机构的住院医师、儿童或成人日托机构的工作人员等）？

且该手册回顾了一些基本原理，如通过"适宜的烹饪"控制营养体繁殖细菌（如沙门菌、弯曲杆菌、大肠杆菌和弧菌）；通过"适宜的保温"控制产生孢子或形成毒素的细菌（如蜡样芽孢杆菌、产气荚膜梭状芽孢杆菌、肉毒梭状芽孢杆菌和金黄色葡萄球菌）；通过"良好卫生习惯如洗手、不徒手接触即食食品以及实施员工健康政策"来控制"粪-口传播病原体"（如志贺菌、沙门菌、寄生虫、甲型肝炎病毒和诺如病毒）。此外，还讨论了细菌、寄生虫、病毒或其他病原体的交叉污染，交叉污染可通过采取卫生措施和贮藏条件控制。交叉污染"适用于通过手、食物接触面、海绵、毛巾和器皿等将致病微生物转移到即食食物上，适用于将致病微生物从烹饪温度较高的生鲜动物食物（如鸡肉）转移到烹饪温度较低的动物食物（如猪肉）上……"

监管机构与食品行业（包括零售食品行业）密切合作，评估各种食品制备和服务需求，并为每天供应数千份餐食的复杂行业、小型食品服务行业、单一设施中制备的食品制定安全参数。该手册提供了参考资料并回顾了以下方法来控制某些鱼类中由清洁剂、消毒剂、过敏原、鲭鱼毒素或雪卡毒素引起的一般污染，也包括对骨骼、金属碎片、绷带、珠宝等杂质的控制。此外，基于法定要求，手册建议用20h进行危害分析，60h制定HACCP计划。如本手册所述，在接收、贮藏、准备以及烹饪、冷却、再加热、保存、设置、组装、包装和服务、销售点等环节都需要关键控制。

除了HACCP，手册还要求建立"完整的食品安全管理体系"，包括"良好的基本卫生条件、扎实的员工培训计划和其他先决条件"。该体系的目的是为消费者提供"安全、优质的食品"。食品安全专家与检查官或FDA之间的讨论意见有助于食品安全计划的制定。最终，食品安全管理计划的责任将落在零售食品或餐饮服务企业的高级管理层。

3.3.4 水产品HACCP

在www.fda.gov网站上搜索"水产品HACCP"会出现1500多个文件，其中包括"水产品HACCP"网页（FDA，2014），该网页列出了含有更多信息的多个网络链接（附录6）。这些文件表明，FDA对2001年政府会计办公室的报告作出了反应，该报告建议通过将检查频率从每4年1次提高到每年1次，来进一步推动水产品HACCP计划实施。同时也表明，企业正在对设施、设备和运营方面进行升级，FDA更加关注高风险产品，对病原体和组胺进行更频繁的检查和额外的实验室测试。此外，FDA发布了更多的指南和培训资料，为渔船作业和水产养殖作业制定了检查官认证和指南，加强了对国外加工企业的监督，并建立了国家水产品HACCP检查数据库。

十年后，FDA发布了《鱼类和渔业产品危害和控制指南（第四版）》，该网站和指南包括介绍性视频、多种指南文件、标签模块、关于FDA水产品取样计划的信息、联邦注册通知以及指导本指南实施的致业界一封信。在简介和一些信息后，指南回顾了如何实施HACCP计划，潜在的与物种相关和过程相关的危害，病原体、寄生虫、天然毒素和鲭毒毒素的形成以及其他与分解相关的危害。

该指南还审查了环境化学污染物和杀虫剂、甲基汞、水产养殖药物、致病菌以及由于因时间和温度的滥用、干燥不充分而产生的毒素，特别是肉毒杆菌的形成。此外，该指南涵盖的主题包括"水合面糊混合物中金黄色葡萄球菌毒素的形成"以及在烹饪或巴氏杀菌过程中幸存下来的病原体，或旨在保留原产品特性的工艺。其他章节专门讨论食品过敏原、禁用的食品着色剂、金属或玻璃碎片污染等。附录中包括表格、流程图、CCP决策树、细菌病原体生长和灭活信息、安全等级、生鱼食品的日文和夏威夷文名称、水产品加工中细菌和病毒病原体对公众健康的影响，以及鱼类加工和进口的安全和卫生程序。

水产品HACCP项目的开发可能是本章所回顾的四个项目中最先进的，参考文献应该能为大多数企业针对每种食品开发特定的HACCP提供有效的指导。

3.4 什么是HARPC？

根据《食品安全现代化法案》，FDA制定了题为"人类食品的当前良好生产实践、危害分析和基于风险的预防控制"的法规21CFR117，以及一份指导文件草案，题为"人类食品的危害分析和基于风险的预防控制"，FDA称之为"PCHF"，该法规的组成部分已在联邦公报（80FR55908）中公布，该法规设立了一般规定、cGMP、危害分析及基于风险的预防性控制（HARPC）、修改的要求、合格设施豁免的撤销、适用于必须建立和维护的记录的要求以及供应链计划。

前文描述的HACCP范式被国际社会广泛采用，而FDA新的HACCP指南是一个不完整的草案，在美国尚未完全施行。该指导文件有14章和4个附录，针对美国人类食品工业关注的特定主题领域，以满足PCHF的要求，包括书面食品安全计划（FSP）、危害分析、预防性控制、监控、纠偏措施、验证和记录保存。遗憾的是，在撰写本书时，其中9章和1个附录还未撰写完毕（标记为"即将发布"），并且规则的某些部分尚未生效（指令14中对法规21CFR110的修正和"合格审计师"的定义仍在制定中）。有趣的是合格审计师的定义在法规21CFR117.3中描述如下：

"合格审计师是指合格的个人……并具有通过教育、培训或经验（或其组合）获得的技术专长，以履行法规117.180（c）（2）要求的审计职能。潜在合格审计师人员包括：
（1）政府雇员，包括外国政府雇员；
（2）认证机构的审计代理人……"

显然，FDA没有审计每个美国食品机构的人员，而且还没有明确建立"审计代理"和"认证机构"来支持审计所有食品机构的工作；然而，在法规21CFR117.5中可以找到一长串豁免机构。另外，有趣的是，在"合格用户"的定义中，似乎只随机地包括了一次"印第安人保留地"，如下所示：

"合格产品的最终用户，就食品而言，是指食品的消费者（术语消费者不包括企业）；或餐饮和零售食品机构（如在本章第1.227节中定义的）：
（1）位置
（i）与向这种餐馆或机构出售食品的合格机构在同一州或同一印第安人保留地；
（ii）离这种机构不超过443km（275英里）。
（2）可在该餐馆或零售食品机构购买直接出售给消费者的食品。"

在规定条件下，法规21CFR117.4规定所有从事食品工作的人员必须是法规21CFR117.3中定义的"合格人员"，其要求如下：

"受过必要的教育、培训或有必要的经验（或两者都有）的人员，能够完成所分配给其的任务，制造、加工、包装或贮藏干净安全的食品。合格的个人可以是企业的雇员，但并不必须是企业雇员。"

此外，每个人都必须接受食品卫生和安全以及个人卫生和与其岗位相关的健康方面的培训。

根据法规和指南，每当识别的危害需要预防性控制时，都需要保留预防性控制记录。换句话说，投入运行的控制措施必须是针对每个食品设施的具体情况进行定制，FSP必须针对每个工厂生产的每种食品识别的所有食品安全危害制定预防性控制措施（监控、纠偏措施等）。该指南将生物、细菌、化学、辐射和物理危害分开，并描述了FSP各部分的重要性，但并没有标准的FSP格式或特定要求。

已签署并注明日期的FSP是必要的，用以描述在各种环境下生产的食品中所发现的危害和对食品安全的控制。FSP［21CFR117.126（b）］必须包括危害分析（即使没有识别出需要预防控制的危害）、预防控制（如需要，包括过程、过敏源、卫生、供应链和其他控制，以及召回程序等）、监控程序（确保预防性控制有效），以及需要预防性控制时的纠偏措施和验证程序（这不同于所有关键控制点或过程控制都需要这些程序的HACCP）。

该指南比较了HACCP和FSP元素，以描述FSP增加的部分（例如，放射性危害评估，出于经济动机的掺杂，如添加含铅染料以增强香料的颜色、召回计划等）。如果一家企业已经有了HACCP计划，可能需要附加程序来符合PCHF的要求（例如，如果已经确定了预防控制，则加入供应链计划或召回计划）。除非要求企业立即更新，FSP一般需要3年的审查周期。

法规21CFR117中没有定义危害分析；但是，指导文件提供了一个定义和一个工作表。危害分析文件需要两个要素（危害识别和危害评估）来证明适当的预防控制是合理的。所有需要预防控制的危害都必须在FSP中进行识别和评估。这项工作需要合格的人员或团队，具备FSP和科学专业知识，有良好的判断力来识别和控制FSP识别的危害。

这些定义和规则似乎使食品法规看起来更像药品和（或）器械法规，可能增加美国食品的成本。尤其是，包括严重性和发生概率在内的潜在危险评估类似于医疗器械符合国际标准（ISO 14971）时使用的风险优先排序的结构，该标准为开展风险缓解活动和确保按照预期使用器械的利益大于风险提供了一个框架。

我们不禁要问，是否可以通过调整和编辑零散的HACCP规则来降低FDA的规章和指导文件的复杂性，使之更好地相互协调，并与这种关于食品相关风险的新思维相一致，而不是在HACCP已经存在并在全球范围内得到良好确立的情况下，实施一个全新的食品体系（如HARCP体系）。

3.5 警告信案例

许多警告信提到了HACCP，下面的案例来自三种不同的搜索策略，用于识别HACCP的警告信，根据它们的相关性、影响和响应进行选择（附录7）。这些警告信的案例主要针对涉嫌违反果蔬汁和水产品HACCP法规的美国和国际食品企业。注：乳制品和零售及餐饮机构是自愿遵循HACCP的，并没有收到任何关于HACCP的警告信。

3.5.1 果蔬汁HACCP案例1

这份发给美国企业的警告信（W/L20-11）（FDA，2013c）报告了FDA检查官发现"……严重偏离果蔬汁HACCP法规……"（21CFR120）和cGMP食品法规（21CFR110）的情形。检查官认为该果蔬汁产品掺杂，因为果蔬汁加工商未能"……制定并实施HACCP计划……"（21CFR120.9），且称果蔬汁产品"是在不卫生的条件下生产、包装或贮藏的，可能会损害消费者健康……"，检查官列举了四种具有重大意义的违法行为：

（1）企业使用的低酸果蔬汁的HACCP计划不适用于其生产的果蔬汁［21CFR120.8（a）（2）］，没有有效控制肉毒杆菌（肉毒杆菌是低酸果蔬汁中的一个常见问题）。此外，控制措施未能确保"……相关微生物5个数量级减少期限至少与产品的保质期一样长……"［21CFR120.24（a）］。根据《果蔬汁HACCP危害和控制指南》（FDA，2016b）要求，应对低酸性果蔬汁中的特定微生物进行有效控制，但警告信认为，如果果蔬汁中有肉毒杆菌孢子存在，则开盖烹饪步骤不能有效减少肉毒杆菌孢子。根据2007年关于推荐使用封闭式热烹饪系统的指南（FDA，2007），应确保"……由加工厂提供的销售产品，在分销过程中或消费者放在冰箱贮藏时，不会造成肉毒杆菌生长和毒素生成。"

（2）企业未按照"小批量果蔬汁的HACCP计划"［21CRF120.8（a）和（b）（7）］的要求对"为控制李斯特菌而对巴氏灭菌关键控制点进行监控的结果"进行记录。此外，一些CCP监测记录没有填写（如在哈密瓜和西瓜汁制造过程中）或者记录不完整［例如，按照适宜的巴氏杀菌温度，缺少开始、停止及总巴氏杀菌时间，21CFR120.12（b）（4）］。该企业表示将对员工进行培训，要求员工记录相关数据；然而，FDA发现这种措施达不到要求，因为该企业没有提供任何显示缺陷得到纠正的培训记录或最近的处理记录。

（3）检查官认为，按照法规21CFR120.6（b）的cGMP（21CFR110）要求，企业卫生监测不能满足原料生产或食品生产要求，因为该企业"……没有对以下问题进行有效监测：防止不卫生物体与食物的交叉污染；洗手、消毒和维护厕所设施；食品、食品包装材料和食品接触表面不掺杂；有毒化合物的标记、储存和使用；消灭害虫……"。检查官认为企业违反法规21CFR120.6（a）（3），导致污染物与食品交叉污染的两个实例如下："在橙色榨汁机表面上发现干燥的种子、果肉和橙色物质堆积……"和"用于将果蔬汁浓缩液稀释成单一浓度果蔬汁的软管靠在容器壁上，一端接触器壁"。企业的卫生间内无热水，在生产区洗手水槽边无纸巾，涉嫌违反法规21CFR120.6（a）（4）关于洗手、消毒和厕所设施的相关规定。使用带有划痕和切屑涂料的刀片切割西瓜，加工区域的地漏堵塞，墙和地砖破裂或破碎，导致食品包装和接触表面存在潜在掺杂风险［21CFR120.6（a）（5）］。此外，没有对用于食品加工设备卫生的有毒漂白剂和水混合物的浓度进行监测［21CFR120.6（a）（6）］，加工区域有果蝇［21CFR120.6（a）（8）］。企业表示，工作人员将接受卫生和卫生监测程序方面的培训，并制定了新的监测记录；然而，FDA发现其并不符合要求，因为该企业没有提供任何培训记录或显示缺陷得到纠正的卫生监测记录。

（4）卫生控制记录没有标明法规21CFR120.6（b）要求的监测和更正内容。根据法规21CFR120.6（c）要求，企业没有关于"防止不卫生物体与食物的交叉污染；洗手、消毒和厕所设施维护；食品、食品包装材料和食品接触表面掺杂问题；有毒化合物的标记、储存和使用；果蔬汁产品加工过程中害虫杀灭……"等方面的卫生监测记录。FDA检查官发现的记录表明该企业的卫生条件是合格的，但这些卫生条件并不符合FDA的规定，并且上述记录缺少监测时间［21CFR120.12（b）（2）］和监测员的签名［21CFR120.12（b）（3）］。

该警告信已关闭，FDA要求企业"迅速采取行动纠正违规行为"，且FDA可能采取监管措施，包括扣押产品或禁止其运营。然而在警告信数据库中的大多数警告信中，该警告信仍显示为未关闭。

3.5.2 果蔬汁HACCP案例2

一家美国企业因"严重违反"FDCA而收到了一封警告信（FDA，2010）。因为该企业违反了果蔬汁HACCP（21CFR120）和cGMP法规（21CFR110），并在警告、通知和安全处理声称标签中出现错误标示（21CFR101）。FDA表示100%橙汁和葡萄汁违反了法案第402（a）（4）和403（h）（3）（B）节。该企业的五个违规问题：

（1）未制定"书面HACCP计划"来控制食品安全危害［21CFR120.8（a）］，也未制定针对100%橙汁和葡萄柚汁的书面危害分析。

（2）未能证实在果蔬汁提取前采取了适当的水果的表面处理措施，使病原体实现了5个数量级减少［即没有发表文献、个人报告或其他文献证明法规21CFR120.12（a）（5）和法规120.24（b）要求的表面处理］。而且企业的100%橙汁产品必须符合果蔬汁法规，按照法规21CFR101.17（g）（2）（ii）要求不应使用警告声明。

（3）未能按照不接触果蔬汁（21CFR120.25）的处理方法来分析成品果蔬汁中的生物I型大肠杆菌。

（4）在处理和纠正条件及方法期间，未能保存对卫生条件情况和控制方法进行监测的SSOP记录［21CFR120.6（c）、21CFR120.12（a）（1）］。

①未对保持食品、食品包装材料和食品接触表面不掺杂质［21CFR120.6（a）（5）］的卫生监测情况进行记录。

②未对可能导致食品、食品包装材料和食品接触表面受微生物污染的员工健康状况［21CFR120.6（a）（7）］的控制措施情况进行记录。

（5）未按照cGMP监管要求"监测食品表面的状况和清洁度，保持洗手、消毒和厕所设施维护，以及合理标记、储存和使用有毒化合物……"［21CFR120.6（b）］。

①榨汁机在二次使用时没有进行清洁和消毒，"在上方的料斗中存在大量残渣"［21CFR120.6（a）（2）］。

②蔬菜零售室的员工用水槽没有热水［21CFR120.6（a）（4）］。

③化合物桶中漂白剂（次氯酸钠）桶上没有标记［21CFR120.6（a）（6）］。

在企业纠正了所有违规行为后，FDA关闭了这封警告信（FDA，2011a）。

3.5.3　果蔬汁HACCP案例3

该警告信（FDA，2012a）是针对屡次严重违反果蔬汁HACCP的果蔬汁生产企业发出的，包括涉嫌违反法规21CFR120（HACCP计划）和法规21CFR101。检查官记录了七项具体的违规行为，包括：

HACCP违规：

（1）未能制定和实施100%果蔬汁HACCP计划和书面的危害分析文件，以识别"可能发生的食品安全危害，并确定解决危害的控制措施"。

（2）未按法规21CFR120.24（a）要求实现果蔬浓缩汁中的"相关微生物5个数量级减少"。

（3）未按照法规21CFR120.6（a）要求制定并实施SSOP，以解决"加工前、中、后卫生条件和实践的八个关键点"。包括根据法规21CFR120.6（b）对"卫生条件和控制措施"进行有效监测，以符合cGMP规定。需要特别注意的是，公司必须监控水安全和食品接触表面，以防止交叉污染，并进行害虫控制。

标签违规：

（4）果蔬汁产品被鉴定为"掺杂"，因为包含一种不安全的食品添加剂阿斯巴甜，未在主要展示界面或信息面板上标明"苯丙酮尿症：含有苯丙氨酸"警示信息。

（5）果蔬汁包装上的声称："含有果蔬汁，果泥，果肉或浓缩物的饮料"涉嫌标签违规，因为标签上没有法规21CFR101.30所要求的"果蔬汁百分比声称"。

（6）果蔬汁产品标签违规，因为营养成分表的格式不符合法规21CFR101.9的规定，例如，未声明总反式脂肪及饱和反式脂肪、胆固醇含量。

（7）果蔬汁产品标签违规，因为产品标签未按照法规21CFR101.15要求对外语进行完全翻译，未包含所有"词语、陈述和其他信息"。

该警告信还表明，食品标签应使用通用的成分名称和功能描述，例如：苯甲酸钠作为化学预防剂"作用包括维持颜色稳定"［21CCFR101.22（j）］。此外，任何人造香精（如草莓香精）必须随附其具体名称（如"人造草莓浓缩物"）。本警告信总结了一些重要和重复的HACCP违规行为，包括未能实施HACCP计划、未实施减少相关微生物5个数量级的流程、未使用SSOP以及标签违规等，这些情况极可能导致FDA的"扣押和禁令"。

该警告信尚未关闭。

3.5.4　果蔬汁HACCP案例4（国际案例）

该警告信（参考编号：284857）（FDA，2013d）是在检查了一家境外果蔬汁加工厂后发出的，确认了该厂存在违反果蔬汁HACCP（21CFR120）和cGMP法规（21CFR110）的行为。据警告信描述，该厂生产的瓶装常温贮藏的100%苹果蔬汁、梅子汁、柑橘汁和葡萄汁产品存在"掺杂"，因为它们是"在不卫生条件下包装或贮藏的，因此可能损害消费者健康"。公司没有按照法规21CFR120.9制定书面危害分析或可行性的HACCP计划。HACCP计划应实现危害控制，危害包括"病原体、化学品、重金属、展青霉素、杀虫剂、金属和玻璃夹杂物"等。此外，还需要采取控制措施，确保按照法规21CFR120.24（a）要求保证产品保质期内相关生物体（即具有最大公共卫生意义的微生物）达到5个数量级减少（或更多）要求。此外，企业还必须按照法规21CFR120.6（a）的规定解决卫生防护问题，包括水安全，食品接触表面的清洁，防止交叉污染，洗手，保护食品免受污染或掺杂质，合理标记，储存、使用有毒化合物，害虫消除，并排除可能通过与食物接触传播危害的不健康的雇员。该警告信表明FDA可以通过执行无需检验直接扣留（DWPE，一种行政程序，用于不经检验即扣留进口产品）来禁止这些果蔬汁产品进入美国。此外，该警告信表明FDA可以评估和收取外国厂家的二次检验相关费用。该警告信尚未关闭。

3.5.5 水产品HACCP案例1

FDA向美国鱼类产品加工厂发出了一份警告信（2015-NOL-11）（FDA，2015c），其涉及"严重违反"水产品HACCP（21CFR123）和cGMP法规（21CFR110）。警告信中指出企业未实施HACCP计划，特别指出"……冷冻真空包装的鳌虾尾肉、新鲜蟹肉和冷冻真空包装蟹肉产品存在'掺杂'，因为它们是在不卫生的情况下生产、包装或贮藏的，可能危害健康"。警告信提到了FDA的《鱼类和渔业产品危害与控制指南》（FDA，2011b），并列出了五个具体违规行为：

（1）企业未对每种类型的鱼分别进行危害分析，也没有符合法规21CFR123.6（a）/（b）要求的关于"冷冻真空包装鳌虾尾肉……食品安全危害控制"的书面HACCP计划。HACCP计划需要列出CCP来控制"由于时间和温度不适宜导致的病原菌滋生以及肉毒杆菌导致的毒素形成"。

（2）法规21CFR123.3（b）规定CCP为"可以控制的食品加工过程中的点、步骤或程序，可预防、消除或降低食品安全危害并将其降低到可接受的水平"，企业未按照该定义设立CCP。企业可以采取控制措施，从而防止、消除食品安全危害，或将其"降低到可接受的水平"。"新鲜蟹肉和冷冻真空包装蟹肉"的HACCP计划没有充分识别CCP，未标明时间和温度的关键限值，没有控制细菌生长或毒素形成，未能维护食品安全。

（3）"新鲜和冷冻真空包装蟹肉"的危害分析和HACCP计划未能识别产品接收过程中可能发生的环境化学危害，这可能会影响食品品质或导致食品"危害人体健康"。

（4）该公司未能实施HACCP计划中表述的记录保存体系。"蟹肉"的监测活动和数据记录未能记录与病原体和毒素的接收和生产CCP相关信息。

（5）公司没有按照法规21CFR123.11（b）/（c）要求做好相关记录，包括食品或食品接触表面接触的水（包括造冰和清洁用水）的安全相关的卫生控制活动（监测和校正），卫生设施的交叉污染、洗手、卫生设施的消毒和清洁监测情况，保护食品、食品包装和食品接触表面不掺杂措施实施情况，有毒化学品的标记、储存和使用情况，员工健康状况监测情况，害虫控制情况等。

总之，该公司应制定更有效的危害分析和HACCP计划，同时仔细审查食品（特别是水产品）的cGMP法规。在FDA数据库中发现此警告信尚未关闭。

3.5.6 水产品HACCP 案例2

该警告信（FDA，2014g）是针对严重违反法规21CFR123中的水产品HACCP规定和法规21CFR110中的cGMP法规的企业，设计产品包括水产品、馅饼和玉米棒。这封警告信表明"……贵公司产品（炸玉米饼和贝壳，披萨味馅饼，海鲜炸玉米饼和玉米棒）涉嫌'掺杂'，是在不卫生的条件下生产、包装或贮藏的，可能有害消费者健康"。检查官列举了三个违反水产品HACCP和cGMP要求的具体行为，包括：

（1）未能按照法规21CFR123.6（a）/（c）1要求对每种鱼类或渔业产品进行危害分析，未能制定HACCP计划，列出可能发生的食品安全危害，包括与病原体和毒素形成相关的"肉毒杆菌、金黄色葡萄球菌和未申报的致敏物质"。修订过的HACCP计划应使用特定的CCP，包括解冻CCP［例如，在4.4℃（40℉）或以下的冷藏条件下连续监测，并记录时间和温度来监控厌氧环境下产品中的病原体生长］，冷却CCP（例如，在装配前快速冷却熟制品，防止由于不适宜的时间或温度导致的污染或病原体生长），4.4℃（40℉）或更低温度下的冷藏CCP，以及为确保正确使用标签并在标签上准确列出过敏物质而对每批标签实施的审查流程。

（2）因为在加工区发现了有蟑螂活动，故认为企业未能按照法规21CFR110.35（c）要求防止害虫进入并污染生产区域的食品。

（3）因为在厨房工作站的天花板和间隙上发现有蟑螂进出，故认为企业未能按照法规21CFR110.35（a）

要求修复和维护生产建筑和设施以防止食品掺杂。

在公司对所有违规行为进行了整改后，FDA关闭了这封警信（FDA，2015d）。

3.5.7 水产品HACCP案例3（国际案例）

另一封警告信（参考编号：379998）（FDA，2012b）发给了一家境外企业，FDA检查官发现了严重的cGMP（21CFR110）和水产品HACCP（21CFR123）违规行为。FDA检查官认为，企业的蚝油产品是在不卫生的条件下"生产、包装或贮藏"的，因此可能已经被污染并存在掺杂。根据法规21CFR123.6（g），鱼类或渔业产品加工企业未能制定和实施符合法规要求的HACCP计划或按照该法规第123部分的要求操作，导致鱼类或渔业产品掺杂。

此外，警告信提到了《鱼类和渔业产品危害和控制指南》（危害指南）（FDA，2013e）和警告信中报告的10项重大违规行为：

（1）公司必须为其生产的每种鱼类和渔业产品进行危害分析，以确定是否存在可能发生的食品安全危害，并且必须制定并实施书面的HACCP计划来控制任何可能发生的食品安全危害［21CFR123.6（a）/（b）］……贵公司没有针对即食蚝油的HACCP计划，以控制成品中包括肉毒杆菌在内的病原体生长和毒素形成导致的食品安全危害。

（2）企业必须保留卫生控制记录，至少需要对监测和更正行为进行记录［21CFR123.6（b）/（c）］……贵公司没有监测卫生记录，以确保与食品或食品接触表面的水的安全；食品接触外表的清洁度；防止不卫生物体的交叉污染；洗手、消毒和厕所设施维护；保护食品、食品包装材料和食品外表免受掺杂；合理标记、储存和使用有毒化学品；关注员工健康状况；按照要求处理即食蚝油的害虫……公司没有任何与卫生控制相关的正式监测或记录活动。

（3）贵公司没有采取合理的预防措施，来确保生产程序不会受任何来源的污染（21CFR110.80）。例如：

①用于制造蚝油的原料直接放在潮湿的地板上。另外，将一桶淀粉放在打开的盐袋上，脏的桶底与盐直接接触。

②观察到一名员工使用橡胶的加水软管直接放在潮湿的地板上，并用其将水加入蒸汽锅中。水是制造蚝油的成分之一。水管的顶端会与蒸汽锅内的产品接触。

③观察到一名赤裸手和手臂的员工正在生产该产品。

（4）工厂和设施必须注意设备和管道中的滴水或冷凝物不会污染食品、食品外表或食品包装材料［21CFR110.20（b）（4）］。

①天花板上的冷凝水滴入正在制造蚝油的开放式蒸汽设备中。

②冷凝水滴在打开的袋子上，如盐、糖、淀粉混合物等原料。

③天花板几处漏水，包括原料贮藏的后部区域和生产室入口附近。

（5）设备和器具应当设计成适宜的材料和工艺，能够充分清洁和进行妥善保养［21CFR110.40（a）］。但是，设备和器具没有清洁。具体来说，在以下设备上观察到了油脂状物质层或产物残留物层：

①转子和蒸汽设备外侧

②用于盛放原料的塑料桶

③用于玻璃瓶和成品的输送机

④产品灌装头

（6）公司没有提供足够的纱窗或其他防虫保护罩［21CFR110.20（b）（7）］……生产室的窗户没有纱窗并且是打开的，检查员观察到几只飞虫飞了进来。

（7）未能为食品生产人员提供相关培训，以提高生产清洁度和食品安全管理水平，提供必须的食品处理技术和食品保护原则知识［21CFR110.10（c）］……公司员工没有接受有关cGMP的正式培训。

（8）公司没有确保生产人员和主管监督人员遵守相关的GMP要求［21CFR110.10（d）］……公司中没有人清楚或了解cGMP。

（9）公司未能在暴露的食物上方提供安全型照明装置［21CFR110.20（b）（5）］……生产室内上方或附近正在制造蚝油的开放式蒸汽水壶中的灯具没有防爆装置。

（10）公司的洗手设施不足［21CFR110.37（e）］，检查员观察到以下情况：

①厕所没有洗手皂、热水、毛巾、烘干设备。

②厕所没有指示员工洗手的标记，指示他们在开始工作之前、每次离岗后、工作后以及手可能已被污染时消毒。这些标记必须张贴在加工车间和洗手间处。

该警告信内说道：如果贵公司没有回复，或者我们认为贵公司的回复不充分，我们可能会采取进一步行动。例如，根据法规21 U.S.C.§381（a）第801（a）节，我们可能会采取进一步行动拒绝贵公司蚝油进口，包括采取DWPE措施。FDA的DWPE是一种行政程序，允许进口到美国的产品在入境时不经过物理检查而被扣留。DWPE信息可以在FDA的进口警示中公布……此外，法规21 U.S.C. 379j-31第743节授权FDA评估和收取费用以支付FDA某些活动，包括重新检查相关的费用……对于境外企业来说，FDA将评估和收取美国代理商对境外企业重新检查的相关费用。本函中提到的检查确定了与该法案的食品安全要求有关的不合规情况。因此，FDA可以对任何与检查相关的费用进行评估。贵公司应该考虑向您的美国代理人提供这封信的副本……

在FDA数据库中尚未查到该警告信关闭的相关信息。

3.6　出版物

在PubMed和Google上对食品HACCP问题有关的出版物进行了搜索（附录8）。一篇文章（Scanlan，2007）内容与之前给出的警告信案例一致，并报告了食品污染风险的三个类别，包括化学、微生物和物理风险。从田间到餐桌的整个食物链都存在污染风险，政府颁布立法涵盖食品安全和风险的广泛领域。作者建议公众更多的参与，文章讨论了化学食品安全这一复杂领域的行业问题。根据化学品的类型，被污染的食品可能会有慢性或急性暴露风险（例如，致癌物和其他类型的化学品在长期暴露后可能有致命的疾病风险）。随着研究扩展，我们对新化学品及其潜在毒性影响有了新的了解，食品行业面临着识别、预防和管理与食品引起的任何不良影响相关的食品污染物的工作的挑战。该文作者讨论了早期预警系统的重要性，并介绍了当前最佳管理实践，如HACCP，尤其是对于婴幼儿配方乳粉和婴幼儿食品来说。

第二篇文章（Iyengar和Elmadfa，2012）回顾了"茎"和"根"层次的食品安全问题。三个支撑领域包括：（1）强制执行的法律和监管措施；（2）质量保证计量系统；（3）将监管机构和行业合作伙伴与消费者联系起来的"共同责任"。除HACCP程序外，作者还审查了食品安全措施，包括有关预防、抢占违规、建立监控网络、利益相关方沟通和人力资源的详细信息。

Norton Rose Fulbright网站上（Norton Rose Fulbright，2015）的第三份出版物题为《食品安全：FDA警告信更新》。与许多其他全球律师事务所一样，该组织发布了一份包含FDA警告信更新部分的新闻通讯，此更新突出显示了2015年12月14日—1月18日发布的5封警告信。这些警告信很有意思，因为有四个警告信是关于乳牛场为了销售问题动物产品的事件，因为该产品中含有一种新的或不安全的动物药物（如氨苄西林、磺胺二甲氧嘧啶和新霉素），其在不卫生的条件下贮藏可能有害人类健康。据称这些乳牛场使用这些药物不当（如没有兽医监督的标记剂量之外）。此外，一封警告信类似于本章所涵盖的主题，该警告信发给了一家涉嫌掺杂的加工企业，因为其销售的水产品而没有每年签署和注明日期的HACCP计划。该加工厂也未能设置、测量和验证CCP，包括防止细菌生长的温度和时间；未能设置、测量和验证CCP用于盐水或冷却；并且未能监测与食品和食品面接触的水的安全性。

虽然在医学类文献中发现只有少数出版物是针对"食品警告信"的，但在谷歌中公共领域能够搜索到超过一百万篇相关文章。特别是食品安全和HACCP这一主题已广泛发表并广为人知；然而，对该主题的严格科学论述仍严重缺乏。

3.7 小结

食品企业的重要监管要求包括完成危害分析，编写HACCP计划以及确保对CCP进行适当监控。HACCP小组应每年修订HACCP计划，此过程应包括食品描述、生产、预期用途和消费者概况。在应用七个HACCP原则（包括记录危害分析、定义CCP、设置食品安全的关键限值、监控生产过程和记录、根据需要采取纠正和预防措施来纠正违规行为，验证计划的运作方式，并记录HACCP流程）之前，使用流程图有助于启动HACCP流程。

3.8 测试题

1. 什么是HACCP？
2. 什么是cGMP？
3. "掺杂"是什么意思？
4. HACCP的七个原理是什么？
5. 本章了哪四种类型的HACCP计划？
6. 本章描述的四种类型的HACCP计划中哪一种是自愿的？
7. 可能对健康有害的三个不卫生状况的案例是什么？
8. 果蔬汁 HACCP计划的关键部分是什么？

参考文献

FDA, U.S. Food and Drug Administration, 2006. Hazards & Controls Guide for Dairy Foods HACCP – Guidance for Processors.（Online）. Available from: https://wayback.archive-it.org/7993/20170406024253/https://www.fda.gov/downloads/Food/GuidanceRegulation/HACCP/UCM292647.pdf.

FDA, U.S. Food and Drug Administration, 2007. Guidance for Industry: Refrigerated Carrot Juice and Other Refrigerated Low-Acid Juices.（Online）. Available from: http://www.fda.gov/food/guidanceregulation/guidancedocumentsregulatoryinformation/ucm072481.htm.

FDA, U.S. Food and Drug Administration, 2009. Compliance Program Guidance Manual. Chapter 03 – Foodborne Biological Hazards（Online）. Available from: www.fda.gov/downloads/food/complianceenforcement/ucm073176.pdf.

FDA, U.S. Food and Drug Administration, 2010. Inspections, Compliance, Enforcement, and Criminal Investigation. Cut Fruit Express, Inc. 3/31/10.（Online）. Available from: http://www.fda.gov/iceci/enforcementactions/warningletters/2010/ucm207504.htm.

FDA, U.S. Food and Drug Administration, 2011a. Inspections, Compliance, Enforcement, and Criminal Investigation. Cut Fruit Express, Inc. 2/8/11.（Online）. Available from: http://www.fda.gov/ICECI/EnforcementActions/WarningLetters/ucm246452.htm.

FDA, U.S. Food and Drug Administration, 2011b. Fish and Fishery Products Hazards and Controls Guidance, Fourth Edition – April 2011. http://www.fda.gov/downloads/Food/GuidanceRegulation/UCM251970.pdf.

FDA, U.S. Food and Drug Administration, 2012a. Inspections, Compliance, Enforcement, and Criminal Investigation. Blends Maker Mft. Inc. 8/28/12.（Online）. Available from: http://www.fda.gov/iceci/enforcementactions/warningletters/2012/ucm319489.htm.

FDA, U.S. Food and Drug Administration, 2012b. Inspections, Compliance, Enforcement, and Criminal Investigation. Koon Cheong

Lung 11/27/12.（Online）. Available from: http://www.fda.gov/iceci/enforcementactions/warningletters/2012/ucm332606.htm.

FDA, U.S. Food and Drug Administration, 2013a. Buchanan Manufacturing Inc 12/31/13.（Online）. Available from: www.fda.gov/iceci/enforcementactions/warningletters/2013/ucm380280.htm.

FDA, U.S. Food and Drug Administration, 2013b. Food Code 2013.（Online）. Available from: www.fda.gov/downloads/Food/GuidanceRegulation/RetailFoodProtection/FoodCode/UCM374510.pdf.

FDA, U.S. Food and Drug Administration, 2013c. Inspections, Compliance, Enforcement, and Criminal Investigation. Healthy Choice Island Blends, Inc. 1/13/11.（Online）. Available from: http://www.fda.gov/iceci/enforcementactions/warningletters/2011/ucm240334.htm.

FDA, U.S. Food and Drug Administration, 2013d. Inspections, Compliance, Enforcement, and Criminal Investigation. Distribucion Y Representaciones Comerciales S.A. 3/21/12.（Online）. Available from: http://www.fda.gov/iceci/enforcementactions/warningletters/2012/ucm297892.htm.

FDA, U.S. Food and Drug Administration, 2013e. Fish and Fisheries Products Hazards and Controls Guidance – Fourth Edition（The Hazards Guide）.（Online）. Available from: http://www.fda.gov/food/guidanceregulation/guidancedocumentsregulatoryinformation/seafood/ucm2018426.htm.

FDA, U.S. Food and Drug Administration, 2014a. HACCP Principles & Application Guidelines.（Online）. Available from: https://www.fda.gov/food/guidanceregulation/haccp/ucm2006801.htm.

FDA, U.S. Food and Drug Administration, 2017b. Dairy Grade A Voluntary HACCP.（Online）. Available from: http://www.fda.gov/food/guidanceregulation/haccp/ucm2007982.htm.

FDA, U.S. Food and Drug Administration, 2014b. Juice HACCP Regulator Training.（Online）. Available from: http://www.fda.gov/food/guidanceregulation/guidancedocumentsregulatoryinformation/ucm072981.htm.

FDA, U.S. Food and Drug Administration, 2014c. Guidance for Industry: The Juice HACCP Regulation – Questions & Answers.（Online）. Available from: http://www.fda.gov/food/guidanceregulation/guidancedocumentsregulatoryinformation/ucm072981.htm.

FDA, U.S. Food and Drug Administration, 2014d. Juice HACCP.（Online）. Available from: http://www.fda.gov/food/guidanceregulation/haccp/ucm2006803.htm.

FDA, U.S. Food and Drug Administration, 2014e. Retail & Food Service HACCP.（Online）. Available from: http://www.fda.gov/Food/GuidanceRegulation/HACCP/ucm2006810.htm.

FDA, U.S. Food and Drug Administration, 2014f. Seafood HACCP.（Online）. Available from: http://www.fda.gov/food/guidanceregulation/haccp/ucm2006764.htm.

FDA, U.S. Food and Drug Administration, 2014g. Inspections, Compliance, Enforcement, and Criminal Investigation. Empresas Barsan, Inc. 5/6/14.（Online）. Available from: http://www.fda.gov/iceci/enforcementactions/warningletters/2014/ucm398446.htm.

FDA, U.S. Food and Drug Administration, 2017a. Hazard Analysis Critical Control Point（HACCP）.（Online）. Available from: http://www.fda.gov/food/guidanceregulation/haccp/default.htm.

FDA, U.S. Food and Drug Administration, 2015a. Juice HACCP Inspection Program – Compliance Program Guidance Manual 7303.847.（Online）. Available from: www.fda.gov/food/complianceenforcement/foodcomplianceprograms/ucm236946.htm.

FDA, U.S. Food and Drug Administration, 2015b. Supplement to the 2013 Food Code.（Online）. Available from: http://www.fda.gov/downloads/Food/GuidanceRegulation/RetailFoodProtection/FoodCode/UCM451981.pdf.

FDA, U.S. Food and Drug Administration, 2015c. Inspections, Compliance, Enforcement, and Criminal Investigation. L & L CRAB 6/22/15.（Online）. Available from: http://www.fda.gov/iceci/enforcementactions/warningletters/2015/ucm455251.htm.

FDA, U.S. Food and Drug Administration, 2015d. Inspections, Compliance, Enforcement, and Criminal Investigation. Empresas Barsan, Inc. – Close Out Letter 6/12/15.（Online）. Available from: http://www.fda.gov/ICECI/EnforcementActions/WarningLetters/2015/ucm451441.htm.

FDA, U.S. Food and Drug Administration, 2016a. Guidance for Industry: The Juice HACCP Regulation – Questions and Answers.（Online）. Available from: http://www.fda.gov/food/guidanceregulation/guidancedocumentsregulatoryinformation/ucm072602.htm.

FDA, U.S. Food and Drug Administration, 2016b. Guidance for Industry: Juice HACCP Hazards and Controls Guidance First Edition; Final Guidance.（Online）. Available from: www.fda.gov/food/guidanceregulation/guidancedocumentsregulatoryinform ation/ucm072557.htm.

FDA, U.S. Food and Drug Administration, 2016c. Guidance for Industry: Juice HACCP; Small Entity Compliance Guide.（Online）. Available from: http://www.fda.gov/food/guidanceregulation/guidancedocumentsregulatoryinformation/ucm072637.htm.

FDA, U.S. Food and Drug Administration, 2016d. FDA Food Code.（Online）. Available from: http://www.fda.gov/food/ guidanceregulation/retailfoodprotection/foodcode/default.htm.

Iyengar, V., Elmadfa, I., June 2012. Food safety security: a new concept for enhancing food safety measures. Int. J. Vitam. Nutr. Res. 82（3）, 216–222. http://dx.doi.org/10.1024/0300-9831/a000114.

Norton Rose Fulbright, 2015. Food Safety: FDA Warning Letter Update.（Online）. Available from: www.nortonrosefulbright.com/ knowledge/publications/126874/food-safety-fda-warning-letter-update.

Scanlan, F.P., 2007. Potential contaminants in the food chain: identification, prevention and issue management. Nestle Nutr. Workshop Ser. Pediatr. Program（Online）60, 65–76. Discussion 76-8. Review. Available from: https://www.ncbi.nlm.nih.gov/ pubmed/17664897

4

进出口

本章目录

4.1 美国食品进出口法规

21世纪初，美国食品工业领域经历了一场无声的革命，进出口食品的数量和种类大幅上升。随着全球通讯系统愈发成熟，以及经济变革不断推动国际贸易规则发展，为保障美国食品供应，FDA已经研究出新的对策来应对食品数量和多样性的变化。

例如，为明确管辖范围和政府责任，FDA、USDA以及EPA已与外国政府签订了协议，这些协议通常依据相关法律、法规、标准及国际贸易协定来制定。为保护消费者健康，维护国际食品贸易公平，1963年，联合国粮农组织和世界卫生组织共同创建了国际食品法典委员会（CAC），FDA和其他政府官员都加入其中。

FDA加入CAC的情况可以在FDA官方网站标题为"FDA在国际食品法典委员会参与的工作"的网页上看到（表4.1）（FDA，2016a）。

表4.1　FDA在食品法典中参与的工作

食品法典委员会/职能	
食品安全和应用营养中心（CFSAN）法典计划协调员	食品中兽药残留
兽医中心（CVM）法典项目协调员	可可制品和巧克力
食品法典委员会	谷类和豆类
一般原则	油脂
食品添加剂	鱼类及渔业产品
食物污染物	新鲜水果和蔬菜
食品卫生	乳及乳制品
食品标签	天然矿泉水
特殊膳食用途的营养和食物	加工水果和蔬菜
食品进出口检验和认证系统	香料和烹饪草药
分析和采样方法	糖类
农药残留	

根据美国《食品、药品和化妆品法案》（FDCA）第536和801款规定，所有进口到美国的食品都必须安全、无害、标签完整，并符合美国相关条例的规定（州际贸易协定同样适用于进口食品），具体细节取决于食品种类（例如，为计算进口量值，USDA一般将食品分类为：活体动物、肉类、鱼类和贝类、乳制品、蔬菜、水果、坚果、咖啡和茶、谷物和面包、植物油、糖和糖果、其他食用产品和饮料）（USDA，2016）。

想更好地理解相关法规，可以参阅FDA公布的《合规计划指南手册》。例如，参阅《合规计划指南手册》对于食品、药品和化妆品中的添加剂、烘焙食品、饮料、糖果和糖、罐头食品、调味品、乳制品、膳食补充剂、食用油、蛋类、鱼类、水果、进口食品和标签的说明（FDA，2016b）。

4.2 美国进口食品程序

根据FDA报道，自2006以来美国进口产品每年以5%~10%的速率增长（从约1500万条生产线增加到约3700万条生产线）（FDA，2017a）。商用（进口供销售或分销）和个人用途（进口供个人使用）食品进口可分为几种不同类别，包括消费进口、非正式进口、仓储式进口和进口转出口。进口入境流程十分明确，进口商必须向海关和边境保护局（CBP）申报（FDA, 2016c）。通过CBP进口到美国的产品必须由FDA进行电子审查，确保产品符合FDA的法律法规要求。进口商必须确保产品符合美国要求，否则产品可能会被拒绝入境。

4.2.1 进口要求

根据美国法律，为方便进口，报关行常在特定港口工作。进口报关单必须包括一个协调关税税则代码，若表明产品由FDA监管，则向FDA提交相应的信息（如原产国、产品代码、制造商、发货人、合规确认书、数量和价值）。CBP将属FDA监管的产品提交给FDA去审查此产品是否符合FDA法律法规的要求。FDA会人工审查高风险、不完整或不准确的申请材料，再确定是否受理。同时，参照以前的合规历史和注册信息来评估产品风险，在FDA确定可受理之前，该产品会一直被扣留。

4.2.2 进口监管手段

FDA可能会对进口食品采取不同的监管措施，包括查验、抽样检验、禁止入境、扣押、民事处罚和罚款、国家间禁贸或停止销售、食品进口商禁令和起诉（FDA, 2016e）。FDA会向备案进口商发出措施通知，进口商必须告知FDA合适的查验和装运地点，产品必须扣留至FDA检查完才能放行。如果产品在FDA做出放行指令前没有实施扣留，CBP可能会要求退运。如果FDA发现此违规行为，则该产品可能会被禁入，并且FDA措施通知会详细说明此违规行为，进口商可以在一定期限内提供证据来解释此违规行为。禁止入境常见原因有产品掺杂（即被污染、不安全或不符合标准）或者标签违规（即贴有虚假或者误导的信息）或是产品属于未经批准的新药、禁止或限制销售的药品等。FDA会保存公开的禁止进口名录和申报评估报告（即确定申请人是否提交了准确的数据）。

FDA也可以根据过去违反相关法律法规的情况发布进口预警，允许执行无需检验直接扣留（DWPE）。托运人应在产品运往美国之前，检查250多个进口预警清单，这些进口预警旨在防止高风险产品进入美国市场，使FDA能够专注于其他产品，建立统一的进口方法并要求进口商确保产品符合美国法律法规的要求。

CBP将高风险产品和信息不完整、不准确的产品标记交由FDA进行人工审查。某种程度上，FDA会通过审查企业以前的合规历史记录和已知的某一类产品的合规问题对风险进行评估。FDA使用产品代码来描述每种特定产品和产品类型。产品代码（FDA, 2017b）由5~7个数字和字母组成，包括行业代码、类别代码、子类、工艺流程和产品代码。例如，38BEE27表示浓缩番茄汁罐头（38代表汁，B代表浓缩汁，E代表金属，E代表商业无菌、27代表浓缩番茄汁）。

如果进口食品设施已注册，提前向FDA提交了进口货物申请，并贴有符合相关法律法规的标签，则不需要FDA进行上市前审查。2002年的《生物恐怖主义法案》要求任何进口到美国的食品应预先通知FDA，FDA有针对性地进行检查，2011年《食品安全现代化法案》（FSMA）增加了进口商对任何国家禁止产品入境的信息进行报告的要求。"食品预先通知快速入门指南"可以帮助完成表格在线填写，帮助进口商申报有关装运的关键信息，为抵达目的港做好准备（FDA, 2014a）。在线表格要求提供以下信息：申请人、进口商、承运人、托运人、所有人、扣留设施（如果CBP要求扣留）、入境类型、抵达港口、产品信息、标识符号、任何其他国家的拒入信息等内容。

4.2.3 进口入境审查系统

FDA有多个进口入境审查系统可帮助审查进口入境数据（FDA, 2016f），其多个电子系统可实现多种功能。例如，多个政府机构正在合作实现业务流程的现代化，而自动化商业环境/国际贸易数据系统（ACE/ITDS）将成为提交国际贸易相关数据的单一接入点（FDA, 2017c）。进口贸易辅助通信系统（ITACS）的重点是"改善FDA与进口贸易之间的通信"，允许个人检查入境状态，提交入境文件和提交有关货物的供应信息（FDA, 2016g）。进口支持业务和行政管理系统（OASIS）为拒绝检查报告提供了一个数据库（每月更新一次），而基于预测风险的动态进口合规目标评估系统（PREDICT）是FDA用于对进口到美国的货物进行电子筛选和风险评估的一个分析工具（FDA，2017d）。

在入境审查过程中，进口食品会被扣留并且可能由FDA在入境口岸实施检查。FDA有权拒绝货物入境或扣留不符合美国法律法规的货物，包括任何掺杂产品（污染的、不安全的、未经批准的或不符合适用要求的）、标签违规产品（标签是虚假的或是有误导性的、或者食品未列出或注册）、禁止或限制销售的产品等，这些规定与美国国内食品相同。FDA进行现场查验并抽样，以评估其是否符合标签要求。所有禁止入境的食品都需在90d内销毁或退运出境。

FDA名为"常见输入错误"的网页提供了一些向FDA发送申请时应避免的一些错误示例，包括：

• 合规性声明不准确（确认产品符合要求的三个字母代码；仅在某些情况下强制性要求的水产品或果蔬汁HACCP、进口商公司、食品罐头编号等）（FDA，2016i）

• 制造商信息不准确

• 产品代码不准确

• 数量不准确

• 托运人信息不准确

• 收货人不准确

• 原产国不准确（产品在不同国家完成生产、包装和加工时，经常混淆原产国）等。注：CBP定义的原产国可能是产品发生实质性转变的地方（带有价值增加），这可能与FDA所定义的原产国有所不同。

为了确认产品数量、贮藏温度、腐败和害虫活动情况，FDA可以对汽车、火车、仓库和其他地点进行现场检查，还可检查铅、非许可食品或着色剂。FDA检查产品和标识时可能会开展抽样（注：FDA将按照法规21CR1.91的条款支付样品费用）。FDA通过审查食品有关标签来获取有关过敏原、成分、食品和着色剂、食品接触材料和标识要求，并且测试样品是否受到污染。如果产品在FDA还未确定是否受理时离开入境口岸，FDA可能会要求将货物重新交付至入境口岸。

4.2.4 国外供应商验证程序

针对人类和动物食品进口的国外供应商验证计划（FSVP）需要一个唯一的设施标识符［数据通用编号系统（DUNS），编号为可接受］和基于风险的活动，来验证国外供应商是否以安全的方式生产食品并且没有掺杂或标签违规。计划需要记录危害分析、风险评估和纠正措施。

此外，食品进口商必须至少每三年编制和实施一份书面的食品防御计划，包括漏洞、缓解措施、监控计划、纠正措施和验证计划，如果国外供应商控制程序存在暴露于危险的潜在风险时，则需要提前进行评估。进口商应使用灵活的验证活动，确保考虑到并能解决所有特殊食品风险和供应商特点（FDA，2017e）。

更多有关进口食品信息请参阅《监管程序手册》（FDA，2017f）。其他有用的进口信息，请访问以下网页：

• 产品代码生成器和教程页面网址：https://www.accessdata.fda.gov/scripts/ora/pcb/index.cfm。

• FDA数据仪表板（带图形形式的执法数据）网址：http://govdashboard.fda.gov/。

• 进口新闻和事件网址：http://www.fda.gov/ForIndustry/ImportProgram/Resources/ucm461218.htm。

• 美国进口食品网址：http://www.fda.gov/food/guidanceregulation/importsexports/importing/default.htm.。

4.2.5 进口水产品的安全性和水产养殖基础设施

FDA专门设计了一个关于"进口水产品安全计划"的网站，可提供有关HACCP、审查评估、预测筛查系统和其他信息的查询，如美国FSMA、综合食品安全系统和国家残留监测计划等（FDA，2015a）。水产品安全计划详细介绍了FDA围绕进口水产品开展的具体活动，包括审查水产品进口商和国外加工厂、进口水产品的抽样和监管，以及对申请进口的个人、外国项目和合作伙伴的评估、评价。

境外评估使FDA能够审查影响水产养殖药物残留的相关基础设施，主要评估该国出口到美国的水产养殖产品的法律和控制程序，这项工作使FDA能够将监控重点集中在特定的水产品上，制定合适的监测抽样分析方法。针对外国水产品的HACCP进行检查，也可为进口预警提供证据。2006年，FDA对×国的水产养殖产品进行评估后，做出了有关虾、鲮鱼和鳗鱼的进口风险预警。这次评估检查发现了新的兽药残留和不安全的食品添加剂（如孔雀石绿、硝基呋喃、氟喹诺酮和龙胆紫），这些都记录在FDA进口预警16-131中：

 ……人工水产养殖产品占全球水产品产量的一半，已成为世界粮食经济增长最快的部分。美国约80％的水产品是从大约62个国家进口的。超过40％的水产品来自人工养殖。随着水产养殖业的不断发展，与野生水产品的竞争日益激烈，FDA对于使用未经批准的兽药和不安全化学品以及滥用兽药的关注大幅增加。虾是美国消费量最大的十大水产品之一。在水产养殖中使用未经批准的抗生素或化学品引发了严重的公共卫生担忧。有明确的科学证据表明，在水产养殖各阶段使用抗生素或化学品，如孔雀石绿、硝基呋喃、氟喹诺酮类和龙胆紫，可能导致在水产品的可食用部分残留母体化合物或其代谢物。抗生素残留可能导致人类病原体的抗生素耐药性增加。此外，已证实长期接触硝基呋喃、孔雀石绿和龙胆紫有一定的致癌风险。在美国，将孔雀石绿、硝基呋喃、氟喹诺酮或龙胆紫作为药物在食用动物中使用前，需要根据联邦《食品、药品和化妆品法》（FDCA）第512节的要求进行新的动物药物申请。FDA尚未批准这些抗生素用作水产养殖的药物。因此，如果它们用于水产养殖的目的是治疗水产养殖动物疾病，或影响其结构、功能，则这些药物被认为是第512节中列明的不安全兽药。根据FDCA第402条（a）（2）（C）（ii）的规定：水产品若有残留物，则被认定为不合格。此外，通常认为，孔雀石绿、硝基呋喃、氟喹诺酮和龙胆紫在任何条件下使用都是不安全的，可能会在产品中残留。因此，如果按此类用途使用，则就成为FDCA第409节规定的不安全食品添加剂，根据法规第402（a）（2）（C）（i）条，会被认定为不合格。FDA早在2001年11月就有几个关于水产品使用未经批准的药物的进口预警（IA #16-129 DWPE 为水产品中使用未经批准的药物，IA #16-129 DWPE为产品中使用硝基呋喃，IA #16–130 DWPE为×国的鳗鱼使用孔雀石绿）。因在×国出口的水产品中发现了未经批准的新兽药和不安全食品添加剂的残留物，2006年10月1日—2007年5月31日，FDA加强了对进口水产养殖产品的监测。在此期间，FDA对来自×国的鲇鱼、鲈鱼、虾、鲮鱼和鳗鱼等89份样本进行了检测。89份样品中有22份（25％）有药物残留，包括虾中硝基呋喃的含量超过1 mg/kg；鲮鱼、鳗鱼、鲇鱼、巴沙鱼中孔雀石绿的含量在2.1~122 mg/kg；鳗鱼和鲇鱼中检测到的龙胆紫的含量在2.5~26.9 mg/kg，鲇鱼和巴沙鱼中的氟喹诺酮类药物含量为1.9~6.5 mg/kg。http://www.accessdata.fda.gov/cms_ia/importalert_33.html。

根据对智利（2008年）和印度（2010年）的评估结果，FDA加大了对其他水产养殖产品国家的评估力度，特别是智利的鲑鱼和印度的虾。随着食品供应的全球化，FDA在美国境外（如比利时、中国、智利、哥斯达黎加）设立了办事处并进行了数千次检查（如比利时、中国、智利、哥斯达黎加、印度、墨西哥和英国）。

此外，PREDICT筛查系统能使FDA在进行评估和抽样时识别并关注高风险产品。不仅在美国而且在全世界，为了改善和保障食品安全，这类型的程序还在不断的设计和升级中。在FSMA下，FDA增加了对出口到美国的外国食品设施的检查，以努力在产品到达美国之前发现并减少食品安全问题（FDA，2014b）。

4.3 美国出口食品程序

外国客户或政府通常要求有出口证书。但FDA自身不要求也未被任何机构要求签发出口证书；但是，对于符合美国法律法规的食品，FDA也可以签发对外出口证书，也被称为自由销售证书（COFS），表明该产品有资格从美国出口并且没有涉及执行中的FDA执法行动。FDA建议在申请COFS时提供食品设施注册号和检验报告来证明其符合要求。FDA会收取少量费用（约10美元），在所有文件提交给FDA之后收到证书可能需要约8周时间。

FDA网站（FDA，2016j）和FDA 3613E表格（食品出口证书申请）（FDA，2016k）中描述了申请COFS的程序。有关电子证书申请，请登录FDA行业系统页面，从FDA的统一注册和系统主页中选择"证书申请流程"，并按照提示完成申请。你需要输入食品类型（如农产品、水产品、食品添加剂、食品接触材料、膳食补充剂、婴儿配方乳粉、医疗食品）、食品设施注册号和个人识别码；然后完成证书申请流程的九个部分，包括制造商和联系人信息、产品描述、装运目的地国家、COFS签发地址、支付费用、上传产品标签副本和验证声明。

如果食品不是在美国制造或重新包装，或者是运往美国，或是该公司没有在FDA注册，或是该请求未发送到相应的FDA办公室等，则COFS请求可能会被拒绝。对于从美国出口的水产品，必须在外包装上标明拟出口的水产品，产品必须符合外国买家的规格。有关出口证书、进口证书以及食品和农业报告的更多信息，请访问以下网站：

- COFS常见问题
  - http://www.fda.gov/Food/GuidanceRegulation/ImportsExports/Exporting/ucm467666.htm
- COFS在线申请流程
  - http://www.fda.gov/Food/GuidanceRegulation/ImportsExports/Exporting/ucm260280.htm
- 食品出口证申请书
  - http://www.fda.gov/downloads/AboutFDA/ReportsManualsForms/Forms/UCM052399.pdf
- 申请COFS联系人
  - http://www.fda.gov/Food/GuidanceRegulation/ImportsExports/Exporting/ucm151486.htm
- 美国农业部出口产品网页
  - http://www.fsis.usda.gov/wps/portal/fsis/topics/international-afairs/exporting-products
- 美国农业部进出口证书网页
  - https://www.ams.usda.gov/services/imports-exports
- 美国农业部的食品和农业进口法规和标准（FAIRS）报告
  - http://www.usda-eu.org/trade-with-the-eu/eu-import-rules/fairs-reports/
- 美国农业部全球农业信息网（GAIN）报告
  - http://www.usda-eu.org/reports/

有趣的是，FDA已经建立了向某些国家和地区（如中国、智利或欧盟）出口乳制品或水产品的生产企业名单，这些名单有助于出口商满足向特定地区出口的具体要求。生产企业必须申请加入才能进入列表中。但FDA会审查生产企业的检查历史，并拒绝批准任何正在受司法强制行动或警告信或任何相关的安全问题的公司。

中国（乳制品）
- 行业指南：建立并维护有意向中国出口的美国乳及乳制品、水产品、婴幼儿配方乳粉的制造商和加工商名单
- 有意向中国出口的美国乳制品生产企业名单
- 建立和维护对有意出口的美国乳制品生产企业名单——书面/电子申请流程

智利（乳制品）
- 行业和FDA指南：建立并维护有意向智利出口的美国乳制品制造商名单（2005年6月22日；FDA-2006-N-0183）
- 有意向智利出口的美国乳制品制造商名单
- 建立和维护对有意出口的美国乳制品生产企业名单——书面/电子申请流程

欧盟（水产品）
- 行业指南：从FDA向美国国家海洋和大气管理局水产品检验计划推荐的出口到欧盟和欧洲自由贸易协会的鱼和水产品认证计划（2009年2月11日；FDA-2004-D-0043-0011）
- 美国FDA-EU活软体动物贝类生长区域列表

此外，美国农业部负责维护食品出口证书数据库，欧盟负责维护可向欧盟出口水产品的出口商搜索名单见下列地址。

http://www.fda.gov/Food/GuidanceRegulation/ImportsExports/Exporting/ucm126413.htm.

在考虑食品法规时，请记住，USDA（而非FDA）主管肉类、家禽和蛋制品，而FDA（而非USDA）主管可供动物和人食用的多种食品，包括膳食补充剂、食品添加剂、着色剂、瓶装水、婴儿配方食品和其他食品。

4.4　FDA进出口指导文件

FDA指导网页"进出口指导文件和法规信息"（FDA，2016l）确定了与进出口食品相关的其他通知、指导文件、最终规则和合规政策指南（附录9）。例如，一份关于"良好进口商实践"的文件（FDA，2016m）定义了四个重要的良好进口商指导原则：

- 建立产品安全管理计划
- 了解产品和美国要求
- 验证产品和公司在整个供应链和产品生命周期内是否符合美国的要求
- 当进口产品或公司不符合美国要求时，采取预防纠正措施

由于FDA负责保护美国国内消费食品的安全性而不是运往美国以外的消费食品的安全性，因此它的监管文件大多涉及进口而非出口。

4.4.1　进口食品的行政扣留

只要FDA工作人员发现有明显的证据表明某食品对健康有严重不良后果或危害，FDA就有权根据FDCA第304（h）条规定扣留相关食品。有关行政扣留的规定最初是根据2002年《公共卫生和安全和生物恐怖主义准备和反应法》和FSMA（于2011年1月修订）的第304（h）条规定的，并随着美国食品安全性的提高而发展。扣留范围包括怀疑掺杂或标签违规的食品。

题为《行业指南：您需要了解的关于食品行政扣留的信息：小型企业合规指南》（FDA，2013a）的文件回顾了有关FDA为保护美国市场免受掺杂或标签违规食品的影响而对食品行政扣留和进口扣留现行程序的问题和答案。行政和进口扣留可适用于任何被认定为食品或膳食补充剂的物品，但不适用于USDA根据《联邦肉类检验法》《家禽产品检验法》或《蛋制品检验法》专门监管的食品。

该指南解释了食品行政扣留的程序，包括扣留令下达、批准和修改扣留令的标准；扣留令中包含的信息；转移被扣食品；扣留食品的标签或标记；适用的快速程序；以及扣留食品的条件。该指南还澄清了行政扣留和通过可受理性审查确定的进口扣留之间的区别，因为FDA在进口扣留中没有对食品进行实际的监管。通常由进口商保管这些食品，并与CBP签订保证书。行政扣留（扣押）是FDA向食品所有人发出的命令，可以上诉。FDA必须在所有人提出上诉后5个工作日内确认、修改或终止行政扣留，并允许非正式听证（如有要求）。该指南说明扣留不得超过30个工作日，FDA不承担与行政扣留相关的费用。

4.4.2　进口食品的预先通知

题为《进口食品装运前通知需要了解的信息》（FDA，2011b）的指南提供有关预先通知、需要预先的进口通知和豁免产品、未预先通知的后果、预先的时间安排、提交预先通知后的通知、必要信息、更正错误、预先通知确认和更改信息。必须按照法规21CFR1.276 和 法规21CFR1.285中的规定，向FDA预先通知进口食品相关情况。

4.4.3　进口食品记录的建立与维护

FDA指导文件《行业指南：关于制造、加工、包装、运输、分发、接收、贮藏或进口食品的人员建立和维护记录的问题和答案（第5版）》（FDA，2012）讨论了通过建立和维护记录来识别食品的来源和接收者以及某

些食品接触材料的必要性。该指南列出了许多案例，并定义了哪些实体受制于这些记录保存规定的约束（如经纪运输公司、涉及食品分销和零售之间流通的纵向一体化公司、生产用于动物饲料目的的食物垃圾的设施）。该指南还列举了不受监管的实体，包括农场实体、餐馆和零售设施。

案例有助于分清哪些实体企业和管理过程需要记录在案（例如，如果将食品放置在客户收到的成品或最终容器之外的容器中时，则不需要相关贮藏容器的记录，而与食品直接接触的容器，必须保存与食品接触容器的相关记录）。为明确规定，该指南还涵盖了食品样品方面的内容，并给出了食品样品和测试食品情况的案例（例如，如果食品是供人类食用的，则营销和促销用的超市测试样品或研发实验室测试食品样品都需要保留记录）。

为阐明制造和分销食品相关的要求，该指南还提供了关于包装的其他案例，并举例说明当食物经过混合时，如何合理地确定每种成分来源的信息（如谷物或饲料的混合物）。具体到进口产品，进口食品的接收方必须在收货时保留足够详细的关于食品内容及其数量和包装的记录（如仅记录所收到的进口食品的集装箱数量不足以满足要求）。用于输入和维护记录的方法和系统由公司自行决定；但是，任何FDA要求的记录必须及时（即在提出要求后24h内）向FDA提交。

该文件有助于确定实体企业是否对记录进行维护。给出案例的数量和种类表明了确定该法规是否适用于某一特定实体的高度复杂性。

4.4.4　出口欧盟的鱼类和渔业产品

FDA指导文件《行业指南：FDA向国家海洋和大气管理局提交的向欧盟和欧洲自由贸易协会出口鱼类和渔业产品认证水产品检验计划》（FDA，2009）专门针对美国向欧盟和欧洲自由贸易联盟国家出口的鱼类和渔业产品。该指南解释了这些出口证书的签发是从FDA转移到国家海洋和大气管理局水产品检查计划。

4.4.5　出口中国的乳品

FDA指导文件《为有意向中国出口乳品的制造商建立并维护一份美国牛乳及乳制品、水产品、婴儿配方乳粉和配方乳粉清单》（FDA，2017g）详细介绍了FDA建立和维护有意向中国出口乳品的美国乳制造商和加工商清单的流程。该清单是应中国监管机构的要求而制定的，中国监管机构要求外国政府提供一份有资格出口的需要在中国注册的产品的企业名单。这些生产加工企业必须受FDA管辖，不得正在接受司法或行政诉讼的处理（如有悬而未决的警告信），并且他们必须在过去3年内接受过FDA的检查，或被列入州际乳品托运人名单或USDA出口产品名单内。该清单每季度向中国政府通报，FDA要求上市企业每2年更新一次信息。

如果要被列入清单，应将以下信息发送给CFSAN：

（1）业务　名称和地址。

（2）联系人　姓名、电话号码和电子邮件。

（3）产品　运往中国的产品清单（现在和将来）。

（4）制造工厂　名称和地址（每种产品）。

（5）检查　列出政府机构，包括工厂编号和最后检查日期。

（6）检查报告　上次检查报告的副本。

FDA在将一家公司列入清单之前会对所提交的信息进行审查，如果清单上的公司受到司法强制执行措施，则会向中国政府发送一份修改后清单。

总体来说，本指南为申请加入清单提供了直接的指导，并表明FDA为促进美国乳制品生产商和中国乳制品市场之间的贸易而做出的努力。

4.4.6　出口智利的乳品

《行业和FDA指南：建立和维护对出口智利需求的美国乳制品制造商清单》（FDA，2005a）描述了对有意向智利出口乳制品的企业名单的计划。与有意向中国出口乳品的企业的标准类似，企业必须提供同样的信息；企业必须受FDA管辖，且不能有任何未处理完成的司法诉讼，不能是未关闭的警告信的对象。该清单由FDA每半年更新一次，并在此处公布：https://www.fda.gov/Food/GuidanceRegulation/ImportsExports/Exporting/ucm120245.htm.该清单与智利共享，智利每两年接通过授权决议接受该清单，并将清单下发给智利入境口岸，来管理美国乳制品入境。不在名单上的公司会被拒绝入境。

特别值得注意的是，有警告信待处理的公司会立即从向中国和智利出口乳制品的公司名单中删除，并将失去向这些国家出口产品的资格。这是对企业采取行动防止收到警告信的额外激励。

4.5 警告信案例

FDA已经向违反食品进出口条例的企业发出数百份警告信，对其违反食品进出口法规的行为做出警告。

4.5.1 干酪进口

一封发给美国一家进口公司的警告信（FDA，2005b）涉及一批进口到美国的干酪。FDA最初要求提交审查入境文件，然后在FDA发布书面的行动通知后，将对整批干酪进行检查。

FDA表示，部分货物在未经FDA同意情况下放行流入市场，违反了法规21CFR1.90规定，该规定要求进口商保管该产品，直到收到FDA的"可能继续通知"或"放行通知"后才可进入市场。FDA要求CBP确保"已经流入市场的干酪收回"，并警告"如果流入的部分没有重新交付给CBP，将会采取惩罚措施"。FDA检查员对现有的干酪进行了取样，发现干酪中存在大量的大肠杆菌和碱性磷酸酶。根据该法案第402（a）（4）条，《美国法典》第21篇第342（a）（4）节规定，"如果干酪在不卫生条件下生产、包装或贮藏，可能已经被污染，或可能对健康造成损害……"这种进口干酪将被FDA扣留，并发布FDA行动（扣留）通知，来告知进口商违规行为。

警告信提醒进口商关注《美国法典》的第21篇第381（a）节第801（a）节，该节建议当样品或货物违反FDA的规定时，应发出"拒绝通知"，除非在通知发出后90d内出境，否则任何被拒入境的货物都应销毁（在FDA的监督下）。

警告信中写道："贵公司在干酪运输中未能妥善贮藏，导致部分干酪过早地流入市场，而这种干酪被发现掺杂。根据《美国法典》第21篇第331（c）节规定，贵公司的行为是被禁止的。贵公司有责任确保分销的产品没有掺杂，并且符合法律规定。如果不这样做，我局可能会在不另行通知的情况下采取监管行动，如扣押或发出禁令。请在收到本函后15个工作日内以书面形式做出答复，概述贵公司已采取的纠正违规行为具体步骤，包括解释为避免再次过早分销检查货物而采取的步骤。如果部分分销的产品可用，贵公司应该通知CBP和FDA是否退货以及何时退货。"

4.5.2 水产品HACCP案例1

FDA发布了一封关于严重违反美国渔业或渔业产品进口商要求的HACCP警告信（FDA，2006）。这封警告信表明，进口虾不合格是因为"它们是在不卫生的条件下生产、包装或贮藏的，可能会损害健康。"进口商必须记录法规21CFR123.12（a）（2）（ii）中定义的性能和结果记录，包括但不限于：

- 来自国外生产商的HACCP和卫生监控记录
- 逐批认证
- 国外生产商设施检查
- 国外生产商HACCP计划，英文版
- 进口鱼或鱼肉制品的检验
- 其他核查措施

该公司表示他们已收到产品规格和国外生产商的HACCP计划，并附有符合美国法规的鱼类加工书面保证；

然而，该公司未能向FDA提供确定的步骤和产品规格。

4.5.3　水产品HACCP案例2

由于严重违反HACCP，FDA发布了一封针对掺杂鱼类产品的警告信（FDA，2013b），并参考《渔业和渔业产品危害和控制指南》（第四版）https://www.fda.gov/downloads/Food/Guidance Regulation/UCM251970.pdf.。FDA要求该公司的HACCP计划记录鲭鱼加工过程中对组胺的控制，尽管该公司提供了文件，但不符合FDA要求。FDA发现了该计划与法规的重大偏差，包括以下内容：

（1）未进行危害分析，也未能将CCP列入HACCP计划。法规21CFR123.6（a）和（c）（2）规定应"确定CCP，用于控制直接捕捞鲭鱼类中组胺形成的食品安全危害……"HACCP必须有与初级加工"从船上卸鱼"和加工设施二级加工相关的适当的关键控制点。鱼从船上卸下时以及投入加工前，应记录鱼的内部温度。此外，在整个加工过程以及贮藏期间，需要时间和温度的关键控制点。鱼类加工温度不能过高，警告信建议在加工过程中室温保持在21℃以下，以"延长安全暴露时间"，确定冷藏和贮藏设备，并将鱼分批加工，有效监控。

（2）HACCP计划未能确定CCP的监控步骤和频率。依据法规21CFR123.6（c）（4）要求，要监测时间和温度并确保达到临界限值（如有足够的文件证明鱼类在死亡后6h内冷冻）。当使用延绳钓技术捕鱼时，必须假设每条死鱼都是在第一个鱼钩布下时死亡的（因为不可能有可靠的死亡时间）。

（3）简单去除腐烂鱼的纠正措施计划是不可接受的，因为感官评价不足以反映组胺水平。此外，还应确定并纠正临界极限偏差。FDA建议检测样本量为118条，这样对毒素分解情况才具有代表性。纠正措施规定"……问询与取样有关的捕捞船操作人员，检查船上温度记录，并检查与该产品有关的任何消费者投诉"。但是，应该审查接收记录，因为该公司使用捕捞船记录，可确保从捕捞船上接收的鱼"可以安全地加工并交付商用"。采用定期组胺检验来验证和确保收获船记录的控制措施是有效和可靠的。"贵公司将公认安全的代表性鱼送来检验；因此，组胺超标表明贵公司对收获船只记录的控制措施对于控制危害是无效和不可靠的。"

此外，FDA警告信提出了与评估标准参考、接收控制、组胺检测试剂盒、组胺水平验证程序以及出口到美国的鲭鱼产品的协议和评论有关的问题。

4.5.4　GMP违规案例

2013年FDA针对严重偏离食品现行良好生产规范（GMP）要求的情况（21CFR110）发布了一封警告信（FDA，2013c）。在检查过程中，企业总裁告知FDA检查员"不会进行任何更正"，并且FDA确定食品是掺杂的，因为它们"是在不卫生的条件下生产、包装或贮藏的，因此食品可能被污染对健康有害。"此外，在检查过程中收集的食品标签根据《美国法典》第21章第343节第403条的定义显示该公司"杏仁蛋糕"的标签是不符合要求的，警告信提供了严重违反cGMP和标签法规的具体细节如下：

涉嫌cGMP违规

（1）未按照法规21CFR110.37（b）（5）的要求为"排放废水的管道系统"配备"回流保护装置"。

（2）厕所和水槽未按规定提供法规21CFR110.37（e）（3）所要求的"配备卫生纸或合适的干手器"。员工使用脏毛巾。

（3）未能按照法规21CFR110.40（a）要求的"允许适当清洁的设备和器具。"桌子和器皿是用木头制成的，但不够清洁（木材中有食物残渣）。

（4）未能按照法规21CFR110.10（b）（9）的要求"采取必要的预防措施以防止食品、食品接触材料和食品包装系统被污染。"例如，面条机上污染的塑料胶带与食品直接接触。

（5）未能按照法规21CFR 10.20（b）（7）要求"提供足够的筛选或防护其他害虫措施。"例如，打开的窗户会导致苍蝇进入生产区域。

（6）未能按照法规21CFR110.80的要求"采取合理的预防措施"来确保"生产程序不会造成任何来源的污染。"工人用餐的台面未进行清洁。

（7）未能按照法规21CFR110.35（a）的要求"维持建筑物和物理设施洁净，防止食品污染。"天花板和墙壁上剥落的油漆直接在传送带上发现，传送带将暴露的食品运送到盒子中进行包装。

（8）未能按照法规21CFR 110.10（b）（4）要求"移除不安全的首饰或其他可能落入食品的物品、设备和容器中的物品。"员工在食品生产过程中戴着手镯和手表是不符合要求的。

杏仁蛋糕涉嫌违反标签规定

（1）营养信息没有按照法规21CFR101.9的要求声明每份的质量、容器的质量和所含热量。

（2）标签没有按照法规21CFR101.15（c）（2）的要求确保所有语言重复所有必需的标签信息。具体而言，所需的信息需要用三种语言表示，分别是英语、法语和中文。

总之，警告信认为该产品违反cGMP且标签违规。

4.5.5 掺杂和标签违规案例

FDA针对法规21CFR101中定义的严重违反食品标签的法规的行为发布了一封警告信（FDA，2016n）。根据FDCA［21U.S.C. § 342］第402条，产品的标签导致该食品属于掺杂，根据法案第403条［21U.S.C. § 343］属于标签违规。

针对"菠菜干面条"的警告信中详细说明了涉嫌标签违规行为包括：

（1）产品含有被认为不安全的着色剂　因为着色剂不符合美国着色剂的上市规定并且未获得FDCA认证。

（2）产品标签违规　因为标签未在成分声称中声明使用着色剂（即未列出FDCA黄色6号和FDCA蓝色1号）。

（3）产品标签违规　因为标签上没有标明混合物中单个成分的通用名称。

（4）产品标签违规　因为营养成分和相关信息的格式不正确；见下面的例子：

• 根据法规21CFR101.9（b）（2）的规定，该面条产品的份量不是基于通常食用的参考量（RACC）。普通干燥面食的RACC为55g［21CFR101.12（b）（表2）］；但是，此商品标签上声明的份量为100g。因此，所有的营养信息都是不正确的。

• 根据法规21CFR101.9（b）（7）和（d）（3）（i）的要求，份量没有按照一般要求或一般家庭消耗量声称。

• 维生素和矿物质（维生素A和维生素C，钙和铁）未按照法规21CFR101.9（c）（8）要求的以每日价值的百分比表示。没有在营养标签中声明具体含量（单位mg或IU）。

• 根据法规21CFR101.9（c）（1）（ii）的要求，脂肪的能量声称未表示为最接近的21J增量。

• 根据法规21CFR101.9（c）（4）的规定，钠的定量不能四舍五入。

• 产品标签上的能量声称用kcal表示，与法规21CFR101.9（c）（1）的规定是不符的。

• 营养标签不包括法规21CFR101.9（d）（9）中要求的完整注释。

• 按照法规21CFR101.9（d）（14）和101.15（c）（2）的规定营养标签以外语提供的必须包含所有必需信息，并且必须符合所有格式要求。

• 按照法规21CFR101.9（d）的规定有许多格式上的错误，包括标题以及一些营养物、凹痕、条纹和细线的名称没有加粗。

（5）按照法规21CFR101.105（a）的规定该产品标签是错的，因为产品净含量（如数量、质量等）未在主要显示面板上准确列出（如不允许加减数量）。

警告信中提供了有关过敏原声明需要符合《2004年食品过敏原标签和消费者保护法》（FALCPA）的其他意见并列出主要过敏原，根据法规21CFR101.2（d）（1）和（e）的规定提供标签信息，如条形码和日期，并正确拼写产品名称（例如，偏好应该是风味）。

总之，主要警告信的调查结果与使用未经批准的食品着色剂和产品内容、营养信息和产品重量的标签违规有关。

4.5.6　药物违规状况

FDA针对严重违反FDA规定和适用的美国法规行为，发布了一封警告信（FDA，2015b）。FDA的检查包括对收集的产品标签的审查和对企业网站的审查。警告信指出：

> "我们已经确定，按照法规21 U.S.C. § 321（g）（1）（B）第201（g）（1）（B）节规定，贵公司的几种膳食补充剂是按照药物进行推广的。根据贵公司产品的标签和网站上的声称确定该产品是药品，因为它们用于疾病的诊断、缓解、治疗或预防。将这些产品引入州际贸易违反了该法案。"

例如，在企业网站的"常见问题"页面上有以下产品的声称：

> "它……促进必需神经递质的产生，可减少或预防多发性肝硬化、胆固醇升高……"

警告信指出，在多个产品标签上发现该成分的专利号，但这些产品在上述用途中并不"被普遍认为是安全有效的"；因此，根据法规21U.S.C. § 321（p）第201（p）节规定，该产品被视为"新药"，并且任何公司在合法地将该新药引入美国州际贸易之前，必须获得FDA对所提交的科学数据的认可。

此外，还发现该产品标签违规，因为产品说明不能引导非专业人员按照预期用途安全地使用该产品（即使用条件不适合非医疗从业者人员的自我诊断和治疗），这违反了法规21U.S.C. § 352（f）（1）的规定。根据FDCA第402（g）（1）节［21U.S.C. § 342（g）（1）］，该产品也被认为是掺杂的，因为这些产品是在不符合膳食补充剂cGMP要求的条件下加工、包装或贮藏的（21CFR111）。

警告信详述了八个方面的涉嫌违规行为：

（1）未能按照法规21CFR111.123（a）（1）和（2）的要求，在生产膳食补充剂之前审查和批准生产和批量生产记录。

（2）未能按照法规21CFR111.70（b）（1）和（2）的要求，为生产中使用的每种成分制定"膳食补充剂的特性、纯度、强度和组成……"。一旦开发完成，必须对这些规范进行测试，并且必须保留记录以验证成分的特性，并确保测试适用和科学有效，然后才能用于确定符合法规21CFR111.75（a）（2）、21CFR111.75（h）（1）和21CFR111.95的要求。

（3）未能按照法规21CFR 111.70（e）的要求建立"每种膳食补充剂成品批次的特性、纯度、强度和组成"的规范……必须根据法规21CFR 111.75（c）的要求，针对公司实际制定合理的统计抽样计划（或每种成品批次）确定的成品膳食补充剂批次子集，验证公司的成品批次是否符合产品特性、纯度、强度和组成规范。

（4）未能按照法规21CFR111.205的要求创建并遵循每种配方和批量所需的"书面主制造记录（MMR）"。

（5）未能按照法规21CFR111.210的要求将所有要求的元素，包括在MMR中（即每个批次大小的完整配方信息，包括产品名称以及每个成分的确切名称和质量）。

（6）未能按照法规21CFR111.255（b）和111.260的要求包括完整的批次控制记录（BPR），包括执行生产步骤（例如：称重、测量添加成分、混合成分、贴标签和每批包装），每批中使用的设备（以及设备在每次使用前的维护、清洁和消毒记录）的每个员工的时间和姓名首字母，以及每一关键生产步骤的理论和实际产量报表。

（7）未能记录水的含量（有可能成为膳食补充剂的一部分）如何满足法规21CFR111.23（c）要求以及当地和国家对外国公司的要求。

（8）未能获得法规21CFR 111.105（f）要求的代表性质量控制样品（如每批成品需要保留样品）。

这些警告信中列举了几项违反美国法规的事件，涉及膳食补充剂的非法促销、掺杂和标签违规，包括使用未经FDA批准的新药的情况。这类问题的发现可能需要临床试验来证实药物或健康利益主张。这本书的第6章将提供关于食品和膳食补充剂临床试验的更多细节，并将详细说明在测试膳食补充剂和其他食品时针对临床试验违规发出的警告信。

4.6 出版物

附录10列出了与FDA警告信有关的美国食品进出口主题的已发表文章，包括标题、作者、期刊和摘要。

总之，许多文章强调了美国FDA监管执法行动的复杂性，包括警告信计划。七篇文章讨论了美国食品中与多种类型的食源性疾病爆发有关的微生物和病毒污染物，包括：

- 进口意大利乳清干酪和其他交叉污染的干酪中的单核细胞增生李斯特菌
- 进口到美国的香料、番茄、辣椒、哈密瓜和水产品中含有沙门菌
- 进口蛤蜊中的甲型肝炎病毒和诺沃克样病毒

一篇文章（Klontz等, 2008）描述了美国李斯特菌感染下降的情况，这很可能与早期对20世纪80年代爆发的关注、教育、研究以及将单核细胞增生李斯特菌排除在美国食品之外的政策的制定有关。据报道，包括召回受污染产品以及进口扣留和拒绝入境美国的执法行动也产生积极影响。

FDA的农药残留监测计划通常会对食品中出现的农药、抗生素、生长激素、水溶性药物和其他潜在有害化合物等残留进行识别。残留物监测计划从20世纪60年代开始实施，每年都要对数万份样品进行农药残留分析。通常，大多数的样品（约60%~70%）不含残留物，而少数（<1%~7%）的样品含有超过FDA规定的残留物阈值。这些残留相关文章中最近报道的话题多为猪体内的磺胺二甲嘧啶和盐酸四环素和猪肉产品中的生长促进剂莱克多巴胺等，而以前的报道主要集中在杀虫剂上。其中许多报告审查了全球贸易形势，并指出进口禁令因国家而异。正如美国禁止和拒绝来自其他国家的违规产品入境一样，当其他国家的监管要求未得到满足时，其他国家也禁止和拒绝美国违规产品入境。

关于真菌毒素超标有一个有趣的案例，进口作物真菌污染测试结果表明，FDA的标准一般不会超过美国市场上的产品，更严格的真菌毒素标准可能不会显著改善美国的健康状况，而更严格的标准可能会对中国、阿根廷等发展中国家产生重大的经济影响。

这些条款涵盖进出口监管和风险的许多方面。美国监管执法行动包括教育、产品禁令、进口拒绝以及许多其他执法行动，包括警告信。食品企业应该了解美国对进出口的规定。

4.7 小结

近年来，进口食品的数量和种类日益增加，这些产品必须符合有关安全、卫生、标签、记录保存等方面的国际法律法规。FDA提供公开的指导文件，来解释特定于进出口的法规。在某些情况下，这些指导文件还会详细介绍FDA与国外政府合作和促进美国产品在国外市场贸易所做的努力。

食品警告信详细记录了关于进出口食品的文件不足、检验不合格、卫生条件不达标以及标签不符合规定的情况。进口食品必须在美国FDA入境放行前一直留存，否则拿不到FDA和CBP有关进口食品美国分销的审批认证。

许多警告信还指出在进出口期间或之后的一段时间食品的加工、包装和贮藏方面的不足。因此，加工商、包装商以及在进出口期间或之后从事食品生产业务的人员应准备好相关的文件，包含所要求的关键控制范围的检验报告、卫生设施的维护记录，以及食品上准确完整的标签。

4.8 测试题

1. 列出FDA对进口食品的监管类型。
2. 明确CBP、DWPE和FSVP的含义，并解释为什么这些术语对美国进口食品十分重要？
3. 阐述提交进口到美国的食品的预先通知流程？
4. 什么是出口证书？如何申请出口证书？
5. 申请COFS之前需要满足哪些要求？

6. 良好进口商惯例的四项指导原则是什么？

7. 哪个计划要求进口商开展基于风险的活动来验证其国外供应商是否以安全的方式生产食品，而没有掺杂或标签违规？

8. 在给参与美国进出口食品的食品公司警告信中列出的违反美国食品法规的行为有哪些？

9. 美国食品中哪些微生物和病毒污染物与多州食源性疾病爆发有关？

参考文献

FDA, U.S. Food and Drug Administration, 2014b. Foreign Food Facility Inspection Program.（Online）. Available from: https://www.fda.gov/Food/ComplianceEnforcement/Inspections/ucm196386.htm.

FDA, U.S. Food and Drug Administration, 2005a. Guidance for Industry and FDA: Establishing and Maintaining a List of U.S. Dairy Product Manufacturers/Processors with Interest in Exporting to Chile.（Online）. Available from: https://www.fda.gov/food/guidanceregulation/guidancedocumentsregulatoryinformation/ucm078936. htm.

FDA, U.S. Food and Drug Administration, 2005b. Warning Letter to Cafeteria Adelita 30-Mar-05. Miami, FL.（Online）. Available from: https://wayback.archive-it.org/7993/20170112203145/http://www.fda.gov/ICECI/ EnforcementActions/ WarningLetters/2005/ucm075343.htm.

FDA, U.S. Food and Drug Administration, 2006. Warning Letter to Shells and Fish Import and Export Co., 27-Oct-06. Miami, FL.（Online）. Available from: https://www.fda.gov/iceci/enforcementactions/warningletters/2006/ucm076142.htm.

FDA, U.S. Food and Drug Administration, 2009. Guidance for Industry: Referral Program from the Food and Drug Administration to the National Oceanic and Atmospheric Administration Seafood Inspection Program for the Certification of Fish and Fishery Products for Export to the European Union and the European Free Trade Association.（Online）. Available from: http://www.fda.gov/Food/GuidanceRegulation/ GuidanceDocumentsRegulatoryInformation/ucm113218.htm.

FDA, U.S. Food and Drug Administration, 2011a. OASIS Report for Import Refusals.（Online）. Available from: https://www.fda.gov/forindustry/importprogram/importrefusals/default.htm.

FDA, U.S. Food and Drug Administration, 2011b. What You Need to Know about Prior Notice of Imported Food Shipments.（Online）. Available from: http://www.fda.gov/Food/GuidanceRegulation/ GuidanceDocumentsRegulatoryInformation/ucm267673.htm.

FDA, U.S. Food and Drug Administration, 2012. Guidance for Industry; Questions and Answers Regarding Establishment and Maintenance of Records by Persons Who Manufacture, Process, Pack, Transport, Distribute, Receive, Hold or Import Food（Edition 5）.（Online）. Available from: http://www.fda.gov/downloads/Food/ GuidanceRegulation/UCM292795.pdf.

FDA, U.S. Food and Drug Administration, 2013a. Guidance for Industry: What You Need to Know about Administrative Detention of Foods: Small Entity Compliance Guide.（Online）. Available from: http://www.fda. gov/Food/GuidanceRegulation/Guidance DocumentsRegulatoryInformation/ucm342588.htm.

FDA, U.S. Food and Drug Administration, 2013b. Warning Letter to Celtrock Holding Limited 21-June-13. Suva, Fiji.（Online）. Available from: https://www.fda.gov/iceci/enforcementactions/warningletters/2013/ucm376915. htm.

FDA, U.S. Food and Drug Administration, 2013c. Warning Letter to Chan Yee Jai, 2-July-13. Hong Kong, China.（Online）. Available from:https://www.fda.gov/iceci/enforcementactions/warningletters/2013/ucm359501.htm.

FDA, U.S. Food and Drug Administration, 2014a. Prior Notice for Food Articles Quick Start Guide.（Online）. Available from: http://www.fda.gov/Food/GuidanceRegulation/ImportsExports/Importing/ucm121048.htm.

FDA, U.S. Food and Drug Administration, 2016f. Entry Review.（Online）. Available from: https://www.fda.gov/ forindustry/importprogram/entryprocess/entrysubmissionprocess/ucm480819.htm.

FDA, U.S. Food and Drug Administration, 2017g. Establishing and Maintaining a List of US Milk and Milk Product, Seafood, Infant Formula, and Formula for Young Chilldren Manufacturers/Processors with Interest in Exporting to China.（Online）. Available from: https://www.fda.gov/food/guidanceregulation/guidancedocumentsregulatoryinformation/ucm378777.htm.

FDA, U.S. Food and Drug Administration, 2015a. The Imported Seafood Safety Program.（Online）. Available from: http://www.fda.gov/Food/GuidanceRegulation/ImportsExports/Importing/ucm248706.htm.

FDA, U.S. Food and Drug Administration, 2015b. Warning Letter To Gialive SA de CV, 28-Aug-15. Aguascalientes, Mexico. （Online）. Available from: https://www.fda.gov/iceci/enforcementactions/warningletters/2015/ ucm460908.htm.

FDA, US Food and Drug Administration, 2016a. FDA's Participation in Codex.（Online）. Available from: https:// www.fda.gov/ food/internationalinteragencycoordination/internationalcooperation/ucm106250.htm.

FDA, US Food and Drug Administration, , 2016b. Food, Colors, and Cosmetics（Chapter 5）（Online）. Available from: http://www. fda.gov/ICECI/ComplianceManuals/CompliancePolicyGuidanceManual/ucm119194.htm.

FDA, U.S. Food and Drug Administration, 2016c. Entry Process.（Online）. Available from: http://www.fda.gov/ ForIndustry/ ImportProgram/EntryProcess/default.htm.

FDA, U.S. Food and Drug Administration, 2016d. Entry Submission Process.（Online）. Available from: https://www. fda.gov/ forindustry/importprogram/entryprocess/entrysubmissionprocess/default.htm.

FDA, U.S. Food and Drug Administration, 2016e. Actions & Enforcement.（Online）. Available from: https://www. fda.gov/ forindustry/importprogram/actionsenforcement/default.htm.

FDA, U.S. Food and Drug Administration, 2016g. Import Trade Auxiliary Communication System（ITACS）.（Online）. Available from: http://www.fda.gov/forindustry/importprogram/entryprocess/importsystems/ucm480953. htm.

FDA, U.S. Food and Drug Administration, 2017d. Entry Screening Systems and Tools.（Online）. Available from: http://www.fda. gov/ForIndustry/ImportProgram/EntryProcess/ImportSystems/ucm480962.htm.

FDA, U.S. Food and Drug Administration, 2016h. Common Entry Errors.（Online）. Available from: http://www.fda. gov/ ForIndustry/ImportProgram/EntryProcess/ucm459478.htm.

FDA, U.S. Food and Drug Administration, 2016i. FDA Affirmations of Compliance – Quick Reference（Slides）.（Online）. Available from: http://www.fda.gov/downloads/ForIndustry/ImportProgram/EntryProcess/ ImportSystems/UCM498013.pdf.

FDA, U.S. Food and Drug Administration, 2017e. FSMA Final Rule on Foreign Supplier Verification Programs（FSVP）for Importers of Food for Humans and Animals.（Online）. Available from: http://www.fda.gov/food/guidanceregulation/fsma/ ucm361902.htm.

FDA, U.S. Food and Drug Administration, 2016j. Food Export Certificate Application Step-by-Step Instructions.（Online）. Available from: https://www.fda.gov/Food/GuidanceRegulation/ImportsExports/ Exporting/ucm260332.htm.

FDA, U.S. Food and Drug Administration, 2016k. Food Export Certificate Application. Department of Health and Human Services Food and Drug Administration Center for Food Safety and Applied Nutrition.（Online）. Available from: https://www.fda.gov/ downloads/AboutFDA/ReportsManualsForms/Forms/UCM052399.pdf.

FDA, U.S. Food and Drug Administration, 2016l. Imports and Exports Guidance Documents and Regulatory Information.（Online）. Available from: https://www.fda.gov/food/guidanceregulation/guidancedocumentsregulatoryinformation/importsexports/default.htm.

FDA, U.S. Food and Drug Administration, 2016m. Good Importer Practices.（Online）. Available from: https://www. fda.gov/ regulatoryinformation/guidances/ucm125805.htm.

FDA, U.S. Food and Drug Administration, 2016n. Warning Letter to Fu Fa Flour Food Enterprise Co., Ltd., 9-May-16. Taoyuan, Taiwan.（Online）. Available from: https://www.fda.gov/iceci/enforcementactions/warningletters/2016/ ucm525000.htm.

FDA, U.S. Food and Drug Administration, 2017a. Import Program.（Online）. Available from: https://www.fda.gov/ forindustry/ importprogram/default.htm.

FDA, U.S. Food and Drug Administration, 2017b. Product Codes and Product Code Builder.（Online）. Available from: https:// www.fda.gov/forindustry/importprogram/resources/ucm462993.htm.

FDA, U.S. Food and Drug Administration, 2017c. Automated Commercial Environment/International Trade Data System（ACE/ ITDS）.（Online）. Available from: https://www.fda.gov/forindustry/importprogram/entryprocess/importsystems/ucm456276.htm.

FDA, U.S. Food and Drug Administration, 2017f. Regulatory Procedures Manual.（Online）. Available from: http:// www.fda.gov/ iceci/compliancemanuals/regulatoryproceduresmanual/default.htm.

Klontz, K.C., McCarthy, P.V., Datta, A.R., Lee, J.O., Acheson, D.W., Brackett, R.E., June 2008. Role of the U.S. Food and Drug Administration in the regulatory management of human listeriosis in the United States. J. Food Prot. 71（6）, 1277–1286.

USDA, US Department of Agriculture Economic Research Service, 2016. US Food Imports.（Online）. Available from: http://www. ers.usda.gov/data-products/us-food-imports.aspx#52236.

5

食品接触材料

本章目录

5.1 食品添加剂、着色剂和食品接触材料

这一章节综述了关于食品接触材料（FCS）的法规、指导文件、警告信以及出版物。FCS包括最终可能出现在食品中的多种化学品和包装材料。在美国，无论是有意添加还是由于与污染物的接触无意添加到食品中，食物添加剂和食品接触材料都受到越来越多的监管。FDA就食品加工、生产以及服务业多方面发出过警告信，这些警告信具有指导意义，因为FDA的监管不仅包括食品本身，还包括与食品接触的物质（例如，食品制备表面、用于清洁食品制备表面的水、食品容器和包装）。审查这些法规、指导文件、警告信和出版物，可使公司能够更清楚地了解发生违规行为的共同领域，并可使公司避免这些众所周知的监管违规问题。

从食品贮藏用的盐、糖和醋，到改善风味用的草药和香料、食品成分、食品添加剂和食品着色剂以及FCS，一律受到FDA管制，从而确保食品安全和标识准确。某些成分被添加到食物中来保持食品新鲜（例如，用于减缓食品腐败和控制污染物的防腐剂；防止脂肪和油脂腐臭，以及防止切开的水果如切开的苹果暴露在空气中时会变成棕色的抗氧化剂）；提高食品营养价值（例如，维生素、矿物质和纤维可提供饮食中缺失的部分或可提高食品质量，从而使营养均衡）；改善食品的感官呈现（例如，香料、调味剂和甜味剂可改善食品味道；着色剂改善外观；增稠剂改善质地；发酵剂可以使烘焙食品蓬松）。制造商负责确保所有食品成分具有食品级质量并符合所有的规定。附录11可帮助读者明确各种食品成分在美国的监管状态。

广义的食品添加剂是指有意使用的，可导致其直接或间接地成为食品成分，或影响食品特征的物质。着色剂是指可赋予食品颜色的物质。着色剂是用于赋予或者改变FCS的颜色而并非大量地迁移到食品中，对任何可见的颜色变化起作用的物质。着色剂包括FCS中的光学增白剂和荧光增白剂［21CFR178，3291（a）］。

某些着色剂可以抵消暴露于一定贮藏条件（如光照、温度、空气、湿度）下的颜色损失；某些则可以增强自然颜色，统一改变颜色，或为无色产品增添颜色。几乎所有的加工食品都含有着色剂，FDA认证合成着色剂（FC&C 红色三号）或免除认证用于食品的天然着色剂（如β-胡萝卜素、葡萄皮提取物、藏红花）。食品添加剂和着色剂获得上市前批准，需要通过食品添加剂申报程序（FAP）或着色剂申报程序（CAP）表明该物质预期使用的安全性，除非添加剂为公认安全物质（GRAS），或者它们已获得FDA或USDA提前批准，或者已符合FDA相关规定。

直接添加并针对特定目的添加的食品添加剂在食品成分标签中标明。食品中可含由于包装、贮藏或处理导致的微量间接食品添加剂。根据美国法规规定，不管物质如何被添加到食品中，还是其如何与食品接触（包括包装材料），在与食物接触之前，必须证明该物质是安全的。直接食品添加剂的制造商必须首先向FDA申请批准，间接食品添加剂的制造商必须提供与FAP／CAP中相同类型数据的上市前通告。FDA审查该物质的特性、成分、性质、消耗量、健康影响，以及与使用该物质有关的所有安全因素。FDA在"合理确定无害"的情况下来确定该物质的安全使用水平。

5.2 食品接触材料法规

1958年，《食品、药品和化妆品法案》（FDCA）第409条制定了FDA关于新食品添加剂和FCS申请批准的要求，并将FCS定义为"在食品生产、包装、包裹、运输过程中作为原料所使用的物质成分，并且其使用不会对食品产生任何技术性的影响"（FDA，2015a）。常见类型的FCS包括纸、塑料、金属或其他包装材料，或者可能包括着色剂的器具、抗微生物剂、抗氧化物质。这些食品接触的材料以前称为间接食品添加剂，但现在称为FCS。此外，先前批准的物质（即1958年修订前食品中的物质）和GRAS物质，如盐、糖、香料、维生素和谷氨酸钠，均免于1958年的食品添加剂修订案管理。

1977年，在食品添加剂法规的重新编写过程中，在法规21CFR173中制定了二级直接食品添加剂法规。此类添加剂在法规（FDA，2016a）中分为四个子部分：

• 子部分A　用于食品处理的聚合物物质和佐剂（包括聚丙烯酰胺树脂，离子交换树脂和聚丙烯酸钠）

- 子部分B　酶制剂和微生物（包括特定形式的糖酶和凝乳酶）
- 子部分C　溶剂、润滑剂、脱模剂和相关物质（包括丙酮、异丙醇和己烷）
- 子部分D　特定用途添加剂（包括二氧化氯、锅炉水添加剂、消泡剂、过氧化氢、臭氧和过氧酸）

这些加工助剂在食品加工过程中具有技术效果，但在食品成品中不具有技术效果，其中一些符合FCS的定义。

5.2.1　食品接触材料通告计划

1997年，《食品药品管理局现代化法条例》修订了第409条，建立了食品接触材料通告计划（FCN），以取代申请程序。该计划旨在加快对FCS的审查，以简化流程并更有效地维护食品安全标准。FCN系统的结构包括三个层次：

（1）FCS是FCN的主题，符合化学家对物质定义的单一物质。例如，另一种材料中的聚合物或抗微生物剂可以是FCS，即使聚合物可能包括多种单体，聚合物、混合物在化学上定义明确，以便与FCS的定义区分。

（2）食品接触材料由FCS制成，通常包括其他物质的混合物（如聚合物中的抗微生物剂）。

（3）食品接触制品是指成品包装、薄膜、托盘、面团钩、器具、瓶、容器或由食品接触材料形成的其他产品，这些制品由一种或多种FCS组成。

为符合FDCA的要求，迁移到食品中单独的FCS成分在按照预期的用途使用时，必须包含以下内容之一：

- 符合法规21CFR174~179中的特定间接添加剂法规的食品包装成分无需FDA进一步审查。食品安全和应用营养中心（CFSAN）维护着一个用于FCS的约3230种间接添加剂的数据库（FDA，2016b）；这些食品添加剂不会在食品中或食品上添加或产生工艺效果。
  - 一般间接食品添加剂（21CFR174）
  - 涂料的黏合剂和组分（21CFR 175）
  - 纸和纸板组件（21CFR 176）
  - 聚合物（21CFR 177）
  - 佐剂，生产辅助设备和消毒剂（21CFR 178）
  - 食品生产，加工和处理中的辐照（21CFR 179）
- 法规21CFR182~186中的特定GRAS公告（GRN）法规或约655 GRN列表（FDA，2017a）。
  - 食品中的GRAS物质（21CFR 182）
  - 食品中确定为GRAS的物质（21CFR 184）
  - 确认为用于食品包装GRAS的物质（21CFR 186）
- FDA或USDA在1958年9月6日前发出具体事先批准函，对特定物质和其用途无异议。这封函定义了该物质在食品中的具体含量、状况、产品和用途。一些已批准的物质在法规21CFR181内分组指定如下：
  - §181.22　用于生产食品包装材料的某些物质
  - §181.23　抗真菌药
  - §181.24　抗氧化剂
  - §181.25　干燥剂
  - §181.26　作为成品树脂成分的干燥油
  - §181.27　增塑剂
  - §181.28　脱模剂或隔离剂
  - §181.29　稳定剂
  - §181.30　用于生产纸张的材料和用于食品包装的纸板产品
  - §181.32　丙烯腈共聚物和树脂
  - §181.33　硝酸钠和硝酸钾

• §181.34　亚硝酸钠和亚硝酸钾

• 特定物质的使用低于法规21CFR170.39中详述的法规阈值（TOR）。此豁免请求适用于食品中浓度低于0.5mg/kg的物质，可免除FAP和FCN程序。无论制造商如何，TOR可用于特定的预期用途。FDA维护着一个包含120种TOR豁免物质的数据库（FDA，2016c）。

• 特定FCN在按预期使用时以及仅限于FCN中确定的特定制造商或供应商时显示为安全。FDA维护着一个FCN搜索数据库（FDA，2016d）。换句话说，GRAS，FCS，1958年以前可用的物质，详细规定豁免的特定物质等可能不需要通告；但是，任何新的FCS或已批准的FCS的新用途都需要FCN。如果FCS的任何成分不在上述监管程序范围之内，制造商应考虑酌情向FDA提交新的TOR豁免申请，FCN或GRAS通告。

经批准的FCN子公司是专有的，与TOR豁免和其他食品添加剂法规不同。区别很重要，因为FDCA的第409条规定FCN仅对特定制造商和FCS鉴定有效。FCN中规定的制造商可能不是实际制造商，而是为其预期用途分发的FCS供应商。当明确通告对实际制造商有效时，通告者必须提高谨慎，以确保FCN正确且清楚地识别FCS制造商。

FCN计划由CFSAN内的食品添加剂安全办公室监督，FDA有权决定何时FAP可能比FCN更合适评估安全数据，以充分保证食品安全。此外，FDCA第409（h）（2）（C）节要求FCN仅对制造商、特定FCS、FCN中规定的使用条件有效。FCN对于由不同制造商生产或用于不同用途的相同或类似FCS无效。

5.2.2　食品接触材料通告程序

任何制造商、供应商或个人（即通告人）都可以向FDA提交FCN。FCN的提交资料必须包括物质标识（包括纯度和物理特性的规格）以及使用条件的限制。登录提交材料后，系统会分配一个编号，材料由FDA审查小组进行审查。审查小组通常包括：一名消费者安全官员、一名化学家、一名毒理学家和一名环境科学家。FDA对FCS安全性进行为期120d的审查，由审查小组进行评估。

信息保密受到FDCA的保护，FDCA禁止FDA在120d审查期间披露信息。另外，在收到异议函之前或在通告生效日期之前撤回信息，信息也不会被披露。任何商业机密信息都会受到保护，特别是如果在FDA审查期间"接受"或"使用"该信息；但是，一旦通告生效或FDA正式以书面形式反对FCN，信息就不再受到保护。

最初（即在3周内），FDA审查提交的基本信息，并确定提交资料是否满足下一步审查最低要求的要素。FDA向发出通告者发送确认函，说明FDA收到通告的日期并设置120d的审核时限。最重要的是，这封确认函还陈述了FDA对FCS特性和预期用途的理解。如果通告人对内容有不同意见，应尽快回复FDA，并且通告人的回复函应明确说明与FDA确认函的不同意见。如果FDA没有解决分歧所需的所有信息，FDA可能会要求通告人提供更多信息，并且审核周期可能会延长。

如果FDA对提交资料没有任何疑问，FCS批准将在120d后生效。一旦获得批准，FDA将向通告人发送批准函以及生效日期通知。该通告将添加到CFSAN网页上的FCS上市前有效通告清单中。

有时在审查期间，FDA可能会向通告人发送问题来澄清FCS的特性和预期用途。这些问题可能会使120d的批准时限延迟。与FDA的沟通应包括有关120d时限的问题和影响的记录细节。

此外，如果通告人没有提供最低要求要素，FDA可拒绝接受通告。若FDA要求提供更多信息，则通告人需要在两周内做出回应。在两周内未回复将导致审查程序终止且通告人将收到提交资料不完整的拒绝通知。如果通告人回应但FDA仍认为提交不完整，则通报人将有机会撤回FCN。提交的近25%FCN在这种情况被撤销，因为剩下的问题可能需要大量的研究，并且可在研究完成后再重新提交。

当FDA发现通告人的回应完整，FDA审查将继续进行。考虑到中断审查所需的时间，FDA可以对120d的时限做出调整。

如果FCN未经批准或FDA关于食品安全的进一步审查仍未解决，则通告人将有机会撤回通告。如果通告人未撤回通告，FDA将会向通告人发送一封否决信，说明他们认为该FCS不能接受使用。因为这个过程在很大程度上依赖于通告者是否撤回FCN，所以"不能接受使用"的数量低于撤回的数量。

根据法规21CFR170.100（c），FDA还可以出于各种原因发出否决信件，包括（但不限于）以下内容：

（1）使用FCS会将生物杀灭剂累积估计每日摄入量（CEDI）增加到大于等于人均每日0.5mg的水平（即FCS旨在提供微生物毒性）或人均每日3mg非生物物质（即FCS无意提供微生物毒性）。

（2）关于FCS的使用，其中存在尚未经FDA审查的生物测定，并且生物测定对致癌作用没有明显的负面影响。

对于每个特定的FCS，FCN是制造商专有的。FCS制造商必须确保遵守适用的FCN授权。所有FCS（包括组合的多种FCS成分）都需要制造商仔细审查，以确保每个FCS的特性、规格纯度、物理性质，以及使用条件的限制符合FCS法规。

5.2.3 预先通告咨询

食品添加剂安全办公室与发出通告者之间的预先通告咨询（PNC）可以促进更加完整和可批准的FCN、FAP或TOR提交。FDA在这三种情况下鼓励PNC：

（1）关于FCN的不确定性。

（2）当对可用数据有不同解释时，会影响不同的安全测定结果。

（3）咨询可以帮助决定使用请愿书还是通报程序更合适。

可通过电子邮件、传真或信函要求提供PNC。当存在关于FDA如何解释数据的不确定性时，特别是如果解释可能会影响安全性测定的结果，这些FDA咨询会很有帮助。咨询应验证FDA对FCN与FAP的需求之间的区别，以及FAP收集的适当信息，如果有需要的话，可以不选择FCN。

FCN需要填写FDA3480表格，并且应该用于PCN和食品主文件（FMF）。有关填写FDA 3480表格（FCN、PNC、FMF）的说明，请访问FDA网站（FDA，2016e）

5.2.4 简化法规阈值（TOR）审查程序

根据TOR规则，对于任何间接食品添加剂，可以获得简化审核程序，导致CEDI水平低于每人每天1.5 μg，并且可在FDA网站（FDA，2012）上获得具有超过1300个FCS关于CEDI的数据库。虽然这种形式的批准不是专有的，但TOR / CEDI审查比典型的FCN程序要快得多。随着新信息的出现，FCS的CEDI和每日允许摄入量（ADI）水平会进行修订。

5.2.5 关于食品接触材料其他需要考虑的相关信息

因为在美国使用的数千种食品成分都有相关的毒理学信息，所以在确认某产品是否需要FAP时，采用食品添加剂重点项目评估计划是一种有效的方法。根据上述计划及其他计划，可为FDA食品成分和包装清单提供许多额外的信息，这些信息包括：

• 美国用于食品中的所有食品成分列表（约4000条记录）：www.accessdata.fda.gov/scripts/fcn/fcnNavigation. cfm？rpt=eafusListing。

• 食品添加剂状况清单：www.fda.gov/Food/IngredientsPackagingLabeling/FoodAdditiviesIngredients/ucm091048. htm。（不同于美国环境保护局（EPA）对其有一定宽容度，FDA对其有严格的要求：法规40CFR180中的农药；法规21CFR70-82中的着色剂；GRAS、间接食品添加剂和已批准的物质；法规21CFR172.515中的合成调味剂；等等。）

• 着色剂状况列表：www.fda.gov/ForIndustry/ColorAdditives/ColorAdditiveInventories/ucm106626.htm。

• 再生塑料食品包装（相关数据库记录了近200篇文章，例如，关于再生塑料食品接触材料使用后的处理意见等）：www.accessdata.fda.gov/scripts/fdcc/？set=RecycledPlatics。

•（GRAS）GRAS物质特别委员会（SCOGS）在1972年至1980年期间公布的378种GRAS物质报告：www. accessdata.fda.gov/scripts/fdcc/？set=SCOGS。

• （GRAS）食品中使用的酶制剂（部分清单）：www.fda.gov/Food/IngredientsPackagingLabeling/GRAS/EnzymePreparations/ucm084292.htm。

• （GRAS）食品中使用的微生物和微生物衍生成分（部分清单）：www.fda.gov/Food/Ingredients PackagingLabeling/GRAS/MicroorganismsMicrobialDerivedIngredients/ucm078956.htm

• 正在审查或暂缓审查的食品添加剂和着色剂申请（20条记录）：www.accessdata.fda.gov/scripts/fdcc/？set=FAP-CAP。

• 食品和着色剂：年度最终规则：www.fda.gov/Food/GuidanceRegulation/GuidanceDocumentsRegulatoryInformation/IngredientsAdditivesGRASPackaging/ucm047880.htm。

• 关于FCN的环境影响决定清单（1239条记录）：www.accessdata.fda.gov/scripts/fdcc/？ set=ENV-FCN。

• 转基因植物成分食品生物技术研讨会（173条记录）：www.accessdata.fda.gov/scripts/fdcc/？ set = Biocon。

• 新蛋白质成分研讨会（早期食品安全评估）（16条记录）：www.accessdata.fda.gov/scripts/fdcc/？ set = NPC。

食品和着色剂，环境影响和生物技术进步仍然是FDA关注的主题，掌握食品添加剂和FCS之间的差异有时很难。最好的建议是提出一个合理的、科学的论点，说明企业为某种成分选择某种监管途径的理由，并时刻关注FDA的反馈，以便企业能够快速、完善地解决问题。

5.2.6 食品接触材料配方通告

食品接触材料配方（FCF）的通告可以提交给FDA，以验证FCS和接触食品的最终产品中所有FCS组分是否一致。通告人应使用FDA 3479表格（FDA，2016f）向FDA提交FCF通告以及所有支持信息。如果FCS有效通告作为合规证明，则必须引用该通告，并宣布其对于配方中的预期用途有效。需要提交验证每个FCS组件的预期用途授权文档，但是，支持FCS和最终产品中使用的每种FCS的预期用途安全性的文件不需要重新提交（因为安全性的测定不是FCF通告过程的一部分）。

对FCF通告中每个FCS的合法性验证并不代表对新FCS或FCS新用途的批准，FCF通告只是为了验证在最终产品中FCS使用的合法性。

5.2.7 担保书

FDCA第303（c）（2）条允许FCS制造商提供担保书，证明客户对于特定FCS的预期用途是可以接受的。FCS制造商有责任确保FCS不掺杂或不贴假商标。这对于使用由独立公司制造的FCS的客户而言，都是有益的。基本上，FCS制造商保证特定的FCS对于其预期用途是可接受的，并且从FCS制造商购买FCS的客户在使用不需要进行测试，也无需向FDA提供特定产品FCS的数据。由FCS制造商向用户提供的"信任担保"，对用户起到约束和保护的作用。详情见法规21CFR7.12担保书和法规21CFR7.13担保书的建议表格（FDA，2015b）。

5.2.8 应急许可证管理和罐头食品

食品中不得含有有害微生物，否则FDA将采取措施。这些有害微生物有时是在生产、加工或包装过程中引入的（通常来自食品接触源），应急许可证管理旨在保护公众免受此类型不安全食品的危害。法规21CFR108中的相关内容包括两部分：一般规定，如果食品制造商/加工商/包装商不符合食品在州际贸易中的监管要求，特别是如果任何健康危害是显而易见的（21CFR108.5），则需要许可证；以及关于酸性食品（酸化食品）（21CFR108.25）和低酸罐头食品，这些食品包装在密封容器中，并经过热处理（21CFR108.35）。

当企业需要许可证时，其必须向FDA提交包括相关数据的申请，来表明是否满足食品生产、加工和包装强制性要求和条件，以及是否满足许可证的要求。FDA必须在20个工作日内做出回应：签发或拒签许可证，或者可以通过听证会来讨论是否应该签发许可证。如果FDA发现许可证持有者不符合关于许可证的规定条例和具体要求，则可以暂停其许可证使用。相关生产过程可以继续，但如果FDA要求该产品销售前需取得许可证而未取得的，该产品不得在州际贸易中销售。如果FDA认为企业已满足关于许可证的法规规定和具体要求，则可恢复其许可证的使用。

根据法规21CFR108.25（c）（1）和法规21CFR108.35（C）（1），对于开始生产、加工或包装酸性食品（酸化食品）或低酸化食品（低酸罐头食品）的商业加工商，必须使用FDA 2541表格向CFSAN注册食品罐头企业（FDA，2016g），并提供企业名称，主要营业地点，涉及到的每个位置、酸度和pH控制的处理方法（或具有处理时间和温度的蒸汽杀菌的类型），以及启动10d内每个场所的加工食品清单。

根据法规21CFR108.25（c）（2）和法规21CFR108.35（c）（2），在注册60d内，且在包装任何新产品之前，酸化食品加工商必须提交FDA 2541e表格（酸化方法的食品加工文件），密封容器中热处理低酸罐头食品的加工商必须提交FDA 2541d表格（低酸蒸馏法的食品加工文件）、2541f表格（水分活性/配方控制方法的食品加工文件）或2541g表格（低酸无菌系统的食品加工文件）（FDA，2017c），提供详细说明。

关于酸化食品工艺规程的信息必须包括温度和pH条件，盐、糖和防腐剂含量，以及每个酸化食品和容器尺寸、工艺来源和日期。有关密封容器中包装的低酸罐头食品热处理的信息必须包括加工方法和蒸馏/热处理设备的类型、加工时间和温度，以及工艺充分性的科学证据，包括影响热渗透的关键控制因素以及每个低酸罐头食品和容器尺寸的工艺来源和日期。

处理设备必须遵守工艺规程。在由合格的科学机构使用之前，对先前提交的低酸罐头食品工艺规程的变更必须得到充分的证实，并在首次使用后30d内将其提交给FDA，包括完整的变更说明及显示先前由合格科学机构事先证实的文件证明变更过程的安全性。除非定期安排，否则如果工艺发生唯一的变化，更高的温度或更长的加工时间不受这些要求的约束。时间和温度也可稍高一些来作为安全系数，以确保在不修改工艺规程的情况下达到最低的时间和温度要求。

根据法规21CFR108.25（d）和法规21CFR108.35（d、e）规定，酸化食品和低酸罐头食品加工商必须及时报告损坏物、工艺偏差或任何与"危害健康"微生物相关的污染物状况。酸化食品的处理需要记录，根据法规21CFR108.25（e）和法规21CFR108.35（f）相关规定，尤其需对召回潜在有害产品的计划记录。参与关键操作的人员（如酸化、pH控制、热处理或蒸馏、热/无菌处理，以及包装和容器封闭）应由一名人员监督，该监督人员需完成适当的培训和FDA批准的食品处理和食品保护的培训（培训包括：酸化食品酸化和pH控制过程，低酸罐头食品蒸馏操作，无菌处理，包装和容器封闭检查），关于个人卫生和工厂卫生应符合法规21CFR108.25（f）。根据法规21CFR108.25（g）和法规21CFR108.35（h）要求，记录保留期至少为3年。

这些规定适用于所有加工过的酸化食品和热处理过的低酸罐头食品，这些低酸罐头食品包装在密闭容器中，以供进口到美国（除非没有向外国加工商发出应急许可证，否则潜在的有害食品将被拒绝进入美国）。该法规不适用于USDA管辖范围内任何肉类或家禽的商业加工。根据这些酸化食品和低酸罐头食品计划，某些机密信息不会被公开披露。

5.2.9 密封包装低酸性食品的热处理

法规21CFR113中对低酸性食品（低酸罐头食品）的热处理做出了详细规定，包括基本定义和现行良好操作规范（cGMP），设备和操作规程，容器、封口和加工过程中用料的控制，相关处理和生产记录的详细信息等。这项工作需要对无菌加工和包装要求有清晰的理解。无菌加工要求将经商业灭菌并冷却后的产品装入预先灭菌的容器内，并在无菌环境将产品密封。低酸罐头食品产品包括pH高于4.6的食品（不包括酒精饮料或pH低于4.7的番茄/番茄制品）。蒸汽杀菌设备是食物热处理加工的常用设备，蒸汽杀菌的时间和温度至关重要。向FDA上报并在工厂内遵循的工艺规程必须保证生产出无菌、经热加工、密封的产品，有的工艺规程可能需要使用真空包装。

蒸汽杀菌过程通常需要通过设备上的控制和监控阀门进行可控通风，以在通风过程保持无菌状态。需要建立cGMP（21CFR113.5），操作/检查蒸汽杀菌设备和容器的密封系统，在无菌区生产和包装都需要由经过培训且经验丰富的人员执行。法规21CFR113.40中关于设备和程序的内容如下：

• 蒸汽杀菌器中蒸汽压力处理的设备和程序

- 静止蒸汽杀菌器中水压处理的设备和程序
- 连续搅拌蒸汽杀菌器中蒸汽压力处理的设备和程序
- 不连续搅拌蒸汽杀菌器中蒸汽压力处理的设备和程序
- 不连续搅拌蒸汽杀菌器中水压处理的设备和程序
- 静压蒸汽杀菌器中蒸汽压力处理的设备和程序
- 无菌处理和包装系统
- 火焰消毒器的设备和程序
- 食品热处理的设备和程序，其关键因素为热处理程序中水分活度因素的利用
- 其他

这些章节描述了每种类型的蒸汽杀菌操作的时间、温度和压力关键点的要求，并详细说明了为确保食品安全所需的相关记录（如温度/蒸汽控制，以确保温度误差在1℉[①]或0.5℃以内，可使用温度记录设备）及关于通风和管道的设计（以确保温度传感器/记录设备准确探测蒸汽温度等），包括蒸汽杀菌器中静压处理的详细规格，如下：

- 压力计（如精确到13.8kPa或更低）
- 蒸汽扩散和排放（确保蒸汽杀菌设备内适当的热量分配）
- 在设备内堆放设备/容器（确保符合工艺规程）
- 空气阀、水阀和通风口（防止空气在加工过程中泄漏到蒸馏器中，并且在蒸馏过程开始之前需排出空气等）——规定了几种典型的通风装置和操作程序，其中的图像显示了水平蒸馏器和排出口的排放方向。通过顶部通风口（a）（12）（i）（A）至（a）（12）（i）（D）以及通过溢流管或侧/顶部通风口（a）（12）（ii）（A）和（a）（12）（ii）（B）向大气进行垂直蒸馏通风，以及数据支持适当通风的热量分布的其他程序。

工艺规程应详细说明关键因素，并且应按适当的频率记录这些因素，以确保这些因素在整个过程中保持在规定的限度内（例如，装料或重置，关闭机器上的真空必须是至少每15min测量或记录一次，以确保不超过最大填充重量，并在关闭食品容器时施加适当的真空）。

同样，静止蒸汽杀菌器中压力处理的细节包括关于时间、温度、压力关键措施的详细说明，以及上述论题讨论的关于细微差别的详细规范，目的是解决水蒸馏的特殊要求，特别是保持足够的热量分配的要求（例如，温度控制器必须相对于水面放置，以便准确读数；排水阀和止回阀需要一个水位指示器和带有泵流量信号装置的循环器，以防止水进入空气供应管。在立式杀菌锅中，冷却水应该进入位于侧面的顶部/水平的蒸馏器，并且顶部空间应允许控制水位和蒸馏室外壳顶部之间的气压）。

搅拌蒸汽杀菌器（蒸汽和水、连续和不连续、静压灭菌处理和包装系统）具有类似的压力处理细节，包括有关时间、温度、压力关键措施的详细信息，以及上述论题讨论的关于细微差别的详细规范，用于解决蒸汽杀菌器的转速要求（要求至少每4h记录一次速度或用记录转速计提供连续的转速记录）。蒸汽杀菌器在操作期间出现堵塞或断裂状况，或者出现温度低于工艺规程的要求，则操作必须紧急停止（停止期间的操作必须记录，如完全静止的蒸馏过程必须确保产品通过替代方法处理以保持其处于无菌状态）。

过滤器需要为气动温度控制器提供干净、干燥的空气，并且灭菌产品区域压力必须大于蓄热器中未灭菌产品区域压力，蓄热器利用热交换系统对低温的未灭菌产品进行加热。蒸汽气流从灭菌产品区域向未灭菌产品区域流动。应安装一个精确到13.8kPa的差压记录仪。为确保准确性，传感器和记录仪必须在初次安装，以及至少每运行3个月时进行一次精度测试。流量控制、导流系统、固定管和下游设备都必须进行优化，以保证灭菌产品保持无菌状态。在系统启动和运行期间，必须对密封件或隔离设施进行监控，以确保无菌食品生产系统的无菌完整性。

受污染的食品必须从可能受到损害的生产线中分离出来，并且把该食品与工艺规程的偏差记录下来（例

---

① 1℉≈17.2℃。——译者注

如，在热交换蓄热器中，记录从无菌产品中分离非无菌物质压力差的破坏，记录无菌缓冲罐中的无菌气压破坏）。直到分析出所记录的压力和温度不当的原因并对其进行纠正，系统已恢复到确保产品无菌和食品安全的状态后，设备才可重新使用。无菌包装操作需要记录每小时的温度、压力、流速，以及蒸汽密封等适当性能。

容器灭菌、灌装和关闭操作必须进行检测，至少每小时记录一次每批介质流速、温度、浓度、容器关闭率和灭菌条件，关键因素至少每15min记录一次。至于其他程序，在开始操作前设备必须处于无菌状态，一旦出现无菌状态受到破坏的情况要立即停止操作，每次无菌状态受到破坏导致产品受污染的情况都需要分别进行文件记录。代表性样品需进行培养，并测试相关微生物生长情况，并记录测试结果。

关于火焰灭菌器，至少每小时记录一次传送带速度以满足工艺规程。保证火焰强度和传送带速度的稳定，尤其注意入口和出口的温度，时刻记录每个通道容器的表面温度，且在每15min内温度保持在工艺规程中规定的温度。

在密封容器中用于低酸罐头食品热处理的其他系统必须使用工艺规程中规定的适当方法和控制装置，以确保商业无菌。

容器和容器封闭是FCS关注的特殊部分，容器封闭过程的一些细节在法规21CFR113.60中有详细说明。培训的人员对容器封闭进行的目视检查和观察需做记录，以便从每个封闭处随机选择容器。严重的闭合缺陷必须记录下来并对其做相关调整。双缝罐需至少每30min检查一次，以进行打磨、在交叉处连接，以及埋头孔（破碎块）。封口机的任何堵塞或调整都需要额外的目视闭合检查，任何违规行为都需要采取纠正措施，也需要完整的文件记录。双缝罐至少每隔4h进行拆卸检查，以确保每个接缝处的接缝完整性。测量要素包括盖钩、主体钩、宽度（长度、高度）、紧密度（观察是否起皱）、投影面积（按mm计算）。真空密闭玻璃容器的封盖效率必须包括在实际填充之前进行冷水排空测量。其他封闭件需要进行适当的详细检查和测试，需具有相关的测试频率记录和所有测试结果记录，以确保封闭器性能的准确性和密封生产的可靠性。

在生产过程中，容器冷却水必须在所有冷却管道或循环水供应中经消毒或氯化，并且必须在排水点处找到可测量的消毒剂残留物。食品容器必须对产品、包装设施、日期进行可视化编码。包装期限代码必须标识出售和分销的批次，并且每4h或每次换班时更换一次。无论是罐封口机还是其他封闭物，在后处理过程中应该保护容器封闭物，以确保容器封闭完整性（例如，应监控和更换传送带和垫子等搬运设备，以防损坏容器）。

产品制备在法规21CFR113.81中规定，在用于低酸罐头食品加工之前需要对易受微生物影响的原材料和成分进行仔细考虑和检查。在产品制备和加工过程中，应仔细控制热烫、灌装、排气、保持pH以及防止微生物生长的关键因素。在法规21CFR113.83中规定了低酸罐头食品工艺规程的设计方法，对密封容器中低酸罐头食品的热处理由具有专业知识的合格人员操作。工艺规程应详述热力杀菌的关键因素和科学方法（例如，微生物热死亡时间数据，对产品热渗透数据的计算）也应考虑在商业生产中遇到的预期变化。设计工艺规程时要对生产容器进行细菌繁殖试验，试验应包括模拟测试试验和至少四次的成品测试试验。容器的数量必须用科学的方法来确定，确保在工艺规程中容器数量的充足。关于制定规程以及孵化测试/结果的所有方面必须记录并永久保留。

工艺规程必须随时可用或张贴在热处理室中（21CFR113.87），产品必须在未灭菌的情况下流经该室。用于贮藏和移动产品的设备或其中的单个容器应使用热敏指示器清楚地标识或标记，以便在视觉上看出哪些产品已经过蒸馏，哪些产品没有，并且应记录这些指示器的观察结果，以确保每个装置都经过蒸馏。温度、时间、蒸汽供应以及消声器、泄放器和通风口等设备都应确保遵循工艺规程。

出现偏差则要求对受影响的食品进行全面再加工或将其留出来进行潜在的公共卫生意义的进一步评估，并且应保留完整的记录。偏差产品必须经过商业消毒或将其销毁。另外存在偏差的每个过程都应保留单独的文件记录或日志，包括未能满足工艺规程的最低要求，堵塞、故障和其他紧急情况，以及采取的相关措施。

在加工和生产时，需要相关记录和报告（21CFR113.100），记录内容包括："产品、代码、日期、蒸馏或加工系统编号、容器尺寸、每个编码间隔的容器近似数量、初始温度、实际处理时间、用于读数的温度指示器和温度记录仪，以及其他适当的处理数据。真空包装产品中的封闭机真空度、最大填充量、排出质量，或工艺规程中指定的其他关键因素都应记录。"蒸馏器、无菌处理、火焰消毒器以及其他加工系统的特殊要求需要附加记录（如蒸汽开关、升温时间、排气时间、排气温度、蒸馏速度、产品温度、产品流速、压差、表面温度、保持时间）。

温度记录、其他加工，以及生产记录应由加工系统操作员或指定人员在实际加工24h内以及产品发布分销前签名并注明日期。相关人员必须审查这些记录的完整性，由审阅者签名并注明日期。

需要记录规定温度和参考设备精度。这包括记录设备标识，制造商、参考设备名称的准确性测试，人员或设施进行精度测试，调整、校准日期，每个测试的结果和校准调整量以及下一次精度测试的日期。容器封闭检查记录必须注明产品代码、检查日期/时间、测量和纠正措施，以及检查员和管理审查员的签名和日期。初始分配法的记录必须保存，以隔离可能被污染或不适合其预期用途的食品批次（如在召回情况下）。所有记录的副本必须保存3年。

5.2.10 酸化食品

法规21CFR114中包含的酸化食品条例审查cGMP、人员、流程和管理权以及由合格人员制定的工艺规程、方法，并保留相关记录来满足监管要求。酸性食品的天然pH为4.6或更低（不包括低酸罐头食品）。此外，FDA认为碳酸饮料、果酱、果冻、蜜饯、食品调味品、调味酱和冷藏食品不属于酸化食品。酸化食品是添加酸性添加剂的低酸性食品（低酸罐头食品）（如豆类、黄瓜、圆白菜、朝鲜蓟、菜花、布丁、辣椒、热带水果和鱼是酸化食品）。酸化食品的pH已平衡到4.6或更低，通常称其为"腌制"食品。

在生产酸化食品时，应选择一个预定规程以防止食品中有害微生物的生长。鉴于生产环境，该预定规程必须满足生产需要，生产出一种食品，这种食品的pH和其他关键因素需控制到由主管加工机构根据法规21CFR114.3要求的水平。根据法规21CFR114.80（a）规定，制造商必须具备质量控制体系，以防止成品对消费者健康造成危害。部分体系应确保成品中pH稳定在4.6或更低，并使用足够的热量和时间或使用批准的防腐剂来杀死微生物，这些微生物在贮藏和分配过程中可能会繁殖。测试计划和测试结果的记录必须证明对这些过程的充分控制。例如，对pH大于4.0的食品使用电位滴定法，如果pH为4.0或更小，则使用其他比色法或可滴定酸度法。在食品生产中使用的碱液、石灰或类似的高pH材料需要适当的处理。

该法规包括酸化步骤的实例，该实例包括在维护得当的酸性水溶液中烫漂/浸渍，以及将酸或酸性食品直接添加到特定量的待酸化食品中（注意：对于食品酸化，液体酸可能比固体更有效）。食品容器必须明显标有产品、包装设施、日期的代码。包装期限代码必须标识出供销售和分销的批次，每4~5h或每换班时更换一次，并对此过程进行监控，以确保该过程不会泄漏有害物质或污染食品。

与酸化食品工艺规程存在偏差或pH高于4.6的食品都要求使用由主管加工机构制定的工艺对食品进行再加工，以确保产品安全，或根据法规21CFR113将该食品重新加工为低酸罐头食品，或将其留出用于进一步评估和销毁。所有评估和结果必须具有文档记录，包括批次中保留的偏差描述、测试步骤和测试结果。一旦经过充分的再加工并被视为是安全食品，或在由合格的专家证明不存在不安全的公共卫生危害后，食品可被纳入正常分配中。如果这些再加工活动没有完成，并且没有适当的文件记录，食品应该被销毁。

法规21CFR114.90中描述了测定酸碱度的方法，包括电位计和酸度计的细节（包括如何保养酸碱度电极、避免损坏和检测老化、或电极结垢以及酸度计的正确操作和用于酸度计测量的样品的制备）。准确的pH测量需要仔细注意温度（保持在20~30℃），pH精确到0.1个pH单位。用适当的缓冲液稳定酸碱度设备并使设备标准化的细节可参考"美国分析化学家协会"（AOAC）《AOAC分析法》第13版（1980），第50.007（c）节"校准酸碱度设备的缓冲溶液——官方最终行动"。应先使用pH为4.0，再使用pH7.0标准缓冲液对酸度计进行评估，扩展的刻度/数值范围可包括pH3.0或5.0标准缓冲液和pH9.18硼酸盐缓冲液，以使仪器标准化（首先到PH为4.0缓冲液，然后仪器读数必须在pH9.18缓冲液的±0.13个pH单位内）。

应准备好测量酸碱度的样品，以便进行精确测量。例如，酸度不同的固体和液体成分的混合物可通过将酸碱度电极浸入食品糊中来均匀混合和测量。或者，将固体/液体成分分开，并分别称重以及分别测量酸碱度

（pH）（注：固体混合成均匀的糊状物应去除油层，避免污染pH电极），然后在固体和液体部分以与原始容器相同的比例再次均匀混合在一起后，应再次测定酸碱度。当将固体混合成均匀的糊状物时，每100g食品中最多可加入20mL蒸馏水。

比色指示剂溶液和比色纸以及可滴定酸的方法适用于pH小于4.0的食品。《AOAC分析法》第13版（1980）第22.060节，"可滴定酸——官方最终行动"的"指示剂法"，第22.061节"玻璃电极方法——官方最终行动"和第50.032~50.035节"氢氧化钠——官方最终行动"，根据FDA规定，用"标准氢氧化钾邻苯二甲酸钾法"滴定氢氧化钠溶液并使其符合标准的方法可供参考。

应按照法规21CFR114.100的规定保存记录，记录内容如下：
• 检查（原材料和成品、包装材料、供应商的担保书/认证）
• 根据工艺规程，在加工/生产时测量pH，评估食品安全性的关键因素，记录产品代码、日期、容器尺寸等，以便对每批次的健康危害分析
• 与预定流程的偏差（单独的文件/日志以及针对每个受影响的批次的每个分离部分采取的相应操作/处置以及FDA报告详情）
• 成品的初始分配和批次分离（可以召回被确定为污染或不适合预定用途的食物）
这些记录的副本必须保留在加工现场或其他合理的位置，自生产之日起至少保留3年。

5.3 食品接触材料指导文件

在4118份FDA指导文件中搜索"食品接触"一词，可查到相关的指导文件、相关表格和相关网站（表5.1）。

FDA还为调查人员和FDA人员发布了几份具体的检查指南和参考材料。例如，以下网站提供了关于无菌处理和低酸罐头食品程序的检查指南：

• 食品行业的无菌加工和包装，网址：http://www.fda.gov/ICECI/Inspections/InspectionGuides/ucm074946.htm本指南描述了食品生产检验的复杂性。食品生产时，FDA将检查其控制管、下游设备，包括填充物、包装设备和材料，以确保产品和系统的无菌性。

• 低酸罐头食品制造商的管理、流程、容器封闭信息，网址：http://www.fda.gov/ICECI/Inspections/InspectionGuides/ucm074992.htm;http://www.fda.gov/ICECI/Inspections/InspectionGuides/ucm074995.htm;andhttp://wwwfda.gov/ICECI/Inspections/InspectionGuides/ucm074999.htm。

表5.1 食品接触物质指导文件

环境评估			
标题（链接）	日期	主题	草案/定案
关于接触婴幼儿配方乳粉或人乳的FCS的预先食品接触通告 （https://www.fda.gov/Food/GuidanceRegulation/GuidanceDocumentsRegulatoryInformation/ucm528215.htm）	2016年11月7日		草案
食品接触物质的上市前提交的通告：化学建议 （http://www.fda.gov/Food/GuidanceRegulation/GuidanceDocumentsRegulatoryInformation/ucm081818.htm）	2008年6月30日	食品安全	定案
准备一份关于隐形眼镜或隐形眼镜上使用的着色剂申请书，提交至CFSAN （https://www.fda.gov/ForIndustry/ColorAdditives/GuidanceComplianceRegulatoryInformation/ucm054076.htm）	2006年5月9日	安全，电子提交	定案
FCS的预先通告：毒理学建议 （http://www.fda.gov/Food/GuidanceRegulation/GuidanceDocumentsRegulatoryInformation/ucm081825.htm）	2004年11月30日；1999年9月；2002年4月		定案

续表

环境评估			
标题（链接）	日期	主题	草案/定案
FCS的预先通告 （http://www.fda.gov/Food/GuidanceRegulation/GuidanceDocumentsRegulatoryInformation/ucm081807.htm） FDA 3480表格——FCS新用途的通告 （https://www.fda.gov/downloads/AboutFDA/ReportsManualsForms/Forms/UCM076880.pdf） FDA 3479表格——食品接触配方通告 （https://www.fda.gov/download/AboutFDA/ReportsManualsForms//ucm076875.pdf）	2000年6月 （2002年5月1日修订）	管理程序，食品安全	定案
CPG Sec.350.100包装技术和防伪包装的要求：隐形眼镜溶液和平板电脑 （https://www.fda.gov/ICECI/ComplianceManuals/CompliancePolicyGuidanceManual / ucm073904.htm）	1988年11月21日		定案
CPG Sec.555.250政策声明：常见的食物过敏原标签和防止交叉接触 （https://www.fda.gov/ICECI/ComplianceManuals/CompliancePolicyGuidanceManual/ucm074552.htm）	2001年4月		定案
评估生产工艺重大变化的影响，包括新兴市场技术；关于食品配料和食品接触材料的安全和监管状况，含有着色剂的食品成分 （http://www.fda.gov/Food/GuidanceRegulation/GuidanceDocumentsRegulatoryInformation/ucm300661.htm或http://www.fda.gov/downloads/Cosmetics/GuidanceRegulation/GuidanceDocuments/UCM300927.pdf）	2014年6月	食品安全，纳米技术	定案
人类食品中和人类直接接触动物食品的沙门菌的检测 （https://www.fda.gov/Food/GuidanceRegulation/GuidanceDocumentsRegulatoryInformation/ucm295271.htm）	2012年3月	食品安全	定案
根据21CFR170.39食品接触制品所用材料的规定阈值 （www.fda.gov/Food/GuidanceRegulation/GuidanceDocumentsRegulatoryInformation/ngredientsAdditivesGRASPackaging/ucm081833.htm）	2005年4月 （1996年3月；2005年4月 修订）	法规阈值	定案
食品包装中再生塑料的使用：化学考虑因素 （https://www.fda.gov/Food/GuidanceRegulation/GuidanceDocumentsRegulatoryInformation/ucm120762.htm）	2006年8月	食品包装	定案
估计膳食中物质摄入量 ［https://www（EDI）fda.gov/Food/GuidanceRegulation/GuidanceDocumentsRegulatoryInformation/ucm074725.htm］	2006年8月	评估膳食摄入量	定案
进口警示99-12（罐装铅焊料） （http://www.accessdata.fda.gov/cms_ia/importalert_260.html）	2017年2月24日	1995年6月27日颁布最终规定（1995年12月27日生效）禁止在食品罐中铅焊料残留	定案
双酚A（BPA）：在FCS中的应用 （http://www.fda.gov/food/ingredientspackaginglabeling/foodadditivesingredients/ucm064437.htm）	2014年11月	食品安全	定案
准备类别排除声明或环境评估提交至CFSAN （http://www.fda.gov/food/guidanceregulation/guidancedocumentsregulatoryinformation/ucm081049.htm）	2006年5月		定案
酸化和低酸罐头食品商业处理指南 （http://www.fda.gov/food/guidanceregulation/guidancedocumentsregulatoryinformation/acidifiedlacf/default.htm; http://www.fda.gov/food/guidanceregulation/guidancedocumentsregulatoryinformation/acidifiedlacf/ucm2007956.htm）			

此外，FDA还建立了一个名为"检查技术指南"的网站：http://www.fda.gov/ICECI/Inspections/InspectionGuides/InspectionTechnicalGuides/default.htm。网站包括了从罐头工厂的蒸汽形成到反渗透的各种主题和检查指南（例如，http://www.fda.gov/ICECI/Inspections/InspectionGuides/InspectionTechnicalGuides/default.htm包括诸如"过敏源检查指南"和"产品种养殖调查指南"之类的主题），以下指导文件会进行更详细地阐述。

5.3.1　FDA 2541表格指南

该FDA指导文件题为《以电子或书面形式向FDA提交FDA 2541（食品罐头企业注册）、FDA 2541d、FDA 2541e、FDA 2541f和FDA 2541g（食品加工归档表格）》，描述了对注册和流程归档提交的要求，以及FDA对新加工方法或设备的评估过程。该指南给出了电子版提交的门户网站，包括：FDA的行业系统、统一注册列表系统、酸化食品和低酸罐头食品电子注册系统和食品设施注册（FFR）系统。术语"FFR"经常与术语"T法案注册"互换使用。该指南还给出了创建FDA账户的流程、注册设备、提交备案表流程以及如何完成对某些注册信息变更。法规21CFR108要求酸化食品和低酸罐头食品的加工设备需使用FDA2541表格向FDA注册，根据FDCA第415节要求，同时还必须在FFR系统下使用FDA 3537表格向FDA注册。

5.3.2　生产工艺重大变化的影响

FDA一份题为"评估重大生产工艺重大变化（包括新兴技术）对食品成分和FCS（包括作为着色剂的食品成分）的安全和监管状况的影响，"指导文件描述了如何评估市场上生产过程中食品原料的变化，从而明确是否需要采取监管措施。如果任何单独变化或总变化影响到了食品的安全或监管状况，则认定为具有显著影响。例如，更改以下任何一项，都会对与相关产品造成重大影响：

- 原材料
- 原材料浓度
- 催化剂
- 微生物源（如发酵微生物）
- 食品制造或配料技术（如粒度分布）
- 制造地点

食品特性包括制造工艺、物质名称、识别号、化学式、来源、定量成分、杂质、理化性质。制造过程的重大变化可能会改变食品的特性或安全性。特性或使用条件的重大变化也可能改变该物质的监管状态，该物质可能因该种变化而不能再被视作食品添加剂、GRAS物质或FCS。例如，食品接触聚合物催化剂的变化可能改变食品的特性，或者可能使污染物从聚合物迁移到食品。

对于已生效FCN的FCS，当对FCS规范进行实质性修改或生产变化导致产品标识或杂质概况发生实质性变化时，应提交新的通知。考虑到生产工艺变化，对其进行安全评估至关重要。最终，制造商必须确保食品成分的预期用途是安全的，并在所有生产工艺修改后仍满足所有法规要求。

5.3.3　食品接触材料中所用物质的法规阈值

FDA指导文件《法规21CFR 170.39项下FCS中所用物质的法规阈值的提交要求》描述了如果从食品包装或食品加工设备迁移的物质含量预计低于TOR要求时，则TOR要求FCS免受FDA法规的约束。提交要求如下：

- 要求的四份副本。
- 物质的化学成分。

- 如果有的话，提供CAS编号①。
- 预期的工艺效果（如催化、乳化）。
- 详细的使用条件（如温度、接触食品类型、接触持续时间、单次或多次使用）。
- 证明接触物质的膳食浓度（DC）将低于0.5mg/kg，或直接食品添加剂摄入量低于每日允许摄入量（ADI）的1%。
- 提供可供FDA根据拟议用途估算膳食摄入量的数据，包括经过验证的迁移数据和成品中所用物质或残留物质的水平。
- 物品使用寿命内重复接触食品表面的分析方法。
- 现有毒理学信息的文献检索结果。
- 环境评估或对环境评估要求的豁免声明。

FDA不要求家庭和餐馆使用FCS提交数据。

5.3.4 再生塑料在食品包装中的使用

FDA指导文件《食品包装中使用再生塑料：考虑化学因素》详述了FDA关于用再生塑料生产FCS的建议。本指南不包括相同包装在原始形式下的重复使用，也不包括任何关于微生物污染或回收塑料结构完整性的问题。FDA指出消费后接触过食品的玻璃和金属回收产品的污染不是"主要问题"，因为这些材料不透水，且回收过程中经过高温处理。此外，如果再生纤维的纸浆符合法规21CFR176.260的标准，再生纸产品可用于食品接触。

FDA对再生塑料的担忧不同于对玻璃、金属、纸张的担忧，因为FCS中使用的再生塑料中的化学污染物可能会迁移到食品中。由再生塑料和新塑料制成的FCS必须具备可接受的纯度才能满足预期用途，并且这些材料应符合法规21CFR174~179中规定的规格，包括要求的试验和评估程序。例如，法规21CFR174.5（a）（2）规定：用作与食品接触的物品成分的物质应具有适合其预期用途的纯度。该指南重点介绍了回收塑料包装的方法，以及测量和去除消费后塑料材料中存在的化学污染物残留物。

美国环保署在1991年定义了塑料包装回收的三种方法：

- 一次回收：是指利用消费前废料包装（"家用废料"）来制造新包装。
- 二次回收：是指利用物理方法（破碎、熔化和重塑）对消费后包装进行再加工，形成新的包装。
- 三次回收：是指利用化学方法对消费后包装进行处理来分离特定的纯化成分，再进一步深加工（如解聚和再聚合），来制造新的包装。

FDA从1992年到2006年在食品包装指南中对再生塑料进行了改进，在回收过程评估中考虑了更多的替代污染物选择。该指南更新了非食品接触再生塑料（如肥皂、洗发剂、机油），并删除聚对苯二甲酸乙二醇酯（PET）、聚萘二甲酸乙二醇酯的三次回收工艺数据以及用于PET回收的重金属污染物替代试验。更新后的指南允许将0.05作为"用于任何可循环用于食品接触用途的再生塑料"的默认消耗系数（CF）。

当新的食品包装产品遵循GMP时，CFS生产中的消费前废料包装对消费者造成的风险最小，因为这些产品没有分发给消费者供他们使用或接触。

消费后包装材料的物理再加工允许聚合物在再加工期间保持完整，并且材料破碎通常在熔化和重塑之前经历洗涤处理来去除污染物。粒径可能会影响洗涤效果，不同聚合物的混合物在熔化和重塑过程中可能影响污染物水平。应控制和减少污染物，来满足食品包装中预期用途所需的纯度水平。此外，在物理再处理过程中可能需要使用添加剂（如抗氧化剂、加工助剂、助剂），添加剂的类型和数量必须符合所有规定，并且不得与塑料

---

① 美国化学会的下设组织化学文摘社（CAS）为每一种出现在文献中的物质分配一个CAS编号，这是为了避免化学物质有多种名称的麻烦，使数据库的检索更为方便。其缩写CAS在生物化学上便成为物质唯一识别码的代称，相当于每一种化学物质都拥有了自己的"学号"。如今的化学数据库普遍都可以用CAS编号检索。——译者注

中已有的助剂反应形成新的或不安全的物质。使用新添加剂或未批准的现有添加剂需要通过FCN或FAP认证。

FDA建议控制消费后聚合物来源，对进入再循环的消费后材料进行适当的分类，对新包装的使用或食品类型作出限制（例如，在室温或低于室温的条件下使用，在干燥或含水食品中使用或与干燥或含水食品一起使用）。分类程序应确保不同类型的包装在回收过程中保持分离（例如，FCS和非FCS不应混合在一起；仅批准用于水性食品或冰箱的塑料不应与在高温条件下与高脂肪食品一起使用的塑料混合，因为所得食品接触制品不再符合现行法规）。该指南建议进行分类，以便"仅对单个特征容器进行再处理"，例如在单个设置中对PET聚酯瓶进行再处理。这些类型的问题应该在任何FDA关于回收食品包装材料的沟通中讨论。

化学毒素虽然风险很低，但可以通过二次和三次回收过程携带，FDA通过风险概率（类似于TOR方法）而不是检查每种化合物的方式来评估这些痕量污染物的风险。该指南建议根据再生塑料中发现的化学污染物的每日估计最高摄入量（EDI）推荐消耗因子（CF）。特别是，FDA通常认为EDI低于1.5 μg/（人·d）（0.5 mg/kg DC）时，回收塑料污染物迁移到食品中是可忽略的风险水平。作为本指南的一部分，FDA邀请制造FCS的塑料回收商将其回收流程提交给FDA食品添加剂安全办公室，进行审查和评估。该指南提供了用于确定膳食暴露的示例计算（如污染物）。许多因素影响这些计算，包括CF或DC聚合物密度和包装厚度。

鼓励制造商通过二次或三次回收过程评估污染物去除效果，方法是将塑料容器或包装置于替代污染物（如杀虫剂或其他有毒化学品）中，对塑料容器进行回收，然后测量污染物含量。替代污染物应包括五种典型的消费材料，每组一种替代品：挥发性极性有机物、挥发性非极性有机物、非挥发性极性有机物、非挥发性非极性有机物和重金属盐（PET除外）。FDA报告说，"与有机小分子不同，金属盐不容易吸附到聚酯（PET）中，而且……盐更容易从聚酯中洗掉，可能是因为它们仅仅吸附在聚酯表面。"因此，聚酯塑料食品容器不需要重金属替代试验，但对于其他塑料类型仍然需要做重金属替代试验。该指南还提供了在评估每种污染物的去除效果之前将塑料暴露于污染物中的方法。

由于非食品容器可能会被回收到FCS中，并且夹杂量不断增多；因此，FDA建议在消费后回收塑料制造食品接触包装时作最坏的污染假设。值得注意的是，FDA建议回收塑料也可以作为多层食品包装的一部分。再生塑料可以通过阻挡层（如铝箔）与食品分离，该阻挡层用于有效地将污染物EDI从包装的回收塑料部分减少至≤1.5 μg/（人·d）。

该指南提供了替代污染物在塑料里的吸附模型和参考文献，来帮助读者理解回收食品接触包装的应用和描述的注意事项。总的来说，该指南提供了在食品接触包装中使用回收塑料时要考虑的主要因素。

5.3.5 食品中膳食成分摄入量评估

FDA指导文件《食品中膳食成分摄入量评估》描述了关于食品中成分和杂质的评估方法。这种对杂质的评估对于理解FCS法规尤其重要，因为食品接触包装中的杂质可能存在于食品中，必须对其进行评估以符合法规要求。其他类型的食品污染物包括制造过程中的化学过程产生的残留物，以及天然存在的环境污染物，如谷物中的黄曲霉毒素，这些污染物应直接估算或测量，来满足生产线上的监管和质量体系要求。

为了工艺效果，在FDA提交的与添加到食品中的物质（无论是作为另一种添加物质的成分，还是作为食物中非预期的污染物）的安全性有关的文件中可能需要使用EDI。FDA要求FAP/CAP和GRAS的上市前批准的提交材料包含EDI计算，并确定在何种情况下食物品将被视为掺杂，特别是如果食品含有任何可能对健康产生危害的有毒有害物质……记住，食品安全性至少取决于两个关键决定因素：所消耗的物质的类型和数量；观察到的不良反应水平。该指南提供了两个有关安全性的实例：（1）纯净水本质上被认为是安全的，除非过量摄入导致的电解质不平衡时可能致命；（2）浓硫酸会腐蚀人体皮肤，但在用于加工酒精饮料或干酪时被认为是GRAS。

该指南描述了测定食品和着色剂、GRAS成分和其他物质（包括食品中的杂质）摄入量的实验方法；然而，在实际水平上，配料的EDI由申请人或通知人针对特定用途提出，而杂质是通过实验确定的。该指南附录中提供了EDI计算方法的详细示例。

任何EDI计算的第一步都是收集食物中的物质浓度及食物消费量。浓度通常是食品中所测得的最大预期使用量或物质量或规格限值（如铅等重金属）。浓度从检测限以下到定量上限不等，当FDA或其他机构审查EDI数据时，会充分考虑所使用的分析方法。请记住，一种物质的浓度在一个有机体中可能会有所不同，在确定食品中的物质浓度时，应仔细考虑其可食用部分。

食品消费数据可从多种来源获得，包括：调查、食物或食品成分消耗数据、重复的膳食研究、FDA总膳食研究、USDA对个人食物摄入量的持续调查、国家健康和营养检查调查以及生物标志物的融合。食品消费调查包括：食物记录、饮食日记、饮食频率问卷和饮食历史，这些都是常用方法，而排泄物测定则很少被用于评估食品消费。此外，还应考虑那些食用或不食用不同食物类型的人之间的区别，该指南审查了许多可用食品消费中提供的相关数据。

EDI的第二步是评估每种食品中特定物质的浓度。特定物质的摄入量评估示例包括具有已知物质浓度数据的一次性使用添加剂。EDI是包含该物质的食品数量、食品暴露频率或进食次数的函数，每种食品中物质的份量和浓度以及调查的天数。值得注意的是，可能需要单独考虑亚群（例如，婴幼儿配方乳粉或者对孕妇有毒的物质的EDI可能需要分别考虑婴幼儿或有生育潜力妇女的摄入量）。对于食品安全评估，食品摄入量评估应考虑慢性（多日或终生）和急性（单次或单天）摄入估算。需要对数据进行统计分析，来确保食品摄入汇总数据的合理性以及明确评估百分制摄入量。该指南提供了几种统计方法，可用于评估数据分析和基于计算机模型和模拟的开发，以及添加剂、加工助剂、化学污染物等的几个实例。

总之，该指南概述了评估食品摄入量来确定对特定成分或杂质的暴露程度的方法。

5.3.6 双酚A在食品接触材料中的应用

FDA指导性文件《双酚A（BPA）：在FCS中的应用》描述了FDA对食品容器和包装中的双酚A现存水平的安全评估。双酚A于20世纪60年代获批用于聚碳酸酯饮料瓶和金属罐内层中，来确保食品不与金属表面直接接触。公众对双酚A迁移到包装食品中的潜在毒性作用的关注促使FDA国家毒理学研究中心和国家毒理学计划对其进行了测定。2014年，FDA专家审查了300多项与BPA相关的科学研究，并总结了食品包装中双酚A的安全性评估并未进行修订。FDA也正在进行一系列关于双酚A影响食品的研究，这些研究尚未证实双酚A的去除效应。

由于双酚A的上述用途已经被废弃，为回应美国化学理事会2012年提交的FAP，FDA修改其规定："不再提供在婴儿奶瓶和吸管杯中使用基于BPA的聚碳酸酯树脂。"2013年马萨诸塞州国会议员爱德华马基对提交FAP的回应：不再允许"基于BPA的环氧树脂作为婴儿配方乳粉包装中的涂料"。FDA继续监控与BPA相关的安全证据，此网页提供了关于BPA在食品包装中的使用和安全性简明的背景，以及继续努力监测BPA安全性的细节。

5.4 警告信案例

数百封警告信均涉及FCS，但仅有2例确定违反食品接触通告：一例是在食品制作中使用报纸，另一例是在草本茶制剂中添加不安全的麻黄素作为食品添加剂。同时大多数的警告信中涉及到罐头食品。以下所述案例概述了食品接触通告中违规行为。

5.4.1 美国案例

5.4.1.1 报纸不应用作食物接触物质

FDA监察员报道了在美国俄勒冈州（FDA，2011a）一家食品生产企业违反了食品生产cGMP操作6种行为，导致多数产品为残次品，检查员已向该企业发出警告信。该6种违规行为包括：

（1）按照法规21CFR110.37（a）要求，企业未能出示在食品生产过程中设备清洁、人员洗手等清洁记录。警告信如此描述："最近的水龙头开关安装在楼上的洗手间"。

（2）食品生产员工不能保证所有操作符合卫生生产要求，法规21CFR110.10（b）要求手脏时要随时洗手。警告信中这样描述："员工抠鼻子、缕头发，随后不洗手直接继续进行食品生产相关操作。"警告信中还写道：

"保证食品不受微生物和外来物质污染，外来物质不限于身体汗液、头发、化妆品、烟丝，还包括在皮肤表面的化学物品和药品。"一位员工在切葱时绷带包扎的手指外露，违反法规21CFR110.10（b）（9）要求。警告信中描述到："绷带包扎是细菌最易聚集地，再怎么清洁和消毒也没用。"

（3）未按照法规21CFR110.35（d）（5）要求采取有效的卫生消毒措施。警告信中写道："员工仅简单用水冲洗器械表面和餐具，未使用任何杀菌消毒剂或香皂。"

（4）未能按照法规21CFR110.80（b）（5）要求加工生产无污染食品。处理韭菜就是把韭菜放在一个很脏的普通垃圾桶上，而垃圾桶上灰尘堆积，处理完就打包分装。

（5）未按法规21CFR110.40（b）规定使用清洁仪器。用报纸直接包裹食材，未按照规定冷藏食材，报纸不易清洗和消毒，也因此易携带细菌，不能用作食品接触物质。

（6）未按照法规21CFR110.20（b）（1）规定提供充足的设备使用和存放空间。尤其是消毒设备，因为放置盒、箱和其他杂物的地方靠近食品生产区域，这些地方最易滋生细菌而且很难控制。

这是一封典型的带有指导性的警告信，里面有关于如何改正违规操作的指示，没有出现扣押和禁制令。

5.4.1.2 存在潜在危害的食品添加剂

另一封已发布的企业警告信是关于传统中式凉茶中含有麻黄素，而麻黄素在美国被视为心血管禁用药物而被禁止添加在食品中。FDA发现麻黄素还存在于其他类似茶饮品中。警告信中引用了国家医学数据中心的检测数据来证实麻黄素能够诱发死亡或者致瘫等高风险疾病，如高血压、心肌梗死、猝死、脑卒中等。由于麻黄能够促子宫收缩，因此孕妇禁忌。另外，食品标签不符合法规21CFR101.9要求，因为食物添加剂（如在饮料中）必须符合食品添加剂管理条例和FDA的特殊使用许可，除非食物添加剂获得GRAS（21CFR170）或FAP豁免。此外，食品成分未在醒目位置注明，且每日摄入量未明确说明，其中包括禁用的牛磺酸和麻黄粉［21CFR101.9（c）、21CFR101.9（d）（8）和21CFR101.9（9）］。

麻黄属于兴奋类药物和食品强化剂，不属于FCS，禁止在饮料中添加。因此茶饮中含有麻黄会被美国认为标签违规。

FDA要求采取有效措施对传统茶饮的贸易进行监管，来防止出现意外事件。

5.4.1.3 因李斯特菌污染而暂停食品设施注册

FDA网站标题为《FDA暂停SM集团食品设施注册》的警告信描述了2011年在FSMA授权下，FDA出于战略协调和疫情应对考量，采取暂停该集团食品设施注册行为。这家即食水产品生产厂接到了暂停运营的命令。《命令：暂停食品设施注册》（FDA，2016i）中描述了"广泛存在且持续存在的李斯特菌污染"，当食用李斯特菌污染的食品时，可能对人具有致命性危害。此外，还公开了FDA 483表格的观察结果（FDA，2016）。FDA公布称多区域李斯特菌检测结果均呈阳性，其中包括FCS。公司因此召回部分即食（RTE）产品，停止生产并修订了清洁和卫生程序的操作。然而，FDA再次检查时，在食品直接接触面仍能检测到李斯特菌。只有当FDA确定来自该企业的食品不会对人体造成严重不良影响或死亡时，FDA才会恢复该企业的注册资质。该公司被指控严重违反cGMP要求，清洁和消毒程序不完善，致病性李斯特菌在整个生产空间内弥漫。因为李斯特菌气溶胶在空气中停留数小时后，可能重新污染以前清洗/消毒过的食品接触表面。此外，发现蚊蝇停留在切菜板上，死苍蝇洒落在地板上，损坏的设备未修复，空调冷凝水漏在食品准备区随处可见。

5.4.1.4 与紫花苜蓿芽有关的大肠杆菌O157感染

在FDA网站上有另一例关于食品接触材料违规的警告信，警告信题为《FDA调查了多州爆发的大肠杆菌O157感染，这些感染与来自杰克和绿芽的苜蓿芽有关》。美国疾病控制和预防中心与FDA以及地方官员一起参与了疫情调查：在威斯康辛州和明尼苏达州有11人感染，其中2人住院治疗。所有紫花苜蓿和紫花苜蓿洋葱制品均被召回，同时告知消费者不能食用被召回的食品，并且告知各餐馆和零销商注意此类食品可能含有致病菌。FDA和CDC要求修改食品生产标准操作程序（SOP），做足准备工作防止食品加工过程中设备和环境带来的交叉污染。提列出以下几点：

• 清洗、消毒厨具和冰箱等容易污染食品的地方。

- 清洗、消毒用于准备和贮藏可能污染食品的砧板或器械表面及餐具。

- 在处理食物前后，按照清洗和卫生程序，用热肥皂水清洗手、餐具和器械表面至少20s。

- 零售商、餐馆和其他从事食品加工生产的食品行业服务者需多关注砧板和餐具之间的交叉污染。干净食品和污染食品接触的地方要彻底清洁。

- 定期清洗消毒制备前的砧板、器械表面、餐具等可以大大降低交叉污染风险。

- 清洗消毒墙面、橱柜、砧板、器械表面、餐具内表面，然后用含氯消毒剂的温水进行擦拭消毒；最后用干燥的洗碗布或者洁净纸擦干。

- 冰箱内部清除漏液并定期擦洗。

- 疑似因误吃不干净芽菜而生病的人要及时咨询相关的健康保健员。

- 消费者有权要求食品中不添加芽菜。如果你在餐馆或者熟食店想购买不含芽菜的三明治或者沙拉，你可以询问以确保原材料不含有芽菜。

网站显示该疫情似乎已于2016年3月25日结束。

5.4.1.5 法令：大豆公司违反食品安全

《联邦法院条令：加州大豆公司因违反食品安全而停止生产》（FDA，2016l）的案例中，条令作为永久性禁令发布。这一法院禁令要求企业停止加工生产食品，包括他们的豆制品（豆腐和大豆饮料），直到符合FDA的食品安全法。FDA列举了一系列该企业反复发生的违规行为，主要有："洗手不充分，设备清洗不干净，以及没有采取必要的预防措施来防止食品和食品接触表面污染。"FDA表示该食品工厂沙门菌检测结果呈阳性。联邦法院条令强调：

> "若该企业计划恢复运营，必须聘请独立专家制定病原体灭菌的程序，保证微生物和病原体在FCS检测结果呈阴性，同时加强对员工的食品卫生操作技术培训。如果FDA确定该公司可以恢复运营，上述条令要求该公司定期进行独立审计，以确保持续合规。"

根据该条令于2012年2月21日向企业发出了警告信，4年后执行。检查中发现沙门菌污染、卫生不达标，并多次违反了cGMP法规（21CFR110），由此造成这些豆制品质量低劣，因为它们是在不卫生的条件下制备、包装或贮藏的，可能对消费者健康有害。该警告信特别提到了七项违反cGMP的行为：

（1）未戴卫生手套［21CFR 110.10（b）（5）］，员工接触了受污染的表面（放在地板上的水桶底部、与地板接触的水管），然后直接接触了食品接触表面或食品产品，中间并没有清洗或消毒洗手。该公司仅提供有手套使用培训和避免交叉污染的方法。

（2）未能按法规21CFR110.20（b）（7）条例提供充足的防虫屏障，个别门长时间敞开。

（3）未能将害虫排除在加工区域之外防止食品污染［21CFR110.35（c）］，在处理室发现了死蟑螂和活苍蝇。

（4）未能按照法规21CFR110.20（b）（1）规定保证足够的空间来维持操作环境卫生，发现维修材料、旧设备和硫酸钙袋与食品配料和包装材料并排存放。

（5）食品加工区油漆脱落，未采取维修措施［21CFR110.35（a）］。

（6）未清洗消毒器具和设备［21CFR110.35（a）］在加工间未使用消毒剂导致沙门菌污染，仅依靠清水处理病原体。

（7）未清洁和净化［21CFR110.35（d）］，频繁接触清洗食品器具和设备。操作员频繁地上下操作台，而另一个员工在未消毒前提下就把餐具放在桌子上，然后用它来加工食品。

警告信提示标签没有以适当的形式定义营养成分信息（例如，每份热量、脂肪、维生素C和铁含量成分比例不符合规定每日摄入量等）（21CFR 101.9，21CFR 101.105）。FDA提供了关于清洗、消毒以及标签的额外指导和建议。警告信提及到清洁和卫生处理记录，修订或改进卫生标准操作程序，生产区域具体设备安装，病原体（如沙门菌）控制，员工培训，污染风险因子，标签更新或其他为我们在改善措施评估中提供帮助的有用的信息。

5.4.2 国际案例

5.4.2.1 严重违反酸化食品法规

由于违反应急许可证管理（21CFR108.25）、《空气质素规例》（21CFR114）及《空气质素规例》（21CFR110），向进口食品加工商发出的警告信。FDA按级别拒绝了掺杂食品的准入，而不采取申请应急许可证的形式。尤其是诸如以下警告信中提到的关于FCS的问题：

"根据法规21CFR110.40（a）的要求，食品包装与FCS耐腐蚀。在检查过程中，调查人员观察到用于切萝卜和茄子等蔬菜的刀片已经生锈。"

其他一些食品安全隐患：
• 未按照FDA 2541a向FDA提交低酸无菌技术以外的加工方法的计划流程。同时误导性将"冷藏"贴为"开盖后冷藏"。
• 按照法规21CFR 108.25（c）（3）（2）要求，未证明所使用的工艺和设备是基于科学研究和计算所研制出来，所阅文件没有关于酸化法和热处理的工艺参数。
• 未按照法规21CFR110.20（b）（4）要求，对地板、墙壁和天花板进行清洁和维护。墙上有裂缝、模具缺了几块混凝土。
• 法规21CFR110.37（b）（5）有明确要求：防止管道系统之间的回流和交叉污染（废物排放）。
• 法规21CFR110.40（b）规定食品接触面没有留出适当的缝隙以避免残留食品堆积造成微生物生长繁殖。因为蔬菜榨汁机仓有焊接接缝，缝隙容易残留有机物。

上述问题已有效解决，FDA已撤回警告信（FDA，2013b）。

5.4.2.2 鲜食葡萄，Katope Brazil 公司（无题信）

2012年3月8日，对巴西Katope Brazil 公司的鲜食葡萄进行检测后，FDA发出一封未命名的警告信（FDA，2014a）。警告信指出该公司严重的违规行为，包括水未采取清除病原体措施而直接接触葡萄。此外，观察到员工用手擦脸，在不洗手的情况下，将葡萄放入塑料袋食品接触面，而这种操作方式会严重污染葡萄。警告信明确指出，在食用葡萄时，消费者不会采取任何额外措施去清除病原体。

5.4.2.3 假冒伪劣低酸罐头食品

FDA在检查低酸罐头食品企业后，向其发出一封警告信（FDA，2011b），警告信称该企业"严重违反了《强制性低酸罐头食品规例》（21CFR108/113）"，并明确指出违规行为包括：

"进入美国的食品，根据FDCA第402条需要有基础的、适用的应急许可证管理规定，根据法规21CFR 108.35（k）需要有特别实施方案，如没有，则根据FDCA第402（a）（4）条及法规21U.S.C. 342（a）（4）的规定，贵公司的LACF产品为掺杂。"

警告信指出，产品在不卫生情况下进行生产、包装和贮藏，因此产品有害健康。该公司对违反cGMP内容采取措施予以解决，但是FDA进行复审时，发现低酸罐头食品无法保证产品指标小于内控指标，且没有失控应对措施等关键因素（21CFR113.89）。

• "贵公司提交的定期程序清单作为一个关键因素。然而，回看应对处理记录显示，贵公司在处理所述问题时没有清晰这些问题的始因，因此，没能采取任何纠正措施或进一步优化评估过程和成品；如果贵公司已有完整的热处理过程的原始材料，我们建议您可以修改当前计划的文件处理流程，以便适应和更改处理参数。
• 贵公司提交了制备工艺关键因素——温度；但是没有提交温度纠正程序，公司未采取任何纠正措施来优化和评估生产过程。针对警告信内容，除了采取相应纠正措施，应修改生产工艺SOP以遵守国家和FDA法规。如果对列出参数与通常归档的参数不匹配无法合理解释，您可在线访问FDA/CFSAN低酸罐头食品数据库，以电子文件方式提交修订的计划流程并归档。修订工艺文件应包括关键因素。"

FDA表示，公司在警告信发出后30个工作日之内应完成整改，以收到这封信后的第一个工作日开始计算。此外，警告信中还提到：

> "如果贵公司不采取措施或我方认为贵公司采取措施不充分，我方可以采取进一步行动。根据《法典》第801（a）条［21U.S.C.§381（a）］，我们可能会采取进一步措施，例如在未经检查情况下，FDA拒绝贵公司低酸罐头食品进口或者直接扣留产品。依据FDA-DWPE管理过程，FDA在没有经过检查情况下有权拒绝和扣留贵公司生产的低酸性罐头食品产品。贵公司有责任防止违反《法典》、低酸性罐头食品法规（21CFR108/113）、cGMP（21CFR110）等法规的行为发生，还有责任采用有效程序防止违反FDCA以及所有适用的法规的行为发生。"

该公司解决了上述所有问题，FDA撤回了警告信（FDA，2013c）。

5.4.2.4 酸化食品

一封警告信（FDA，2014b）涉及到某企业超过10项涉嫌违规行为，包括严重违反关于应急许可证（21CFR108）、酸化食品（21CFR114）和cGMP（21CFR110）的相关规定。结合酸化食品相关的法规，FDA对上述警告信做了简单陈述。

> "法规21CFR 108 和法规21CFR 114对加工酸化食品的具体规定进行了说明，明确指出对不符合法规21CFR 108.25和法规21CFR 114所有强制性要求的商用加工设备，应按照《法典》第404条（21U.S.C. 344）的应急许可证管理条例进行处理。法规21CFR 108.25（j）规定，食品进口，尤其是洲际间的市场准入，需要获得许可证。FDA依据《法典》第801条（21U.S.C. 381），采取措施拒绝不符合规定的商用加工设备准入美国市场。根据《法典》第402（a）（4）条［21U.S.C. 342（a）（4）］规定，违反法规21CFR 108.25和法规21CFR 114中规定的强制性要求将导致产品掺杂。"

该警告信列出了以下违规行为：
- 未按照法规21CFR108.25（c）（2）要求，在FDA 2541a表格上未提供有关热处理、pH控制、盐、糖、防腐剂等预定程序的信息。产品酸化工艺应由酸化专家建立的（21CFR114.83）。
- 贵公司未聘用FDA认可的经过"优化过程控制培训"的专业人士（21CRF108.25）。
- 在所提供材料中没有产品相关检测数据，无法确保成品pH不高于4.6［21CFR140.80（a）（2）］。
- 在生产过程中不能够确保所用容器适合"保护食品不受泄漏和污染"的要求［21CFR140.80（a）（4）］。
- 在产品包装上没有标明包装机械和包装内容［21CFR140.80（b）］。
- 未采取正确措施来贮藏产品以避免食品受设备、容器及用具污染［21CFR140.80（b）（7）］。FDA检查员特别检查了位于大蒜混合室的带状搅拌机，该搅拌机用于混合姜酱和大蒜酱，搅拌机裂缝和焊接焊缝破裂，导致裂缝和金属棒内大量积聚着潮湿的黑色物质。在搅拌过程中可观察到食品表面的裂纹和湿黑色物质。
- 没有经常清洁食品接触面及用具来防止食品受污染［21CFR110.35（b）］。在环境温度下用未消毒的水对生产区域内的所有设备进行清洁，包括食品接触表面，如不锈钢分拣台、搅拌机、混合器、料斗、成品包装分配器和非食品接触面。生产间不使用任何热水、肥皂、洗涤剂或消毒剂进行清洁。此外，在清洗大蒜分拣输送线后续处理中，在白色网孔塑料输送线内可看到食物残渣堆积。
- 没有消毒设施［21CFR110.37（e）］。
- 生产过程中未能将蚊蝇鸟雀排除在加工区之外［21CFR110.35（c）］。FDA的调查人员调查过程中观察到两只鸟栖息在男更衣室里，地上有鸟类粪便；一只小鸟在食品包装室未包装的食品上空飞来飞去；食品盛放室顶门下方有一个缺口；大蒜分拣搅拌室里有五只苍蝇落在食物传送带上，食物传送带上还堆积有食物垃圾。
- 企业未保证生产车间地板清洁、消毒和及时维修［21CFR110.20（b）（4）］。FDA的调查人员观察到有裂缝的瓷砖地板上有积水和残留物。
- 公司内部未提供合适的手烘干设备［21CFR100.37（e）（3）］。

5.4.2.5 水产品HACCP、应急许可证管理和低酸罐头食品

一封对低酸罐头食品生产设施（FDA，2014c）发出的警告信，主要涉及到严重违反应急许可证管理条例（21CFR108）、低酸罐头食品相关规定和水产品HACCP（21CFR123）；及cGMP规例（21CFR110）。这家工厂计划向美国出口低酸罐头食品产品。可惜未能遵守法规21CFR108.35和法规21CFR113商业管理条例的规定，低酸罐头食品产品掺杂，违反《法典》第404条（21U.S.C. 344）的紧急许可管理规定。FDA会拒绝相关产品进入美国。此外，FDA还指出该公司没有实施HACCP计划，产品掺杂，产品在污染的环境下进行制备、包装或贮藏。警告信指出了鱼类和渔业产品的危害及FDA建议的整改意见（危害应对指南）（FDA，2016m）。

具体来说，低酸罐头食品在60d有效期详细提供产品相关信息，包括产品注册FDA相关信息、产品类型以及设备相关的时间、温度、杀菌方法等关键控制因素等信息。低酸罐头食品未提交相关产品信息，水质检测不同阶段pH不尽相同。警告信中指出，参考《酸化和低酸罐头食品的建立登记和加工备案说明》（FDA，2015c），酸化或低酸罐头食品的预定工艺信息必须在提交给FDA 2541a表格上注明相关内容。

警告信列出了五项违规内容：

（1）未记录相关加热过程中相关信息，其中包括蒸汽开始开始时间、加工温度时间、蒸汽结束时间、排气时间和温度。公司进行修改巴氏杀菌相关参数，但无法提供操作记录，也就不能证明在低酸罐头食品生产过程中使用这些新工艺是否有效。

（2）未校准水银温度计从而确保温度精准。据了解，工厂设备在安装时没有相应文件资料来证明来进行校准。

（3）按照法规21CFR113.60（a）（2）的要求，在实际生产中没有按照管理条例对产品容器封口，同时缺少食品在灌装前测量和记录容器的冷水排空数据。在低酸罐头食品生产期间需要记录这些参数，仅仅检查罐子和盖子是不够的。

（4）按照法规21CFR123.6（a）（c）（2）所规定的，对水产品产品依据HACCP进行有害物质残留分析，以确定其安全性，并制定适当的安全阈值。

（5）未列出金枪鱼副产品加工和贮藏的关键控制点，来防止经冷冻处理后组胺残留风险，同时确保金枪鱼产品在适宜的温度下的贮藏时间。非制冷处理步骤和在冷却器中贮藏时间，关键在于特定的控制时间和温度，操作台负责人评估所有非制冷处理过程中累积的暴露时间。此外，在4.4℃或4.4℃以下或适当冷冻（或用其他冷却介质冷却）时，还应有成套的数据文档来记录较长的贮藏期，记录设备最好有连续记录功能。

由于该公司是二级加工机构，开展相关业务并且拥有运输船，因此FDA建议关键控制点应监控运输条件以确保金枪鱼运输过程中合理地冷藏或冰冻。

这封警告信在所有违规行为都按照FDA意见整改后（FDA，2014d）撤回。

5.4.2.6 违反应急许可证管理和酸化食品法规

由于违反应急许可证管理（21CFR108）和酸化食品法规（21CFR114），FDA发出一封警告信（FDA，2016n）。该警告信指出，每一家拟出口到美国的自动售货机制造商必须遵守美国相关的自动售货机产品加工的法规。根据《法典》第801条（21U.S.C. 381），任何不符合这些强制性要求的产品可能会受到紧急许可监管，并可能导致产品被视为掺杂而拒绝进入美国。

该公司未能向FDA提供有关酸化食品的必要信息〔21CFR114.3（b）〕，其中包括泡菜产品。这些产品需要先注册，并且根据法规21CFR108.25（c）的要求，必须提交相关注册信息。

由于添加存在潜在危害的添加剂，产品被认定掺杂，其中包括"鲜红色4R"。此外，"酒黄石"和"日落黄FCF"必须按照法规21CFR 74.705（d）（2）的要求，在标签上标明并注明含量。此外根据法规21CFR 101.22（k）（1）的规定，因为人工着色剂没有按照标签上列出的名称/缩写（如FDCA黄色6号）该产品标识存在误导性。

警告信指出产品贴标违反标签要求（21CFR 101），因为未采用通用名称来标明肉汤或泡菜（21CFR101.3）或因为混合物标签上没有按要求法规21CFR101.4列出每个产品成分。例如，一个产品标签上列出了不常见酸度调节剂（E330），可以不同比例组合；每一种特定的成分都应该用通用或大众熟识的名称列出（如玉米）。

警告指出产品标识有误导作用，因为营养成分标识格式不正确，需要按照法规21CFR101.9要求进行修改{例如，食用分量必须以习惯食用的参考量为基础，并且必须使用常用家庭计量单位进行测量［21CFR 101.9（b）（5）］，如1/2杯蛋奶冻、30g腌制蔬菜［法规21CFR 101.12（b）］}，标签必须按照法规21CFR101.9（c）（ⅱ）项列出脂肪值。"典型营养成分信息"标识必须调整一下，以列出所有营养信息：

> "……为反映正确的食用份量，在普通的家庭测量中，使用法规21CFR101.9（b）（5）（ⅰ）~（ⅲ）中规定的容器：如杯子、汤匙、茶匙。当杯子、汤匙或茶匙不适用时，可使用切片、托盘、罐子等代替。最后，当以上方法都不适用时，可以使用带有视觉测量单位的盎司作为衡量标准，如1盎司（28g，约1/2个腌黄瓜）……"

当标签信息以多种语言出现时，会被认为是标签造假，主要信息必须通用语言重新翻译（例如，说明产品和成分列表时需要使用英语、法语、葡萄牙语、南非荷兰语、荷兰语和阿拉伯语）。

本警告信就产品标签提供一些参考意见，包括：

• 根据法规21CFR 101.105的要求，在标签醒目位置上准确说明净含量。

• 根据法规21CFR 101.2的要求，每一种成分需要在标签醒目位置上注明。

• 成分说明中去除所有"中间物质"［例如，在美国，用于申报成分的欧盟编号并不是通用或常用名称的一部分，被视为法规21CFR101.2（e）干扰物质］。

• 使用安全的、特定的人工着色剂要在标签中列出。

综上所述，这封警告信列举了许多违规行为，原因是未能遵守与酸化和其他类型食品相关的特定法规，因此FDA宣布这些产品掺杂（如不安全的着色剂）和误导性标签（如未遵守美国FDA的食品标签法规）。

5.4.2.7　低酸罐头食品违规

由于严重违反紧急情况监管、许可证管理（21CFR108）、酸化食品（21CFR114）和密封容器内的热处理低酸罐头食品包装规定（21CFR113），FDA发出一封警告信（FDA，2014e）。FDA检查了一个加工场所，发现两个重大的不符合有关处理酸化和低酸罐头食品的规定：

"（1）从事热处理低酸罐头食品的企业，必须在注册后60d内并早于新产品成型包装前提交信息，提供的信息不仅包括处理方法、类型或其他热处理程序，最低初始温度，加工时间和温度，灭菌值或其他等效的有充分科学证据的加工工艺，影响热渗透的关键控制因素以及工艺的来源和建立日期等信息，均应符合法规21CFR 108.35（c）（2）。具体地说，公司的产品详细信息在提交的文件中没有呈现。我们承认贵公司已经向FDA提交了一个预定的流程，但是由于您提交的流程文件所提供的信息不完整，您的文件已经被退回。因此这些产品的流程文件必须重新提交。低酸罐头食品产品的预设值的工艺信息必须在FDA 2541a表格中提交（除低酸无菌外的所有加工工艺方法的文件资料）。有关注册和备案的更多信息，请参阅《酸化和低酸罐头食品的建立注册和加工备案指南》，网址为：www.fda.gov/Food/Guidance Regulation/Food Facility Registration/Acidified LACFRegistration/default.htm。

（2）贵公司未能按照法规21CFR 114.80（a）（2）的要求，在pH大于4.0时，使用电位计法测量pH。具体来说，我们的研究人员观察到，预定……确定……完成平衡pH……；贵公司并没有使用电位法来测量成品的pH。"

这封警告信指出，涉及到严重违规主要有两方面：未能向FDA提供有关酸化食品和低酸罐头食品文件的必要信息，最终pH测量不准确。

5.5　出版物

为了更好地了解FCS，若干文献综述了食品接触通告和FCS的安全性。

5.5.1 审查食品接触材料通告程序

一篇题为《FDA食品接触材料通知》的文章总结了食品接触通告（Shanklin和Sanchez，2005），包括向FDA提交食品接触通告的流程和细节。作者探讨FDA如何审查FCS，其中关于产品信息保密和TOR豁免。

5.5.2 食品接触材料暴露性评估和安全性评估

文章总结了食品中添加剂安全性评估方法（Alger等，2013）。作者总结FDA使用的两个主要安全性评估指标：终生每日摄入量和每日安全摄入量。该文章在研讨会上探讨，旨在审查FDA常用的EDI和ADI的暴露方法。安全性评估指标受多因素影响：饮食（无肉、低碳水化合物等）、食品添加剂（如甜味剂）、新信息（新增有害物质）、营养配方等。讨论的三个主要因素：食品消费、饮食群体和膳食，以及三个主要因素相互影响更好地评估EDI和ADI。作者回顾了研讨会参与者讨论的24个问题。首先回顾了1906年颁布的《食品与药品法》中禁止食品掺杂的规定，接着讨论1958年颁布的《食品添加剂修正案》。

FDA在法规21CFR170.3（i）中将食品安全定义为"添加剂在预定的使用条件下是无害的"。根据这篇文章和本章之前讨论过的，FDA将以下三个因素来评估食品添加剂安全：

（1）食品添加剂以及因食品添加剂而形成其他物质。

（2）食品添加剂相互之间化学或药理有关的累积效应。

（3）合理的安全因素［21CFR§170.3（i）］。

FDA要求FCS在申请上市、或上市后评估其安全性，FDA评估公司提交新用途的FCS可能对公共健康安全性威胁。安全评估需要包括"预计在一生中不会造成伤害"的物质含量［ADI，mg/（kg体重·d）］和EDI。ADI是根据该物质的化学性质计算的，包括观察到的不良反应水平（NOAEL）来评估每天所食用的最大量，保证在一生中没有明显的伤害风险。此外，FDA还提供了一些"行业指南"文件来描述每日饮食摄入理论预测，例如：

•《食物中目标物质的摄入量》（2006），见网址：http://www.fda.gov/Food/GuidanceRegulation/GuidanceDocumentsRegulatoryInformation/IngredientsAdditivesGRASPackaging/ucm074725.htm。

•《关于提交食品的化学和技术数据的建议补充呈请书》（2006年3月，2009年3月修订），见网址：http://www.fda.gov/Food/GuidanceRegulation/GuidanceDocumentsRegulatoryInformation/IngredientsAdditivesGRASPackaging/ucm124917.htm。

•《食品包装上市前提交材料的准备：化学品建议》（2002年4月，2007年12月修订），见网址：http://www.fda.gov/Food/GuidanceRegulation/GuidanceDocumentsRegulatoryInformation/IngredientsAdditivesGRASPackaging/ucm081818.htm。

总之，FDA培训班的重点是每一种食品中FCS或任何特定添加剂在安全值之内。这些数据都必须详细描述，才能充分了解食品安全。

5.5.3 国际食品物质安全评估

《不同的国家和地区对食品物质的审查监管和安全评估》（Magnuson等，2013）比较了10个不同国家对食品添加剂的管理、批准程序和定义，其中包括FCS。虽然各国的制度差别很大，但在对食品安全的关注、共同的数据要求和协调法规的众多努力方面存在着相似性。

5.5.4 评估食品接触材料的安全性

Sotomayor等在2007年发表了一篇关于FCS的文章，描述到食品材料主要有"聚合物（塑料包装材料）、颜料、抗氧化剂、罐头涂料、黏合剂、造纸和纸板制造过程中使用的材料、纤维素和杀菌剂（抗菌药物）"，以及盖和帽用密封剂。作者通过法规21CFR170.3（i）定义了"安全"一词，即"在预期的使用条件下，物质是无害的"。Sotomayor阐明食品接触材料安全性评估是很复杂的过程，主要是FCS的毒理学实验。FCS申报至少在产品上市前120d提交，提交的材料必须详细地说明FCS是安全、科学、合理的，其中包括毒理学试验、诱变性试验、致癌性试验，以及结构-活动关系（SAR）分析。

提交的材料中应详细描述FCS安全性评估试验细节。如果FCS摄入量小于1.5 μg /（人·d），通常不需要进行毒性实验；同时诱变/致癌性实验室需要在FCS中验证。当摄入量在1.5~150 μg /（人·d）时，需开展"短期"体外试验，包括Ames检测（基因突变）和小鼠淋巴瘤检测（寻找用于培养的哺乳动物细胞的基因突变或染色体异常）或类似的测试。为了理解这两个测试与已授权的FCN的相关性，作者分析了2000—2006年的383个经批准的FCN，并确定其中大多数（85%）FCS摄入量等于或低于150 μg /（人·d）。因此，大多数FCN安全性仅基于Ames检测或小鼠淋巴瘤检测结果。

当摄入量为150~3000 μg /（人·d）时，需开展额外的毒理学试验，其中包括微核试验（这是一种啮齿动物体内试验，评估动物的细胞核和染色体对FCS的反应）和对啮齿动物及非啮齿动物的亚慢性毒性研究（使用FCS喂养动物大约3个月，寻找毒性迹象）。这些慢性试验结果支持ADI和FCS。出于对消费者安全的考虑，可能需要更专业的毒理试验，包括神经毒性、免疫毒性、致畸性、生殖毒性实验。值得注意的是，作者指出任何摄入的FCS可能超过3000 μg /（人·d）时，通常作为FAP提交。

FDA审查员对安全评估性实验结果非常谨慎，其中包括潜在致癌风险。审核员有权要求额外毒理试验来澄清他们对提交数据的任何疑问，从而决定在FCN中授权或未授权使用FCS。由于现有的体外遗传毒理学试验具有良好的敏感性（当分析两个或多个测试时）、较差的特异性，FDA已经考虑了其他试验范例，如计算模型。定量合成孔径雷达（QSAR）分析可用于将化学结构与生物效应联系起来，并预测FCS的致癌潜力。作者提供了几个复杂的计算机模型系统的细节，旨在预测致癌潜力，包括多功能酶（MC4PC）、MDL®-QSAR、TOPKAT®、DEREK®和肿瘤学®，尽管这些项目因严重受限没有得到FDA的批准。

Sotomayor 认为："QSAR方法与遗传毒性实验联合，可预测食品接触材料的致癌性……"。为了能够使FDA认可QSAR方法作为监管方法，QSAR必须经适当的验证，并采集代表性数据。由于啮齿动物致癌物具有很高的敏感性和特异性，QSAR分析可作为补充手段，用于补充或减少目前要求的对食品包装物质进行的遗传毒性试验。

5.5.5 食品包装辐照

《监管报告：食品包装材料的辐照》（Komolprasert等，2007）一文详细讨论了放射性食品包装材料用于杀灭微生物、昆虫、寄生虫和抑制食物腐败的终端辐射量。食品在最终包装中进行辐照处理时，不得改变FCS以避免产生间接污染食品的化学物质。FDA已经批准了许多食品包装材料，并引入了新的材料来适应辐照处理。

由于FCS在上市前需要安全评估，作者探讨辐射对FCS的影响。法规21CFR179解释了FDA批准的与辐射有关的FAP实验，包括电离、射频、紫外线和脉冲光辐射。辐照食品和辐照FCS在上市前需进行上述实验。辐照食品的cGMP要求包括：

（1）符合一般cGMP要求（21CFR110）。

（2）最低剂量的辐射达到预期效果。

（3）有违本法规规定的但不超过规定标准的包装材料，必须遵守法规21CFR179.45规定：需要FCN或TOR豁免。

作者在文章中以表格形式详细说明了法规21CFR170.26（b）允许的食品辐照剂量，以及法规21CFR179.45（b）、（c）和法规21CFR179.45（d）允许的最大辐照剂量。作者认为，FDA的结论是"……在对预包装食品进行辐照处理时，使用相同剂量的γ射线、电子束或X射线照射包装材料，其分解产生的产物和量是相同的……"而且大多数包装材料可以耐受高达10kGy的辐射剂量。

用于辐照食品的新型食品包装材料可以通过FAP或FCN两种途径提交材料获得上市前批准，也可以在TOR

豁免的情况下进行申请（特别是在产品辐射水平基本为零的情况下）。作者在文章中提高到一个特定的TOR豁免即允许所有的FCS：

> "……使用非辐照预先包装食品材料时获授权。为了符合这项豁免，辐射处理必须符合法规21CFR 179，包装材料所受的辐射剂量不得高于3kGy，且包装完好食品。产品在可证实无氧的环境中辐照，或在冷冻和冷藏的情况下真空辐照。此豁免适用于法规21CFR174~186。所有所列的有效物质的部分食物包装通知书，以及根据法规21CFR170.39发出的豁免关税清单以其他方式获准用于同等的非辐照用途。经批准用于辐照预包装食品的聚合物和佐剂增多了。但是，为非辐照用途而核准的包装材料，但打算以较高剂量辐照预先包装的食品，有氧环境下仍然需经过上市前的批准。当然，那些目前未授权用于食品接触用途的包装材料需经上市前批准其预期用途。"

尽管辐照可能会影响FCS材料的完整性和功能性，但辐射对所有材料性能的影响都不相同。食品包装聚合物因电离辐射通常出现交联（聚合，最常见的是真空或惰性气体）和断裂（降解，最常出现在氧气或空气中）反应。这些原理为FDA提供了基础，便于在无氧环境中或在真空冷冻时与食品接触的受辐照的包装材料得到TOR豁免。新材料或高剂量辐照或在氧气中的聚合物辐照需要额外的试验。辅助抗氧化剂或稳定剂，可在暴露的情况下形成放射性溶解产物。

FDA的"消费者对FCS成分安全性评估"提供了关于FCS毒理学安全评估方法。FCS的安全性必须是各国共同遵守的框架公约，食品和FCN必须包括化学、环境以及毒理学的细节。理论条件下氟氯化碳转移到食品中，对这些化学品迁移的EDI和ADI进行化学计算。作者认为："标识、残留和迁移水平、消费者对包装材料辐照分解物的暴露情况等是可能的关注点，这取决于物质的监管状态，以及是否与氧气接触。"具体可以制定辐照试验方案来评价辐照与非辐照，测量辐照对FCS包装材料（如放射性衍生产物）的影响。对这些物质的毒理状况也必须加以评估，即使可能不知道这些放射性衍生产物的有效成分。这些作者建议将类似的放射性衍生产物"分组"，并将其视为一类混合物而非单一物质去进行适当的分析。

作者的结论是："改善食品微生物安全可以通过以下途径实现：利用辐照技术生产几种类型的生鲜或最低限度加工食品……然而，食品制造商必须确保辐照过程中使用的辐照食品和包装材料均获授权用于拟定的用途。"

5.5.6 食品安全过程审核

Surak和Lorca在文章中介绍第三方对供应商卫生审计方案和与操作人员探讨生产注意事项。审查清单应包括程序性文件、操作规程和文件材料；文章列举了审计人员六个注意事项：

（1）是否有文件化的卫生规程？
（2）卫生计划是否完全遵守？
（3）是否有卫生标准操作程序（SSOP）？
（4）是否在生产前进行预操作审核？
（5）是否针对操作前发现的问题采取纠正措施？
（6）操作车间环境是否达标？地板、墙壁和天花板状况是否完好？是否采取有效措施防止外间环境与操作车间存在污染？

在审计人员审查之前，公司建立HACCP要求的计划、记录以及纠正预防措施。公司坚持进行卫生环境清洁和培训记录的双重检查。同时，审计人员对每一处设施进行严格检查，确保符合HACCP要求。该文综述了食品安全管理体系以及寻找其薄弱的关键程序。

文章以文件形式介绍了食品安全管理体系流程。依据文件需要评估非正式的流程是否符合质量标准要求。作者使用6 sigma SIPOC模型（供应商、输入、过程、输出、客户）和制造的产品的流程。描述了"过程审计"

来评估各个过程之间的联系，以确定它们是否有效、高效。审计人员采用问询方式检查是否符合食品安全管理系统条例要求。如果回答不一致，则检查审核路径，来确定不一致原因。这个初始原因可以通过企业管理来解决。

在就员工执行任务方面进行检查时，文章提供了几个问题供审计人员参考，问题如下：

- 你能解释一下温度计的校准过程吗？
- 为什么这项工作至关重要？
- 这个测试的关键点是什么？
- 如果测试结果低于临界值，你会怎么做？
- 上一次你发现的结果低于临界点是什么时候？

审计人员应该询问有关结果的记录，以及工人如何知道结果是准确的。审计员可以问主管的问题（该文中，以下实例是关于温度记录及操作）：

- 你能解释一下温度计的校准过程吗？
- 如果产品温度低于临界极限，你会怎么做？
- 处理潜在不安全产品和召回产品的过程是什么？
- 如何测试这些过程？
- 如果QA技术或QA职员在输入或记录数据时犯错误会发生什么？
- 根据这些数据如何确保食品安全？
- 根据这些数据如何更新食品安全管理体系？

所有答案都应该通过审查程序和记录来验证，包括关于数据如何进入计算机系统的问题，以及数据条目中人为错误如何被发现和纠正。这类问题与ISO 22000下食品安全管理系统标准控制记录、HACCP计划、监测等所需的类型有关。

检查员在与工人、主管进行交谈时，应实时记录观察到的操作和数据。作者强调：

> "食品卫生检查的准备工作就是要求按照操作规程重复做。在多数时候，即使员工没有按要求正确地完成他们的工作，他们也愿意告诉你他们在做什么。此外，通过研究这些操作之间的联系，可以确定操作过程是否与规定和要求一致。"

因为检查工作需要每天记录，文章最后简要讨论了如何利用检查工作提高生产效率。

5.6 小结

间接食品添加剂，也包括食品包装材料或食品接触材料，需要提前向FCN管理机构提交材料。FCN必须记录制造商、规格和预期的使用水平，作为食品生产过程的一部分。食品和着色剂需要上市前申请（FAP或CAP），FDA确定添加剂在美国食品供应的预期使用水平上是否是合理安全的，并且可以访问CFSAN的网站确定GRAS物质和相应法规的清单是否一致。注：并非所有GRAS物质都列出，因为GRAS通知程序允许公司执行自己的GRAS。

无论是直接添加剂还是间接添加剂，只有保证安全，才能添加到美国食品中。此外，以下食品添加剂都可以直接或间接地成为食品成分，分别是：（1）被批准为法规21CFR174~179所列的食品添加剂；（2）作为GRAS添加剂加入食品中或食品上；（3）在1958年之前被FDA或USDA事先批准使用；（4）根据TOR法规豁免；（5）在1999年10月之后作为有效的FCN提交。

请记住，FCS的FCN必须包含三个部分：物质的特性，包括纯度和物理特性的规格，以及使用条件的限制。配方的每个组分也必须包含这三个部分。最终，制造商有责任确保最终的FCS符合所有必要的规范和规定。

5.7　测试题

1.　以下名词的定义是什么：CFSAN、FCS、PNC、FCN、TOR、CEDI、GRAS？
2.　关于TOR审查FCS的CEDI最低限值是多少？
3.　通告人何时应向FDA提交FCS的PNC？
4.　FCN 提交必须包括_____的物质，_____包括纯度和物理特性，以及_____的使用条件。

参考文献

Alger, H.M., Maffini, M.V., Kulkami, N.R., Bongard, E.D., Neltner, T., 2013. Perspectives on how FDA assesses exposure to food additives when evaluating their safety: workshop proceedings. Comp. Rev. Food Sci. Food Saf. 12, 90–119.

FDA, U.S. Food and Drug Administration, 2009. Warning Letter to Life Enhancement Products, Inc. (01 December 2005). (Online). Available from: https://wayback.archive-it.org/7993/20170111235918/http://www.fda.gov/ICECI/Enforcement Actions/Warning Letters/2005/ucm075723.htm.

FDA, U.S. Food and Drug Administration, 2011a. Warning Letter to Farm and Wild Fresh Paradise Gourmet Foods (10 August 2011). (Online). Available from: http://www.fda.gov/iceci/enforcementactions/warningletters/ 2011/ucm270373.htm.

FDA, U.S. Food and Drug Administration, 2011b. Warning Letter to United Taiwan Corp. – Chao Zhou Plant (02 December 2010). (Online). Available from: https://www.fda.gov/iceci/enforcementactions/warningletters/2010/ucm236624.htm.

FDA, U.S. Food and Drug Administration, 2012. Cumulative Estimated Daily Intake. (Online). Available from: www.accessdata.fda. gov/scripts/sda/sd Navigation.cfm?sd=edisrev.

FDA, U.S. Food and Drug Administration, 2013a. Warning Letter to Techno Foods Co., Ltd. (20 December 2012). (Online). Available from: http://www.fda.gov/iceci/enforcementactions/warningletters/2012/ucm360118.htm.

FDA, U.S. Food and Drug Administration, 2013b. Close Out Letter to Techno Foods Co., Ltd. (17 October 2013). (Online). Available from: https://www.fda.gov/ICECI/EnforcementActions/WarningLetters/2013/ucm371196.htm.

FDA, U.S. Food and Drug Administration, 2013c. Close Out Letter to United Taiwan Corp. – Chao Zhou Plant (19 May 2011). (Online). Available from: https://www.fda.gov/ICECI/EnforcementActions/WarningLetters/2010/ucm256573.htm.

FDA, U.S. Food and Drug Administration, 2014a. Untitled Letter to Table Grapes – Katope Brazil, Ltd. (08 March 2012). (Online). Available from: http://www.fda.gov/food/complianceenforcement/untitledletters/ucm295677.htm.

FDA, U.S. Food and Drug Administration, 2014b. Warning Letter to K.I.Z. Foods Limited (12 November 2014). (Online). Available from: https://www.fda.gov/iceci/enforcementactions/warningletters/2014/ucm423092.htm.

FDA, U.S. Food and Drug Administration, 2014c. Warning Letter to AMK Food Export (Pvt) Ltd (15 May 2014). (Online). Available from: https://www.fda.gov/iceci/enforcementactions/warningletters/2014/ucm399169.htm.

FDA, U.S. Food and Drug Administration, 2014d. Close Out Letter to AMK Food Export (Pvt) Ltd (18 November 2014). (Online). Available from: https://www.fda.gov/ICECI/EnforcementActions/WarningLetters/2014/ucm423824.htm.

FDA, U.S. Food and Drug Administration, 2014e. Warning Letter to Agro-Serwis (17 July 2014). (Online). Available from: https:// www.fda.gov/iceci/enforcementactions/warningletters/2014/ucm407235.htm.

FDA, U.S. Food and Drug Administration, 2015a. Regulatory Background of the Food Contact Substance Notification Program. (Online). Available from: www.fda.gov/Food/IngredientsPackaging Labeling/Packaging FCS/ucm064152.htm.

FDA, U.S. Food and Drug Administration, 2015b. Determining the Regulatory Status of Components of a Food Contact Material. (Online). Available from: www.fda.gov/Food/IngredientsPackagingLabeling/Packaging FCS/Regulatory Status Food Contact Material/default.htm.

FDA, U.S. Food and Drug Administration, 2015c. Establishment Registration & Process Filing for Acidified and Low-Acid Canned Foods (LACF). (Online). Available from: http://www.fda.gov/Food/GuidanceRegulation/FoodFacilityRegistration/ AcidifiedLACFRegistration/default.htm.

FDA, U.S. Food and Drug Administration, 2016a. Secondary Direct Food Additives Permitted in Food for Human Consumption.

(Online). Available from: www.accessdata.fda.gov/scripts/cdrh/cfdocs/cfcfr/cfrsearch.cfm?cfrpart=173.

FDA, U.S. Food and Drug Administration, 2016b. Indirect Additives Used in Food Contact Substances. (Online). Available from: www.accessdata.fda.gov/scripts/fdcc/?set=Indirect Additives.

FDA, U.S. Food and Drug Administration, 2016c. Threshold of Regulation (TOR) Exemptions. (Online). Available from: www.accessdata.fda.gov/scripts/fdcc/?set=TOR.

FDA, U.S. Food and Drug Administration, 2016d. Inventory of Effective Food Contact Substance (FCS) Notifications. (Online). Available from: www.accessdata.fda.gov/scripts/fdcc/?set=FCN.

FDA, U.S. Food and Drug Administration, 2016e. Instructions for Completing Form FDA 3480. (Online). Available from: http://www.fda.gov/downloads/About FDA/Reports Manuals Forms/Forms/ucm346882.pdf.

FDA, U.S. Food and Drug Administration, 2016f. Notification for a Food Contact Substance Formulation (FORM FDA 3479). (Online). Available from: www.fda.gov/downloads/AboutFDA/ReportsManualsForms/Forms/UCM076875.pdf.

FDA, U.S. Food and Drug Administration, 2016g. Food Canning Establishment Registration (FORM FDA 2541). (Online). Available from: http://www.fda.gov/downloads/AboutFDA/ReportsManualsForms/Forms/UCM076778.pdf.

FDA, U.S. Food and Drug Administration, 2016h. FDA Suspends Food Facility Registration of SM Fish Corp. (Online). Available from: http://www.fda.gov/food/recallsoutbreaksemergencies/safetyalertsadvisories/ucm520985.htm.

FDA, U.S. Food and Drug Administration, 2016i. ORDER: Suspension of Food Facility Registration Notice of Opportunity for Hearing. (Online). Available from: www.fda.gov/downloads/aboutfda/centersoffices/officeof-foods/cfsan/cfsanfoiaelectronicreadingroom/ucm521045.pdf.

FDA, U.S. Food and Drug Administration, 2016j. FORM FDA 483 to SM Fish Corp. (Online). Available from: http://www.fda.gov/ucm/groups/fdagov-public/@fdagov-afda-orgs/documents/document/ucm521047.pdf.

FDA, U.S. Food and Drug Administration, 2016k. FDA Investigated Multistate Outbreak of E. coli O157 Infections Linked to Alfalfa Sprouts from Jack and the Green Sprouts. (Online). Available from: http://www.fda.gov/food/recallsoutbreaksemergencies/outbreaks/ucm487651.htm.

FDA, U.S. Food and Drug Administration, 2016l. Federal Court Orders California Soy Company to Cease Production Due to Food Safety Violations. (Online). Available from: http://www.fda.gov/newsevents/newsroom/pressan-nouncements/ucm508879.htm.

FDA, U.S. Food and Drug Administration, 2016m. Fish and Fishery Products Hazards and Controls Guidance – Fourth Edition. (Online). Available from: http://www.fda.gov/food/guidanceregulation/guidancedocuments-regulatoryinformation/seafood/ucm2018426.htm.

FDA, U.S. Food and Drug Administration, 2016n. Warning Letter to Pakco (Pty) Ltd. (04 February 2016). (Online). Available from: https://www.fda.gov/iceci/enforcementactions/warningletters/2016/ucm485635.htm.

FDA, U.S. Food and Drug Administration, 2017a. GRAS Notices. (Online). Available from: www.accessdata.fda.gov/scripts/fdcc/?set=GRASNotices.

FDA, U.S. Food and Drug Administration, 2017b. Food Ingredient and Packaging Inventories. (Online). Available from: www.fda.gov/Food/Ingredients Packaging Labeling/ucm112642.htm.

FDA, U.S. Food and Drug Administration, 2017c. Establishment Registration & Process Filing for Acidified and Low-Acid Canned Foods (LACF): Paper Submissions. (Online). Available from: http://www.fda.gov/Food/GuidanceRegulation/FoodFacilityRegistration/AcidifiedLACFRegistration/ucm2007436.htm.

Komolprasert, V., Bailey, A., Machuga, E., December 2007/January 2008. Regulatory report: irradiation of food packaging materials. Food Saf. Mag. (Online). Available from: http://www.foodsafetymagazine.com/magazine-archive1/december-2007january-2008/irradiation-of-food-packaging-materials/.

Magnuson, B., Munro, I., Abbott, P., Baldwin, N., Lopez-Garcia, R., Ly, K., Mc Girr, L., Roberts, A., Socolovsky, S., June 2013. Review of the regulation and safety assessment of food substances in various countries and jurisdic-tions. Food Addit. Contam. A 30 (7), 1147–1220. (Online). Available from: https://www.ncbi.nlm.nih.gov/pmc/articles/PMC3725665/.

Shanklin, A.P., Sanchez, E.R., October/November 2005. FDA's food contact substance notification program. Food Saf. Mag. Regul. Rep. (Online). Available from: http://www.foodsafetymagazine.com/magazine-archive1/octobernovember-2005/fdas-food-contact-substance-notification-program/.

Sotomayor, R.E., Arvidson, K.B., Mayer, J.N., Mc Dougal, A.J., Sheu, C., Cianci, S., August/September 2007. Regulatory report: assessing the safety of food contact substances. Food Saf. Mag. (Online). Available from: http://www.foodsafetymagazine.com/magazine-archive1/augustseptember-2007/assessing-the-safety-of- food-contact-substances/.

Surak, J.G., Lorca, T.A., August/September 2007. Process auditing for food safety. Food Saf. Mag. (Online). Available from: http://www.foodsafetymagazine.com/magazine-archive1/augustseptember-2007/process- auditing-for-food-safety/.

其他资源

FDA, U.S. Food and Drug Administration, 2014. Guidance for Industry: Assessing the Effects of Significant Manufacturing Process Changes, Including Emerging Technologies, on the Safety and Regulatory Status of Food Ingredients and Food Contact Substances, Including Food Ingredients that Are Color Additives. (Online). Available from: http://www.fda.gov/Food/Guidance Regulation/Guidance Documents Regulatory Information/ucm300661.htm.

FDA, U.S. Food and Drug Administration, March 1996. Guidance for Industry: Submitting Requests under 21 CFR 170.39 Threshold of Regulation for Substances Used in Food-Contact Articles. (Online). Available from: http://www.fda.gov/Food/GuidanceRegulation/GuidanceDocumentsRegulatoryInformation/Ingredients-AdditivesGRASPackaging/ucm081833.htmRevisedApril2005.

FDA, U.S. Food and Drug Administration, September 1995. Guidance for Industry: Use of Recycled Plastics in Food Packaging: Chemistry Considerations. (Online). Available from: http://www.fda.gov/Food/Guidance Regulation/Guidance Documents Regulatory Information/ucm120762.htm Revised August 2006.

FDA, U.S. Food and Drug Administration, August 2006. Guidance for Industry: Estimating Dietary Intake of Substances in Food. (Online). Available from: http://www.fda.gov/Food/GuidanceRegulation/GuidanceDocumentsRegulatory Information/ucm074725.htm.

FDA, U.S. Food and Drug Administration, January 2010. Bisphenol A (BPA): Use in Food Contact Application. (Online). Available from: http://www.fda.gov/food/ingredientspackaginglabeling/foodadditivesingredients/ucm064437.htm Updated November 2014.

FDA, U.S. Food and Drug Administration, November 2016. Submitting Form FDA 2541 (Food Canning Establishment Registration) and Forms FDA 2541d, FDA 2541e, FDA 2541f, and FDA 2541g (Food Process Filing Forms) to

FDA in Electronic or Paper Format. (Online). Available from: http://www.fda.gov/Food/Guidance Regulation/Guidance Documents Regulatory Information/AcidifiedLACF/ucm309376.htm and http://www.fda.gov/downloads/Food/Guidance Regulation/Guidance Documents Regulatory Information/UCM464906.pdf.

6

食品和膳食补充剂的临床试验

6.1 临床试验法规

本章包含的警告信是关于食品公司在赞助临床试验或者开展临床试验时发现的问题。FDA法规、指导文件、警告信和出版物审查的内容包括具体赞助人的责任落实情况［例如，是否提交研究性新药申请（IND）或新药上市许可申请（NDA）］，或是否遵循良好临床规范（GCP）或良好实验室规范（包括合同研究组织、监测人员、主要调查员、机构审查委员会、研究协调员等内容）。食品安全和应用营养中心（CFSAN）的生物研究监测计划指出："CFSAN监管范围包括良好临床规范（21CFR 50，56）中的临床试验监测人员、机构审查委员会、临床调查人员，以及良好实验室规范（21CFR58）中的非临床试验。"（FDA，2016a）。

CFSAN作为一个科学组织，旨在保障美国食品、膳食补充剂及化妆品的供应和安全，其中包含4170亿美元的美国食品、490亿美元的进口食品和600亿美元的化妆品。此外，它制定的战略计划包含六个目标，其一就是"促进对饮食和健康研究的发展，引导科学决策和有效沟通"，利用"饮食大数据，健康和行为数据为政策和机构交流提供信息，帮助消费者实现饮食健康化"（FDA，2016b）。

与FDA药物评估和研究中心（CDER）、医疗器械和辐射健康中心（CDRH）以及生物制剂评估和研究中心（CBER）网站不同的是，CFSAN的BiMo网站倾向于对国民食品供应中的具体问题进行行为分析以及对风险（包括食品过敏原和药物残留物，以及在食品中发现的特定有害物质，如细菌、病毒、砷、污染物，也包括特定的化合物，如三聚氰胺或麸质）进行评估。CFSAN的工作性质与CDER、CBER和CDRH也存在很大差别，它本身并不涉及临床试验，而CDER、CBER和CDRH通常需要对中高等风险产品开展临床试验。

在少数情况下，开展食品或膳食补充剂临床试验往往是为了证实具体的营销声称。此类试验通常是在健康人群中开展的，而新药或生物制品临床试验的对象则包含健康人群和患病人群，并且为研究疗效、适应症和安全性，试验时需要对相关受试者进行登记。二者的这种区别非常重要，因为宣称有治疗、减轻、治愈疾病功效的食品或膳食补充剂健康声称很可能会被FDA划分为药物声称。例如，食品或膳食补充剂健康声称可能是"促进骨骼健康"，而药物声称则是"预防骨质疏松症"。

6.2 法规

许多临床试验法规是通用的，包括需要遵守法规21CFR50中的基本人权保护（如获得知情同意），受法规21CFR56中的伦理审查委员会（IRB）的监督（如需提交安全报告）以及需遵守药物GCP（包括法规21CFR54中的财务状况披露）等。FDA明确要求高风险产品需遵守这些法规，但低风险产品往往免于遵守部分或全部临床试验法规。一般来说，食品研究的风险可能与日常生活中遇到的风险相同，这些针对高风险产品的监管措施，对低风险产品不作要求。

由于大多数食品临床试验都是用来支持健康声称的，并不太关注药物、器械或生物制品治疗疾病的安全性或有效性，因此本章将重点介绍FDA有关健康声称的法规，例如：

- 21CFR101，D部分：对营养素含量声称的具体要求
  - 21CFR101.13营养素含量声称：总则
  - 21CFR101.14健康声称：一般要求
- 21CFR101，E部分：健康声称的具体要求（101.70~101.83）
- 21CFR101，F部分：描述性要求，但不是营养素含量声称和健康声称要求（101.91、101.93、101.95）
- 21U.S.C.343（r）（3）（B）：营养水平及与健康相关的声称
- 营养标签和教育法案（NLEA）
- 膳食补充剂健康和教育法（DSHEA）
- 联邦贸易委员会（FTC）法

6.2.1 营养素含量声称（21CFR101.13）

该法规适用于销售和供人食用的常规食品和膳食补充剂。营养素含量声称应能反映食品中营养素含量的种类及水平，如低脂、419J（100cal）或高ω-3脂肪酸。该声明还可能表明，这种食品的营养成分"可能有助于保持健康的饮食习惯"；但是，该法规不允许对婴儿或2岁以下儿童的医疗食品或食品的营养素含量作声称（某些特定情况下对维生素及矿物质的信息说明除外）。

该法规对营养素含量声称的具体要求进行了详细说明，包括食品标签上印刷字体大小的具体细节。例如："营养素含量声称的字体不得大于对产品本身描述字体的两倍，且与产品描述字体相比，声称的字体风格不应过分突出。"该法规还对使用营养素含量声称时所作的免责声明及标签上的其他特定描述进行了具体说明。营养素含量声称可以包括诸如"减轻、减少或降低"以及特定食品的特殊要求等相关内容，但此类声称标签要求也受法规约束。所有营养素含量声称必须真实且没有误导性。例如，"对食品中维生素或矿物质百分比与每日参考摄入量（RDI）……相关的描述，包括专供婴儿及2岁以下儿童使用的食品，也应印于标签上，除非此类声称是法规明确禁止的，否则也应在法规没有要求的食品标签上标明（如特定维生素或矿物质）。"

此外，值得注意的是，当没有可用的分析检测时，如果使用"合理依据"可以确定该食品确实"满足声称定义"，营养素含量声称也可视为符合法规要求。合理依据可能会用到食物数据库、食谱或其他计算食物中营养水平的方法，但无需开展临床试验来验证这些营养素含量声称。

6.2.2 健康声称（21CFR101.14）

法规对健康声称的定义如下：

"健康声称是在食品（包括膳食补充剂）的标签上或标识、'第三方'参考、书面声称（如商标名称中使用了'心脏'等术语）、符号（如心脏符号）或其他简介内容中表述或暗示某种物质与某种疾病或健康相关状况关联特征的声称。隐性健康声称（包括那些描述、符号、简介或其他形式的表述），应能够体现食品中存在某种物质或存在物质的含量与疾病或健康状况之间的关系。"

与营养素含量声称不同，健康声称通常涉及人体临床试验，这些试验尤为注重法规定义，因为一种食物只有在与下列定义的疾病或与健康有关的情况有关时，才有资格进行健康声称：

"疾病或健康状况是指身体器官、部位、构造或系统受到损害，致使其不能正常发挥作用（如心血管疾病）或导致这种功能障碍的健康状况（如高血压）；该定义不涵盖必需营养素的缺乏导致的疾病（如坏血病、糙皮病）……"

法规21CFR101.4（c）中规定，合格审查专家应当遵循科学显著认定（SSA）准则，以确保健康声称是得到"所有现有公开的科学证据（包括以符合公认的科学程序和原则的方式进行精心设计的研究获得的证据）"支持的。一经验证，FDA就会提出法规来批准该声称使用，如果该物质以前未被纳入该法规，则此过程可修订法规以包括该物质。一旦法规通过，企业可以按照法规中的详细规定提出声称，但公司必须确保健康声称"完整、真实、没有误导性"，不含任何干扰信息；当整个声称出现在其他标签中时，主页面标签如涉及"包含健康声称的标签的位置，物质的名称，以及与疾病或健康相关的情况（例如，'关于钙和骨质疏松症的信息，请参阅附件手册'）"，则完整的声称必须紧邻含有明示或暗示声称的"图形"出现，例如心脏符号旁边。

公众应能理解健康声称在日常饮食中的重要性。营养标签是必须有的，其中描述性术语例如"低"和"高"等必须是公认的，含量足够低或者足够高到"许可声称中规定的水平"才可宣称能达到预期用途。此外，当声称的量与标签标示的"推荐摄入参考量"不同时，该声称必须附带一份澄清声称（例如，"低钠饮食会降低患高血压的风险，但该疾病与许多因素有关，一般每次食用一盎司^①该产品有助降低风险"）。

未得到FDA的权威认证或不符合有关规定的健康声称是禁止使用的，比如合理的营养素含量水平（低于不合格水平）；合理的事先批准的婴儿或幼儿标签（少于2个）或合理的膳食补充剂说明（婴儿配方乳粉和医用食品不在本规定范围内）。

6.2.3 机构审查和知情同意要求

在提出营养素含量声称［21CFR101.69（f）］或健康声称［21CCFR101.70（d）］的申请时，所有涉及的临床调查研究都必须有关于遵守机构审查和知情同意要求的声称（21CFR56，50）。另外，申请人应当了解提交的所有健康声称数据或信息都可能会被公开使用（临床研究的某些特定细节如参与者的个人信息或第三方的身份信息等除外）。

6.2.4 普通食品消费研究指南

食品标签法就食品消费数据规定了具体"通用指南"（21CFR101.12），包括以下需要：（1）选择代表性样本人口时要考虑目标人口数据和社会经济状况；（2）数据应当包含足够大的样本量，可以"对通常消耗量给出可靠估算"；（3）对方案中的潜在偏差和结果做出说明；（4）详细记录所用的研究方法。

法规还解释了开展研究和临床试验的原因以及如何创建声称，但对如何进行临床试验或对临床试验的监管要求均未进行详细说明。因此，研究人员应设计适当的人体研究，来满足声称中对科学证据的监管要求（这些科学证据应该通过科学家和研究人员的认可），并在了解患者风险水平的基础上，探究开展GCP和良好实验室规范（GLP）临床试验的必要性。

6.3 指导文件

FDA有许多指导性文件适用于高风险药物和器械，只有少数可用于指导低风险或可忽略风险食品相关研究和临床试验，这是比较合理的，因为公众有自由选择吃什么，并且如何用安全的食品成分补充膳食营养保证健康已成为日常生活的一部分，不需要政府来干预。尽管食品安全在法律、法规和指导文件中应该得到也正日益得到保证，但研究中安全的、合法销售的食品是不应随意监管的。此外，应鼓励使用预期安全食品的重要临床研究，这可以增进我们对安全食品及其在人类饮食中作用的了解。

负责任的、受过良好教育的科学家会为我们明确监管的起点和终点或者不需要监管。如果受试者自愿给予知情同意，方案科学合理，并包含有一定安全措施，或者仅仅要求试验对象是食用安全的、已经上市的、与食品相关的产品，或仅需要日常生活中的常见数据（年龄、身高、体重、问卷调查结果、已认证的实验室和实验室取样环境中的基础实验方法），我们真的需要对每一个临床试验进行严格监管吗？

当然，这里所提到的对合理的临床试验设计、操作、报告及患者安全保证的掌握非常复杂，至少涉及以下三方面：

（1）保证与食品有关的临床试验符合GCP规则和临床试验规定是试验项目负责人的责任。

（2）保障美国市场上的食品合法合规是FDA、USDA和其他部门的责任。

（3）确保所有与食品有关的声称的真实性、无误导性，且来源科学可信，是FTC的责任，监督机构可以协助。

三方面一致认为：对安全的食品相关产品开展研究的能力不应受到不必要的法律、法规和指导文件的阻碍。不过，食品相关产品应该可以安全食用，产品声称应通过SSA。只要临床试验按照GCP开展，有适当的人身保护，相关产品信息用于证明声称的真实性、无误导性，那么应相对不受阻碍。

---

① 1盎司=28.35g。

6.3.1 科学显著认定（SSA）

对于食品相关产品的声称要求，SSA的规定很复杂。例如，食品和膳食补充剂的声称类型包括但不限于营养素含量声称、结构或功能声称、健康声称和合格健康声称（QHC，经FDA特殊批准使用的一种声称）。NLEA授权FDA对食品标签（包括膳食补充剂标签）的健康声称进行审批，FDA可以决定该声称是否符合联邦《食品、药品和化妆品法》（FDCA）403（r）（3）、法规21U.S.C. 343（r）（3）（B）（i）、法规21CFR101.14（c）和法规21CFR101.70 中详述的SSA准则要求。如果FDA认为"经科学培训合格的专家"体现了SSA准则要求，并且得到全部现有公开的科学证据（包括精心设计的试验证据，这些证据符合公认的科学程序和原则）的支持，就会批准该声称。

FDA发布了一份关于SSA标准的指导性文件（FDA，1999），此文件是用来"评估支持健康声称申请中关于某些食品物质与某一疾病或健康相关状况之间关系的科学证据"，大约10年后，FDA更新了这份文件，更名为《健康声称科学评估证据化审查制度——最终版》，该文件概述了科学证据在支持一份健康声称或者一份合格的健康声称的确立和评价过程。具体如下：

- 确定评估物质或疾病关系的研究。
- 确定疾病风险的替代终点。
- 评估试验效果，判断是否可以从中得出关于物质或疾病关系的科学结论。
- 评估每项人体研究方式的质量，从中可以得出关于物质或疾病关系的科学结论。
- 评估整体科学证据。
- 评估SSA。
- 评估合格的健康声称语言的特殊性。
- 重新评估现有的SSA或者合格的健康声称。

在对食品相关产品的健康声称进行审查时，FDA要求专家就是否认同提交的健康声称中有关支持物质或疾病关系的证据保持公正。SSA的决策应当十分可靠，不能被新的科学发现所推翻，并应随着科学的进步将新的数据和方法结合起来。此外，这些指导性文件认同科学观点的多样性，声明无需一致决定即可批准声称：

> "因为需要依靠大量完备的科学数据，因此SSA的应用很客观；但考虑到支持不同物质或疾病关系有效性所需的数据数量和类型的多变性，其应用又可以很灵活；考虑到随着研究问题和实验方法的完善，必须不断重新评估数据的情况，使其又具有一定的呼应性。它不需要一致的、无争议的科学观点，但是，如果将新的科学证据出现和达成科学界共识看作一个连续的过程，则显著的科学观点更倾向于科学界共识。"FDA（2009a）

两份指导性文件（FDA，1999，2009a）都描述了在审查科学证据时的一系列"门槛问题"，包括：在每项研究中，声称的物质是否都经过具体测定？所称疾病或健康状况是否都经过具体试验？所有证据是否都支持该健康声称？例如，FDA会单独考虑一份健康声称或合格的健康声称中癌症的每种形式，并就FDA强制执行决定书（FDA，2009a）的案例进行讨论，包括：

- 绿茶和癌症
- 番茄红素和癌症
- 钙和癌症

SSA评估会说明不同研究人员在不同试验中得出的数据是否充分、合理，相关科学数据是否一致，才能确定"该物质饮食摄入量的变化"是否会导致"疾病患病时间点的变化"。该指导文件介绍了如何最先识别和评估单个试验的优缺点，然后识别和评估所有证据。特别强调：

> "健康声称的科学有效性标准包括两个部分：（1）现有的全部证据支持声称所涉及的物质与疾病的关系；（2）合格的审查专家利用SSA准则判定这种关系有效。"（FDA，1999）

各类试验方法差别很大，FDA没有具体说明所需试验的数量或类型；但是，试验必须解决某一物质和健康声称的关系等相关问题。此外，健康声称申请往往依靠公共领域的研究，但这些研究一般不支持健康声称，因此数据的适用性有限。

在确定了所有的临床或临床前的试验后，这些试验被分为干预（治疗安排、控制措施和因果关系是确定的）试验或观察（饮食习惯是在没有干预的情况下进行观察的，因此只能显示关联性，不能表明因果关系）试验。随机式、对照式和盲目干预式试验也被称作"黄金标准"。而且，虽然不是必须采用随机对照试验，但文中提到，良好的试验设计应该：

"……被认为是最有说服力且最重要的是，如果能从观察型试验或检测型试验中得到辅助证据，那么单一型、操作良好和受控的临床试验就能够提供足够的证据来证明物质或疾病间的关系。"（FDA，1999）

指导文件中还提到：

"对食品的干预试验不同于对药物的干预试验。与药物试验不同的是，如果将食品作为干预，则干预试验可能造成不必要的混淆…很可能不能使用安慰对照组进行食品试验，而且此类试验中的受试者不可能对干预行为视而不见。由于混淆和偏倚的可能性较大，对食品的干预试验会产生比药物干预试验更加不确切的数据。"（FDA，1999）

观察试验是支持健康声称普遍适用的方法，指南提到：

"没有普遍有效的方法来权衡观察试验的类别。但是，一般来说，观察试验按说服力的大小分为队列（纵向）研究、病例对照试验、横断面研究、非受控的案例序列或队列试验、时间序列试验、生态或跨人口试验、描述性流行病学和病例报告……观察试验的一个共同缺点是，不太容易确定试验人群的实际食物或营养摄入量。观察数据通常也仅限于确定食物与健康结果之间的关联，而不能充分证明物质或疾病关联反映的是因果关系而不是巧合关系。"（FDA，1999）

与其他国际监管组织不同的是，FDA只允许使用综合分析（meta-analyses）这种综合分析方法作为健康声称的支持证据（而不是主要证据）。同样，仅靠动物和体外试验不足以支持健康声称。

尽管对物质和疾病或健康状况关联的试验方法受到许多因素限制，包括治疗疾病或健康状况替代生物制剂的使用（如衡量冠心病患者血清胆固醇的指标），从食物本身和整体饮食摄入中单独测定食物中某种物质含量以及排除该物质对疾病或健康状况存在影响的难度，但是仍然要求试验具有可靠性。所以必须采取合理的控制措施尽可能地消除混淆因素，还必须对每项试验进行评估，这样才能确保试验设计、规则、结果测定、统计分析、数据评估程序，以及解释的充分性。

对于干预试验，主要存在以下问题：

- 试验对象是健康的还是患有健康声称中提及的疾病？
- 声称提及的主要疾病是否被视为"最初的"治疗终点？
- 该试验是否包括合理对照组？
- 该试验是否旨在衡量该物质在降低疾病风险方面的独立作用？
- 相关基线数据（如在替代终点上）是否在对照组和干预组之间有显著差异？
- 如何对干预组和对照组的结果进行统计分析？
- 具体测量了哪种疾病风险生物标志物？
- 试验开展了多长时间？
- 如果干预涉及饮食建议，是否有进一步试验来确定该建议是否会导致该物质的摄入量改变？
- 试验在哪里开展的？（FDA，2009a）

对于观察试验，主要存在以下问题：

- 包含哪类信息？

- 是否采用科学的、可接受的且经过验证的饮食评估方法来估算物质的摄入量？

- 观察试验是否评估了疾病与食物或食物成分之间的关系？（FDA，2009a）

评估试验的质量（例如，优势和劣势，以及每项试验得出的证据权重）时，需要仔细考虑试验偏差和测量混淆因素，并描述"评估物质或疾病关系的个别试验质量"的若干标准，包括试验设计的充分性和清晰度，试验样本大小和偏差，干扰因素，与膳食摄入和测量有关的暴露和结果，统计方法释义和证据汇总（如个别试验的表格列表）。

对于干预试验，包括以下方法质量问题：

- 研究是否符合随机化和盲法原则？是否设计了安慰剂组？

- 是否提出了纳入/排除标准？是否包含试验人群特征的关键信息？

- 是否对受试者人数减少的情况（受试者在试验完成前离开的情况）进行了评估？报道该试验的文章中的解释是否合理？

- 如何验证对试验方案的遵守情况？

- 是否对最初参加研究的所有受试者的基线数据进行了统计分析，还是仅对完成试验的受试者进行了统计分析？

- 该试验是否衡量疾病发病率或疾病风险的替代终点？

- 如何确定疾病的发病？（FDA，2009a）

对于观察试验，包括以下方法质量问题：

- 对疾病风险的混淆因素是否有适当调整？

- 使用何种膳食评估方法来估算膳食摄入量？（FDA，2009a）

一旦评估了单个试验，就必须权衡全部证据："评估证据的整体性意味着评估它是否起到关键性作用，即饮食中的物质摄入是否会导致疾病患病时间点的改变"（FDA，1999）。确定物质-疾病关联的强度取决于可用试验的类型和数量、方法学质量、结果、结果的一致性以及与美国人口的相关性。遗憾的是，目前没有可用于评估试验质量的通用系统，而且定义"因果关系"就意味着"为了确定物质或疾病关系的有效性，必须开展临床对照试验"（FDA，1999）。

最后，在评估SSA准则应用情况时，需考虑FDA以外专家的观点。例如，FDA将根据同行评议的文章，审查相关科学界可获得的数据，对于任何有关物质或疾病关系的结论，证据必须"有力、相关、一致"。

有时，物质-疾病关系是可信的，但还未达到SSA准则，在这种情况下，声称应使用不确定的描述语言。例如，如果与降低疾病风险相关的剂量是未知的，那么该声称就与原声称存在差距，应明确说明该物质起作用是由于其自身的品质还是其取代了更有害的物质。FDA可能会审查健康声称，并建议修改SSA声称或QHC语言，或者会将SSA声称更改为QHC，反之亦然。此外，如果发现安全问题，FDA可以马上终止该声称（FDA，2009a）。

总体而言，这两份指导文件（FDA，1999，2009a）提供了背景细节，并且概述了在评估健康声称和合格的健康声称的证据时，SSA过程的良好性。

6.3.2 膳食补充剂声称的证明

在制定"营养缺乏，结构、功能或一般健康状况"的膳食补充剂声称时，FDA有关这类声称的指导文件（FDA，2008）描述了FDCA中403（r）（6）[21U.S.C.343（r）（6）]要求的科学证据（即科学证据记录）的"数量、类型和质量"[21U.S.C.343（r）（6）]，而且这些证据必须"真实、无误导性"。考虑到1994年DSHEA对FDCA的修订中没有明确"证据"的定义，该指导文件还是很有用的。

该指导文件包含了FTC在声称和宣传方面的经验，FDA的法规，用于膳食补充剂标签声称证明的判例法专业知识，"与膳食补充剂不同的传统食品和药物"。根据DSHEA规定，FDA"对膳食补充剂的安全性有专属管辖权，对其标签也有主要管辖权"。FTC对膳食补充剂的广告具有主要管辖权。该指导文件旨在补充早期的FTC指导文件《膳食补充剂：行业广告指南》（FTC，2001）。

FDA指导文件建议"为了确保支持证据与特定产品和声称相关、科学合理并在所有证据中最具说服力，膳食补充剂制造商应仔细起草标签声称，并仔细审查每项声称的支持证据……"（FDA，2008）。总之，为了满足FDA和FTC的要求，所有用于标签和广告的膳食补充剂声称必须拥有证据，而且符合"有力、可靠的科学证据"的证据标准，这样才能确保所有膳食补充剂声称是真实没有误导性。FTC判例法将"有力、可靠的科学证据"定义为"测试、分析、试验、或基于相关领域专业人员的专业知识的试验或其他证据"，为了获得准确可靠的结果，这些证据都是由具备资格的人员以客观方式，使用专业人士普遍接受的程序来开展和评估的。

对于声称的制定，以及该FDA指导文件中提及到的，公司应该考虑：

- 每个声称的意义
- 证据与声称的关系
- 证据的质量
- 证据的数量

在界定声称的含义时，必须注意要充分理解"明确陈述"和"微妙暗示"类声称，以及所有称述的整体含义。如果可以用多种方式解释声称，则需要证实每种解释。消费者测试可能有助于明确消费者如何从整体角度理解声称。该指导文件给出了复杂声称的案例，其中公司需要对试验终点有清晰的理解，以确保可用的数据能够实际度量和证实每个声称的特定含义。

在考虑证据与声称的关系时，FDA指南建议仔细考虑以下问题：

- 每项试验或证据的优点和缺点是什么？
- 有试验已测定声称的膳食补充剂吗？
- 是否有试验测定了声称缺乏营养成分表，结构、功能或一般作用？
- 每项试验或证据是否与特定声称有关？
- 有试验对将要食用膳食补充剂的人群开展测试吗？
- 声称是否准确反映了试验结果，包括影响的性质（程度、性质或持久性）以及影响的科学确定性水平？
- 用最可靠的方法进行的试验是否表明了特定的结果？
- 大多数试验表明或发现的是什么，证据的整体性与声称是否一致？（FDA，2008）

用于声称证明的试验应包含直接适用于声称的信息。例如，应在试验中明确规定和测量声称要求中所述的补充剂份量和使用条件；试验应该在合适人群中开展，应该包括安慰剂组或其他对照组，饮食评估应该是健全的，并且应该使用合理的统计方法和结果测量。控制混淆变量非常困难，正如该指导文件所指出的，试验设计应仔细考虑临床试验中使用的物质和膳食补充剂声称的内容，以确保"配方、份量、给药途径、接触时长和接触频率……"具有可比性。

该指导文件还给出了一些复杂的实例，例如：

- 不是口服最终的膳食补充剂制剂，而是在常规食品中使用膳食成分，或在口服以外的给药途径中使用；
- 试验仅证实了大部分声称的一部分；
- 试验是在美国境外进行的，然而受试者具有罕见的独特矿物质缺乏症，此症状在美国人群中较为罕见；
- 评估了声称中预期年龄组以外的年龄组。

然而上述情况都不足以证实声称。该指导文件建议开展一些精心设计的小型试验，包括两项与其他科学证据一致的小型随机空白组对照试验，以及有明确的、可信的科学文献足以支持和证实产品声称的试验。

试验质量也很重要，包括准确细致地定义受试人群以及试验设计、实施、数据收集和分析。例如，高质量的试验会包括空白组对照，使用高质量的饮食评估方法和合理结果测定。正如本FDA指导文件所说的："'黄金标准'是随机、盲法、空白组对照试验设计。然而，这种类型的试验也并不一定是可行的、实用的、道德的。"因此，企业需要确定低于"黄金标准"的声称证明证据的质量。他们会发现仔细思考专家确定证实声称所需的足够数量和类型的科学证据的合格性和可靠性。通常将常规试验和观察试验一起使用，前者来确定因果关系，后者更多的是提供现实情况的经验数据。

与本章概述的其他FDA、SSA指导文件一样，本指导文件还提供了一些案例，并将以下类型的数据仅作为参考背景信息：动物试验和体外试验，证明和新闻资讯，荟萃分析和评论文章，对编辑的评论和信件，产品专著等。该文件中讨论了影响试验质量的设计因素的具体细节，包括偏倚、混淆因素，限制条件，质量评估因素的选择（如试验设计清晰度、持续时间、受试人群、随机性、受试者减少情况），物质暴露和结果测定（如控制背景饮食和健康变化、补充剂量和配方、交叉试验设计的淘汰期），数据分析和同行评审机会。在评估整体证据时，公司应考虑试验的数量、质量、一致性和相关性，包括有利和不利的方面。相互冲突和不一致的试验数据需要给出合理解释，指导文件也给出了几个实例，为了确保试验证据支持声称主张，需要仔细考虑证据的整体性和相互冲突结果的解释。

本指导文件概述了FDA和FTC要求的"有效和可靠的科学证据"的证据标准，来确保膳食补充剂的结构或功能，营养素缺乏和一般健康声称是真实不具误导性的。

6.3.3　合格的健康声称（QHC）

由于过去的法院案件认为，即使没有SSA，消费者也可以从一些标签声称中受益，因此在某些情况下，即使没有足够的SSA证据，法院也要求FDA允许QHC用于常规食品和膳食补充剂。为了获得更好的营养学知识，FDA、FTC和美国国立卫生研究院（NIH）成立了一个工作组，发布了FDA消费者健康信息工作指南（FDA，2003a）。FDA发布了两份"临时"文件，为QHC批准后的10年多中应用于以下方面铺平了道路：

- 传统食品和膳食补充剂标签中QHC暂行办法（FDA，2003b）
- 基于证据的科学数据排名系统暂行办法（FDA，2003c）

另一份FDA指导文件描述了碳水化合物的科学评估。

- 作为公民请愿书的不易消化碳水化合物的分离或合成作用证据的科学评估（21CFR10.30）（FDA，2016d）

在这种情况下，QHC需由科学证据来支撑，包括临床试验数据，如SSA声称（21CFR101.14），数据与饮食或疾病关系相关性；但是，如果数据没有达到SSA的水平，声称可能被认定误导消费者（即某些QHC可能需要关于缺失SSA的免责声明）。以下部分将以问答形式回顾开发和发布的FDA指导文件（FDA，2006），来提供有关这些QHC的信息以及支持QHC与SSA健康声称所需的数据量。

6.3.3.1　健康声称和其他声称的区分

不同于其他类型的声称，健康声称指的是一种特定的食物及一种特定的疾病状态或健康状况。例如，结构或功能声称描述物质如何影响身体健康而并不定义任何疾病，营养素含量声称仅说明食物中的营养素含量，而膳食指导声称指的是疾病状态或健康状况，但不是特定物质或特定疾病或健康状况（58FR2478，2487；1993年1月6日，FDA，1993）。虽然所有声称都必须真实没有误导性，但健康声称特别要求必须由FDA审查和授权。本指导文件提供了几个不属于健康声称的案例：

- 结构或功能声称："钙有助于形成强壮的骨骼。"
- 膳食指导："富含水果和蔬菜的饮食可以降低罹患某种癌症的风险。"
- 膳食指导："胡萝卜有益于健康。"
- 膳食指导："钙有益于人体。"

此外，牢记，任何关于治愈、减轻或治疗疾病的声称都会使该物质成为美国FDA法规规定的药物。

为了进行比较，本指南提供了两个授权健康声称的案例（斜体字体表示该物质和该疾病之间的相关性需要获得FDA批准）：

- 低*钠*饮食可以降低患*高血压*的风险，而高血压与许多因素相关。
- 每天摄入含25g大豆蛋白的低饱和脂肪和低胆固醇饮食可以降低患*心脏病*的风险。

就像上文所表述，健康声称通常描述该物质如何降低疾病风险。

6.3.3.2 SSA和QHC申请书

FDA会要求企业在提出某种物质的健康声称（SSA或QHC）时提交申请书。本指南描述了向FDA提交健康声称申请的流程和时间表的要求。申请书要求见法规21CFR101.70，一般健康声称要求见法规21CFR101.14。在FDA执法自由裁量权、FDA审查时间表、声称措辞和所需的科学支持数量方面，QHC是独一无二的。

QHC和SSA都是基于科学证据整体的；但是，QHC的科学证据相比SSA较弱。为了区分健康声称，FDA在其暂行指导文件中给出了四个级别的科学共识的标准化描述：

- *重要性（仅适用于SSA健康声称）*
- *良好到中等*
- *低*
- *很低*

QHC语言必须确保"消费者不会对支持科学的本意产生误解"，并且限定语需SSA的三级科学支持。在SSA声称被批准"通过通知和评论规则"之前，SSA申请书必须符合SSA标准。为了收到执行自由裁量权书，QHC申请书必须符合暂行法规要求，如果申请书不完整或缺乏可靠的科学证据，就会被拒收。

6.3.3.3 QHC申请书的时间表和内容

在申请QHC时，封面应表明该申请书是针对QHC的。FDA将在270d内完成审查，具体如下：

- FDA在15d内确认收到了申请书。
- 如果内容不符合法规21CFR101.70中的要求，FDA会在45d内提交一份有文件编号的申请书或将申请书退回申请人。
- FDA会将申请书在FDA网站上公示60d，征询公众意见。
- 申请人会收到执行自由裁量权书或拒绝函，在收到申请书后270d内，FDA会在网站进行公布。

在制定QHC申请时，请注意：

（1）概述该物质是如何满足美国监管要求的［21CFR101.70（f）（a），21CFR101.14（b）］，定义为什么该物质可被视为"安全"食品、"安全"食品成分或"安全"成分，可在提出声称所需的水平上合法销售，该物质与声称的疾病或健康状况有什么关系，以及该物质对味道、香气、营养价值或技术效果的作用［21CFR170.3（o）］。

（2）总结科学证据。

（3）使用分析数据［21CFR101.70（f）（C）］说明食品中的物质含量。

（4）提出健康声称［21CFR101.70（f）（D）］。

（5）附上支持声称的科学数据［21CFR101.70（f）（E）］。例如，文献检索、研究文章（必须是英文）、不良事件信息等副本。

（6）附一份对于分类排除环境评估或声称［21CFR101.70（f）（F）］。

QHC拒绝信、撤回信和强制裁量权信发布在几个FDA网站页面上（FDA，2016c）。FDA执行自由裁量权信中表明，如果声称符合信中规定的标准，FDA无意反对该声称。

本指南概述了QHC申请书的流程和要求；然而，因为FDA会对每个QHC申请书都进行个案审查，因此这个过程通常难以理解。

6.3.4 结构或功能声称

本节回顾了一份解释结构或功能声称与疾病声称差异的FDA指导文件（FDA，2002）。这些细节有助于决定是否需要临床试验数据来支持特定类型的膳食补充剂声称。膳食补充剂的标签可包括不经FDA审查的结构或功能声称（FDA，2000）。这些声称可以描述膳食补充剂对身体结构或功能的影响，但不得与疾病诊断、治疗、缓解、治愈或预防有关，因为这些特定疾病声称需要在销售药物或食物物质之前事先通过FDA审查和批准获得SSA或QHC声称。

法规21CFR101.93（f）强调：允许结构或功能陈述。膳食补充剂标签或标识可以……含有描述营养素或膳食成分作用于人体结构或功能的陈述，或描述营养素或膳食成分维持这种结构或功能的机制的书面语言，前提是这些语言不是疾病声称……如果产品的标签或标识作为膳食补充剂疾病声称……除非声称是合格产品的授权健康声称，否则该产品将作为一种药物受到监管。

特别是第403（r）（6）节允许膳食补充剂有营养缺乏声称（如将维生素C与坏血病相关）或与健康状态相关的声称。但这些主张必须得到证实，真实没有误导性；而且必须在销售产品之前至少30d通知FDA，在使用声称时，必须在产品标签上该声称的旁边附带免责声明"该声称未经FDA评估，该产品不做诊断、治疗、治愈或预防任何疾病之用"［21CFR101.93（c）］。

结构或功能声称的示例包括：

• 有助减肥。

• 改善血液循环。

• 减轻常见情形下的紧张情绪，如公开演讲时。

• 含有"X"的膳食补充剂的标签使用权要求："氨基酸'X'是一氧化氮化学前体，血管细胞含有产生一氧化氮的酶，一氧化氮对维持血管张力非常重要。"

• 能减轻月经量大的女性10%缺铁性贫血症状。

为了确定某项声称（无论明确说明或暗示或推断）是否是"在公布前需要FDA审查"的疾病声称，该指导文件要求公司在审查声称时使用客观证据，必须对所有声称进行全面审查，且给出了涉及疾病迹象或症状的疾病声称案例，以间接建议将产品用于治疗或预防疾病。未经FDA授权，这些疾病声称是无效的，因此它们并不是结构或功能声称。

与上文讨论和给出的"疾病"定义一致，本指导文件也给出了法规21CFR101.93（g）中描述的"疾病"的相同定义，如下：

"……损害身体器官、部位、结构或系统，使其不能正常发挥作用（如心血管疾病），或导致这种功能障碍的健康状态（如高血压）；但由于必需营养素缺乏导致的疾病（如坏血病、糙皮病）不包括在此定义中。"

在考虑开展食品的临床试验时，了解如何避免疾病声称至关重要。为了确定声称是否是疾病声称，本指导文件审查了10个标准，并提供了多个案例帮助区分疾病声称与结构或功能声称，疾病声称如下：

（1）声称提及疾病或暗示疾病影响（如减轻胸痛，暗示对心绞痛的影响）。

（2）声称对疾病体征或症状的影响（如降低胆固醇，意味着对心血管疾病的影响；同时维持正常胆固醇水平可能是一种合理的结构或功能声称）。

（3）声称"对自然状态或过程的影响"（如衰老），与异常或疾病状况有关，特别是在这种情况并不常见或可能造成重大或永久性伤害时（例如，关于囊性痤疮的声称可能是疾病声称，但关于非囊性痤疮的声称不一定是疾病声称；产品名称"舒缓睡眠"可以被视为失眠的疾病声称，除非标签上注明该产品专门用于"偶尔失眠"）。

（4）产品名称、配方、图像、符号、期刊文章等暗示疾病影响（例如，品牌名称"Circulacure"是一种疾病声称，产品标签中列出的药物是隐含的疾病声称；心脏符号、心电图描记和处方术语暗示产品是一种用于治疗疾病的药物；另外，如果不涉及影响疾病的膳食补充剂，则允许作关于改善健康的声称）。

（5）类别名称也可能涉及疾病声称（如镇痛剂、抗生素等，除了"缓解暂时性水肿的利尿剂"外，某种意义上是一种结构功能声称，因为上下文阐明了产品效果而不是对疾病的影响）。

（6）替代药物或疾病治疗是一种疾病声称。

（7）增加药物或疾病治疗是疾病声称（甚至提到药物或疗法都被认为是疾病声称）。

（8）声称膳食补充剂能对抗疾病是一种疾病声称（例如，"支持身体抵抗感染的能力"是一种疾病声称，

"支持免疫系统"是一种可接受的膳食补充剂结构/功能声称）。

（9）如果不良事件是一种疾病（如"用抗生素维持人体肠道菌群……"），则影响与疾病治疗相关的不良事件是疾病声称。

（10）对疾病的其他影响是疾病声称。

本指导文件还提供与疾病声称相关的单词列表，并提供了关于如何根据膳食补充剂临床试验得出的数据制定合理结构或功能声称的建议。

6.4 警告信案例

FDA向食品公司发出了数百封有关声称的警告信，其中许多警告信与支持声称的临床试验有关。

6.4.1 膳食补充剂中包含临床研究用的新药

2015年5月21日的一封警告信针对的是Akron ZXT Bee Pollen网站和其一些位于俄亥俄州阿克伦市的零售场所，（FDA，2015c）。FDA收取了"紫秀汤蜂花粉胶囊"和"蜜蜂薄"的产品标签和样品，并在警告信中提到"根据FDCA第505（a）和301（d）节，这些产品是未经批准的新药［21U.S.C.§§355（a），331（d）］；根据FDCA第502和301（a）节，它们涉嫌标签违规［21U.S.C.§§352，331（a）]"而且通过实验室检测在两种产品中发现了西布曲明。警告信指出：

> "西布曲明是药物诺美婷（Meridia）中的活性成分，诺美婷是一种于1997年被FDA批准用于肥胖治疗的新处方药。由于相关临床研究表明该药会增加患心脏病和中风的风险，该药于2010年12月21日退出美国市场。"

在一些以膳食补充剂销售的产品中，也发现了另一种可能增加癌症风险的化学物质——酚酞。警告信指出：

> "……根据FDCA的第201（ff）（3）（B）（ii）节［21U.S.C.§321（ff）（3）（B）（ii）]，膳食补充剂不得含有经批准作为新药进行研究并公布的物质，除非该物质在被批准作为新药进行研究前已经作为膳食补充剂或食品销售。"

FDA于1985年收到了西布曲明的初次申请。然而，没有证据表明西布曲明在被FDA批准为新药之前曾作为膳食补充剂批准上市销售。因此，该产品不符合膳食补充剂的定义。

FDA认为该产品标签和促销标签的声称表明产品有药物作用，声称内容包括：
- 这款独特的产品让您每天只需服用两粒胶囊即可轻松减掉脂肪并重获良好身材。
- 快速减肥而且不用严格控制饮食……
- 重塑身材……减少腰部、腹部、臀部和颈部的脂肪，同时也有效地改善腰臀比例……
- 促进快速减肥、减脂。
- 抑制食欲，减少皮下脂肪。
- 降低胆固醇和血糖。
- 缓解过敏并提高免疫力。

该警告信还说，由于该产品不属于公认安全物质（GRAS），故该产品应属于新药。且根据法规FDCA第502（f）（1）节［21U.S.C.§352（f）（1）]规定，没有清晰的使用说明属于标签违规行为。

6.4.2 关于因网页上声称内容不当导致膳食补充剂被判定为药物的另一个案例

FDA在对位于佛罗里达州圣彼得堡的"Almased USA，Inc."公司的网站和其名为《减肥计划》的宣传册（FDA，2012a）进行了审查之后，于2012年1月18日对该公司发出了一封警告信。经审查FDA认为该公司网站和宣传册涉及治疗声称的内容，"将本产品作为药物使用，因为它用于治疗、缓解、治疗或预防疾病"。上述违规声称的实例包括（仅列举部分）：

- 国际肥胖杂志报道了Almased®对肥胖者的益处。研究还表明，Almased®对糖尿病患者非常有帮助……
- 参与研究的受试者采用加入每日50g Almased的饮食，结果如下：……他们的血液指标水平——特别是空腹血糖水平、空腹胰岛素水平和长期血糖水平得到明显改善。
- 最近的研究表明，经过4周的测量，有Almased®支持的饮食能够显著降低胰岛素水平以及HbA1c水平。
- 降低低密度脂蛋白（LDL）胆固醇水平。以Almased®为主导的减肥计划能够降低LDL胆固醇和甘油三酯水平，同时提高高密度脂蛋白（HDL）胆固醇水平。
- 降低血压。使用Almased®"减肥计划"可降低收缩压和舒张压。
- Almased®可降低血糖水平……
- Almased®有效防止……高血压和抗胰岛素性……Almased®防止高血压、胆固醇和糖尿病。
- Almased®对糖尿病患者有所帮助……明显改善空腹血糖水平、空腹胰岛素水平和长期血糖水平（见图，第23页）……

此外，公司网站和《减肥计划》宣传册第21页还以个人推荐形式做出了声称，这些声称确定了该产品的预期用途为药品。这些推荐实例包括：

- 我患糖尿病六年了……血糖水平是265，胆固醇和甘油三酯都很高。我的医生想让我服用胆固醇药物，但在我使用了Almased®。两年后……胆固醇和甘油三酯都恢复到了正常水平，空腹血糖现在也在处于正常范围（99~104）。
- 和我一样患有糖尿病的一个朋友，他开始使用Almased®……现在他不再进行糖尿病调理治疗了。这个产品确实有用……

FDA认为这些声称表明该产品"旨在治疗、缓解、治疗或预防疾病……故该产品应属于药品……"［FDCA第201（g）（1）（B）条］。此外，吸引顾客访问网站的元标签也违反了规定，这些元标签包括："控制血糖水平"，"调节血糖""帮助调节血糖水平"和"避免胰岛素飙升"。由于该产品并不能安全有效地达到这些效果，同时，因其未经FDA批准，且赞助商未提供新药安全性和有效性数据，因此FDA判定该产品非法销售［FDCA第505（a）条；21U.S.C.§355（a）］。

FDA的警告信也表明该产品属于标签违规，因为这种新药的使用条件标注如下：

"不适合非医务人员进行自我诊断和治疗，因此无法编写适用于非医务人员的使用说明……标签内容没有适合的使用说明"［FDCA第502（t）（1）条；21U.S.C.§352（t）（1）］。"在洲际贸易中销售该产品违反了该法案第301（a）一节"［21U.S.C.§331（a）］。

根据美国FDA的规定，上述警告信和其他相关信息显示了网站声称是如何将简单的食品或膳食补充剂"转变"为药物。制造商和销售商如果本意就是在美国销售药品，为了避免FDA或其他机构发出警告信及采取执法行动，就应该满足药品的所有监管要求和其他适用的监管要求。

6.4.3 膳食补充剂的安全性和有效性试验

FDA对一家膳食补充剂公司发出了警告信（FDA，2014a），因为FDA审查该公司赞助的一项临床试验时发现了"令人不快的状况"。FDA生物研究试验监察体系（BIMO）检查官发现，该公司"没有遵守适用的法定要求和FDA有关临床调查的法规"，该警告信提到了包括在临床调查开始之前需要向FDA提交IND申请在内的三个方面违规行为：

（1）未提交IND申请即进行临床研究，而新药研究受法规21CFR 312.2（a）［21CFR 312.20（a），

312.40（a）〕的约束……

（2）未能确保对研究进行适当监控，未能确保所进行的研究符合包含IND〔21CFR 312.50，312.56（a）〕在内的一般研究计划和协议要求……未能确保开展适当监控……未确保临床研究人员按照该协议进行研究。具体而言：监测工作未能按照协议要求，识别并纠正研究者未能收集到的有关研究对象特定病例报告表（CRF）的相关数据。

（3）未保留能够表明研究药物的接收、运输或其他处置行为的记录〔21CFR 312.57（a）〕……

因此，FDA认为根据法规21CFR312.40要求，该产品用于任何临床试验中都需要申请IND，所以该产品在美国销售是违法行为。FDA收到了该公司的书面回复，并在警告信中引述该公司认为该产品是膳食和食品补充剂而非药物的相关表述：该公司认为，该产品的特点是"安全"。如法规21CFR182.1所述，这属于GRAS的规定，例如FDA认为"常见食品成分如盐、胡椒、醋、发酵粉和谷氨酸钠等用于预期用途时均是安全的。"公司表示他们做了几项研究，"以获得足够的数据提交给FDA，以满足产品的安全性和有效性要求"。

FDA的警告信指出，该研究方案将该产品描述为"研究药物（Study Medication）"，该研究的目的是评估该产品在患有"丙型肝炎和人类免疫缺陷病毒共感染"疾病患者体内的抗病毒效果。FDA认为，这项研究的目的是确定该产品是否可以"减轻或治疗免疫缺陷病毒感染患者的丙型肝炎"，这种用途使该产品成为应符合FDCA要求的药物，因为该产品被用于"诊断、缓解、治疗、治愈或预防疾病"。警告信表明在将该药物用于任何人体的临床研究之前公司需提交IND申请。警告信表明在获得FDA批准前，公司同意暂停进一步研究。FDA表示，"如果要进行临床研究则需要IND，该公司目前的计划似乎足以防止再次发生此类违规行为"。

关于临床试验的适当监控，公司向FDA提供了书面答复，解释公司没有书面监控计划。不过，该公司通过"与临床研究人员进行口头讨论"来监控研究的进展情况。该公司表示，他们已经准备用FDA 483表的形式书面向FDA提交监控计划、新协议和CRF副本。然而，FDA在警告信中提到：

> "贵公司的书面答复不够充分，因为没有包含监控计划或提供有关监控计划的任何详细信息，因此我们无法确定贵公司的监控计划是否能杜绝类似违规行为再次发生。此外，贵公司提供的CRF……似乎与协议……无关，贵公司提供的CRF主要涉及标准使用及实验室评估的内容，并未涉及协议的相关内容。"

此外，该警告信提到，该企业"没有保留任何关于研究药物的装运或其他处置的相关记录。"相关法规要求对有关临床研究单位信息（如名称和地点）、所提供药物的数量以及运输的产品情况（如批号或代号）等都应有详细记录。警告信表明该公司在对FDA 483表的书面回应中称公司"曾自行将产品送到医院"，而现在制定了标准操作程序（SOP）来"概述关于装运、使用数量、退回或销毁该产品的相关要求……"；然而，FDA在警告信指出：

> "贵公司的回复中未提供有关SOP的文档或详细信息。因此，我们无法确定此SOP是否能够杜绝违规行为的发生"。

警告信的最后对该公司提出要求："建立程序体系，确保任何正在或将要进行的研究符合FDA法规要求。"

6.4.4 另一需要IND的药物临床研究案例

一封于2012年10月16日向一家生物科技公司发出的警告信（FDA，2012b）指出，一系列产品被标记为膳食补充剂，然而，FDA通过对这些产品网站上的"治疗性声明"进行审查，认为这些产品应属于药品。此外，FDA表示至少有一个网站上的内容表明该公司"在没有取得有效IND申请的情况下，一直赞助使用水母发光蛋白来治疗或预防疾病的临床试验。该行为违反了相关法规规定。"其中一个有关该产品的网站有下列描述：

> "……不再从水母中直接提取，而是'诱导'快速分裂的宿主细胞分泌独特的蛋白质。这种蛋白恰好是

所需的成分……与从在海洋中生长的水母中直接提取不同，这种方式不会有重金属污染风险。"

警告信指出，该产品不符合膳食补充剂在美国法律法规上的定义，不能作为膳食补充剂销售，因为该产品不是膳食成分。通常认为膳食成分的定义是"通过增加总膳食摄入量供人类补充膳食物质，包括维生素、矿物质、氨基酸、药草、其他植物成分或其他膳食物质等成分"而不是"某种膳食成分的浓缩物、代谢物、成分或提取物，也不是某些饮食成分的组合。"

警告信中指出，该公司网站和Facebook页面上的详细介绍、图片或视频［21CFR101.93（g）（2）（iv）（E）］、个人推荐语言、研究和科学文章［21CFR101.93（g）（2）（iv）（C）］等都在一定程度上使这些产品成为了"新药"，因为上述内容所提到产品用途"可被视为关于诊断、缓解、治疗、治愈或预防疾病的陈述"，而这些用途可能并非安全、有效。

警告信引用了几起涉嫌违规行为的具体案例，并指出这些产品涉及标签违规，因为根据描述该产品"不适合自我诊断和非医疗人员的治疗"，并且"未编写清晰的使用说明以便非医务人员能够安全地使用这些药物达到预期目的……"［FDCA 502（f）（1）节；21U.S.C.§352（f）（1）］。警告信中指出"在州际贸易中销售标签违规的药物是违反上述法规第301（a）条［21U.S.C.§331（a）］。"

美国FDA引用了相关网站关于描述产品用于"治疗或预防多种疾病"临床试验声称。警告信指出，上述网站中的声称将该产品定义为：

> "……一种来自水母的独特化合物，有助于调节细胞内钙水平，减轻大脑中钙过量的毒性作用。……许多研究人员认为各种医学健康状况与钙水平的失控有关系。虽然神经退行性疾病、炎症性疾病、自身免疫疾病和内分泌疾病以不同的方式对身体产生影响……但它们通常具有共同点，即调节钙离子的能力丧失。"

此外，该警告信引用法规21CFR312进行解释，只要赞助商对新药进行临床试验，就需要向FDA提交IND申请。警告信中的具体表述如下：

> 临床研究指的是"任何对单个或多个受试者使用了药物的试验"［21CFR 312.3（b）］。根据我们的调查，包括对贵公司总部和仓库设施的检查表明，贵公司已开始并负责开展药物水母蛋白的临床研究。因此贵公司是该研究赞助商，在进行此项研究之前需要申请IND。
>
> 如上所述，根据法规规定［21U.S.C.§355（a）］，未经事先批准，不得将新药在州际贸易中销售。FDA未批准水母蛋白作为药物在美国销售，根据法规21U.S.C§355（i）该产品也不存在豁免情形。因此，贵公司使用未经批准的新药水母蛋白进行临床试验且未申请IND，违反了该法规第505（a）节和第301（d）节规定。此外，贵公司没有IND就开展新药水母蛋白的研究违反了法规21CFR 312.20。

虽然警告信认可公司会采取"纠正措施"，但从检查到发出警告信期间，网站声称依旧存在，临床试验活动也仍在进行。

该警告信也详述了因标签问题导致FDA将该产品作为膳食补充剂进行审查的过程，FDA发现企业未遵守不良事件报告及记录保存要求，未遵守膳食补充剂良好生产规范（cGMP）规定（21CFR111），具体描述如下：

> "……贵公司没有向FDA提供癫痫发作、脑卒中和多发性硬化症状恶化的不良事件的报告，而贵公司接到过上述不良事件的报告，且这些不良事件与……公司产品的使用有关，其中包括一些导致消费者住院治疗的不良事件。通过检查，发现贵公司接到了1000多起不良事件和产品投诉并有相关记录……涉及心律失常、胸痛、眩晕、震颤和晕厥（昏厥）及之前提到过的癫痫、脑卒中和多发性硬化症的恶化等。在FDA检查之前，贵公司仅对2起不良事件进行调查或报告。
>
> 在我们的调查人员与贵公司代表讨论了膳食补充剂的不良反应事件报告要求后，贵公司在检查期间向FDA提交了另外两份严重不良反应事件报告。FDA收到了对检查清单的回复……这些检查清单记录了公司

对收到的一些不良事件的调查情况。……回复还包括法规FDA 3500A表中针对贵公司通过调查认定为严重不良事件的报告，以及用于记录和评估公司报告的不良事件严重程度的SOP要求……以及针对不良反应事件报告开展的员工培训。

FDA对贵公司的生产线和实验室设施分别进行了检查……记录了贵公司在未能遵守cGMP对膳食补充剂的要求的几个重要方面问题……贵公司没有对成品批次的产品分别检验……；某些批次产品未执行制造记录中的所有程序；未能建立或遵循实验室操作程序；未能确定成品标准，如对标识、纯度、强度和成分规格等指标的控制等；未能对生产过程中的关键要素进行记录。"

该警告信以该公司回复作为结尾，表明公司开始对所有生产批次产品进行检测，更新生产和SOP记录，并上报批次测试的结果。FDA表示，"如果这些产品是膳食补充剂，我们会考虑贵公司对cGMP和不良事件报告观察的回复"，"但因为这些产品是药物，应适用cGMP和药物的不良事件报告要求"。

涉及上述类型的膳食补充剂和食品相关产品的临床试验问题在判例法中有激烈辩论和探讨，因为许多公司生产和销售食品及食品相关产品时，并将这些产品往"药品"方面考虑。当与FDA就产品声称和研究进行讨论后了解到FDA认为这些产品是药品时，许多公司都感到非常惊讶。

6.4.5　FDA指出Cheerios®应属于药物且标签违规

与之前的警告信类似，一封给General Mills的警告信指出，一种谷物食品因在其产品标签上声称其可用于"预防、缓解和治疗疾病"而被视为未经批准的新药。该警告信引用了标签上的如下声称：

• 可在6周内降低4%的胆固醇。

• 你知道吗？仅仅在6周内Cheerios®就能平均降低4%的坏胆固醇，Cheerios®……经临床证明可以降低胆固醇。一项临床研究表明，当你采用低饱和脂肪和低胆固醇膳食时，再加入每日两份1.5杯的Cheerios®谷类食品，可以有效降低不良胆固醇。

这封警告信讨论了上述声称暗示产品可以通过"降低胆固醇"来预防、减轻或治疗"高脂血症"和"冠心病"。警告信指出：

"总胆固醇和低密度脂蛋白胆固醇指标的上升会增加罹患冠心病的风险，或是罹患冠心病的征兆。鉴于该声称表述的效果，该产品应被认定为一种药物……该产品是一种新药……原因是其被消费者认为能有效预防或治疗高脂血症或冠心病。因此……上述产品属未经批准的新药，不得在美国合法销售。

经FDA发布的法规21CFR101.81批准，允许在产品标签中使用关于'全麦燕麦中的可溶性纤维可降低冠心病风险作用'的健康声称……该法规规定，健康声称可选择以下表述方式：

某物质可通过影响血液总胆固醇和低密度脂蛋白胆固醇指标，来降低患冠心病的风险……尽管Cheerios®产品包装正面标签左下角包含法规21CFR101.81许可的可溶性纤维或冠心病相关性健康声称内容，但除此之外还在包装的其他位置通过其他标签设计方式单独作出了两项声称。内容涉及临床研究的胆固醇声称在麦片盒子的背面，与正面标签上的健康声称完全分开。另一项有关胆固醇的声称与允许标注的健康声称虽在包装的同一面上，但它在正面包装标签中心横幅的显著位置上，其较大的字体、不同的背景和特殊文本效果使其与左下角的健康声称清楚地区分开。

此外，即使允许标注关于降低胆固醇的声称……该产品声称的文字表述仍然不符合该声称的使用条件。按规定产品必须符合声称的具体要求……包括要求声称不得将降低任何程度的冠心病患病风险归因于膳食中加入了该产品……然而Cheerios®麦片标签上声称该产品能在6周内降低4%的胆固醇，从而降低患冠心病的风险。血液总胆固醇和低密度脂蛋白胆固醇水平升高，则患冠心病风险也会升高，因此Cheerios®产品标签上低胆固醇可降低患冠心病风险的声称要成立，必须是总胆固醇和低密度脂蛋白水平下降，冠心病的风险也会下降。"

该警告信还解释了FDA认为该产品标签违规的原因，"……因为标签上有未经许可的健康声称。"FDA认为，该产品网页（www.wholegrainnation.com）上的内容也是产品标签的一部分，"因为该网址出现在产品标签上"。警告信中指出网页上"未经许可的健康声称"包括以下内容：

• 富含全谷物食品的心脏健康膳食可以降低患心脏病的风险。

• 将全谷物作为健康膳食的一部分有助于降低某些类型癌症的风险。作为低脂膳食的一部分，定期食用全谷物可以降低患某些癌症的风险，尤其是胃癌和结肠癌。

FDA认为上述均为违规的健康声称，因其"未经法规批准……或该法关于健康声称相关条款的批准"。FDA批准的健康声称内容为"含纤维谷物产品与降低冠心病风险（21CFR101.77）和与降低癌症风险（21CFR101.76）之间的关系"。然而，网页中的声称不符合声称的监管要求，以下示例分别记录在有关心脏病和癌症声称的警告信中：

> "……根据101.77（c）（2），声称应该表明含低饱和脂肪和胆固醇、高纤维水果、蔬菜和谷物产品的膳食可以降低患心脏病的风险。网站中的声称没有提到水果、蔬菜、纤维含量，以及保持膳食中低水平饱和脂肪和胆固醇等内容。因此，该声称并没有表明所有这些因素加在一起有助于降低心脏病的风险，也没能让公众通过声称理解这一做法在日常膳食中的重要性……"

> "……根据101.77（c）（2），声称应该表明含高纤维谷物产品、水果和蔬菜的膳食可以降低某些癌症的风险。网页中的声称没有提到水果、蔬菜和纤维含量。因此，该声称并没有表明所有这些因素加在一起有助于降低患心脏病的风险，也没能让公众理解这一说法在日常膳食中的重要性……"

该公司于2009年6月1日与FDA会面，并提交多项临床研究结果，以便FDA对Cheerios®麦片标签上的"6周内4%"及"1个月内10%的"低密度脂蛋白胆固醇降低程度声称和"可溶性纤维和冠心病相关性健康声称"（21CFR101.81）进行评估审查。FDA于2009年10月9日回复并公布了对所提交研究的初步审查结果。这份公开函件的分析角度与当时公司希望修订标签的法律争论完全不同。在这封回信中，FDA提供了"在更大背景下的相关信息……"并认为"根据法律，FDA的健康声称评估是基于所有公开的科学证据。"在这封回信中，FDA指出：

> 健康声称应包含关于影响程度的内容，贵公司使用的声称……与合规的健康声称中的表述一样……必须有全面的证据支持。贵公司为支撑该声称而向我们提交了相关的研究报告，然而这些研究并不能代表自1997年可溶性纤维或冠心病健康声称的规则发布以来所有发表的关于评估含有全燕麦可溶性纤维的食品降胆固醇效果的研究。为了确定所有公开的科学证据是否支持对可溶性纤维或冠心病健康声称进行修改（即全燕麦可溶性纤维可以降低特定年龄的低密度脂蛋白胆固醇），我们必须审查所有相关的研究，以确定这些研究长期、有效地评估了全燕麦可溶性纤维与低密度脂蛋白胆固醇降低之间的关系，而不是仅根据贵公司提交的关于Cheerios®的研究进行审查。

General Mills公司提交的四项研究报告提到："Cheerios麦片是全燕麦可溶性纤维的膳食来源"。其中三项研究提供了支持"6周内低密度脂蛋白胆固醇降低4%"的证据（Johnston等，1998；Karmally等，2005；Reynolds等，2000），一项研究提供了支持"一个月内低密度脂蛋白胆固醇降低10%"的证据（Maki等，2009）。FDA在回复信中对每项研究进行了分别讨论如下：

> "……Johnston等（1998）进行的是一项双盲、随机、平行研究，受试者为120名40~70岁的轻度至中度高脂血症男性和女性。受试者分为两组，试验组采用Step 1饮食（总脂肪≤总热量的30%，饱和脂肪≤总热量的10%，胆固醇<300mg/d）并通过含有全燕麦的Cheerios®摄入3g/d可溶性纤维，对照组采用Step 1饮食并摄入基本不含纤维（0.1g/d）的谷类。经过6周……与对照组相比，试验组受试者的低密度脂蛋白胆固醇显著降低（−4.2%）……根据我们的初步审查，这项研究似乎为全燕麦中的可溶性纤维能在6周内平均降低4%低密度脂蛋白胆固醇水平提供了数据依据。"

"……Karmally等（2005）进行的是一项随机平行研究，受试者包括约145名30~70岁的血液胆固醇水平正常或较高西班牙男性和女性。受试者分为两组，试验组采用Step 1饮食并通过含有全燕麦的Cheerios®摄入3g/d可溶性纤维，对照组采用Step 1饮食并摄入不含可溶性纤维（0.1g/d）的谷类。经过6周……低密度脂蛋白胆固醇与基线值相比平均下降5.3%。研究提供了对照组和试验组中每组受试者血液总胆固醇和低密度脂蛋白胆固醇（mg/dL）浓度的平均变化（受试前与受试后），以及每组胆固醇水平的平均下降百分比。然而，该研究并没有报告试验组与对照组总胆固醇和低密度脂蛋白胆固醇水平平均变化的对比情况（即血液胆固醇水平的净变化，无论是以毫克/分升还是以百分比的形式）……因此，尚不能确定这项研究是否支持食用Cheerios®麦片可在'6周内降低4%低密度脂蛋白胆固醇的说法……"

……Reynolds等（2000）进行的是一项双盲、随机平行设计研究，共有43名27~68岁患有轻度至中度高脂血症的男性和女性参试。受试者分为两组，试验组采用Step 1饮食并摄入2.7g/d的燕麦可溶性纤维，对照组采用Step 1饮食并摄入基本不含纤维（0.2g/d）的谷类。经过4周……与对照组相比，试验组受试者的低密度脂蛋白胆固醇平均降低了4.9%。这项研究并不支持全燕麦可溶性纤维能在6周内平均降低低密度脂蛋白胆固醇4%的结论。这项研究进行了4周，因此没有提供6周时低密度脂蛋白胆固醇降低的相关数据。该研究无法确定食用麦片6周是否能维持与4周时相同的低密度脂蛋白胆固醇水平。

在这封警告信中题为"其他问题"的一节中，FDA对Cheerios®产品声称的审查认为，该三项研究的结论"与FDA在批准可溶性纤维或冠心病健康声称时引用的许多研究结论是一致的"，FDA"审查了1996年关于燕麦可溶性纤维和冠心病患者健康声称拟议规则序言中的研究（61FR296，1996年1月4日）"并注意到"低密度脂蛋白胆固醇的净变化（试验组与对照组相比）在-16.9%~+1.4%……"在这些研究中，虽然低密度脂蛋白减少4%的说法在这一范围内，但FDA认为这些研究并不能代表"全部公开的科学证据"，因为其并未包括自1997年以来的所有研究，"这些研究在持续时间、基线胆固醇水平和可溶性纤维剂量上有所不同"，故"不能依据这些研究得出在6周内每天食用3g全燕麦可溶性纤维可降低低密度脂蛋白胆固醇的结论"。

该警告信也简要讨论了1997年可溶性纤维/冠心病健康声称的最终规则和FDA关于"每天摄入3g可溶性纤维（即β-葡聚糖可溶性纤维）与血液总胆固醇降低约5%可能存在相关性（62FR3584，3589，1997年1月23日）"的声称。在该信中FDA对这一声称进行了澄清：（1）该声称不是FDA基于全部研究证据得出的结论，而是对每天摄入2.5和3g可溶性纤维之间差异相关性的单一研究的总结；（2）这一声称是关于总胆固醇的，而不是低密度脂蛋白胆固醇的，低密度脂蛋白胆固醇是有争议的声称主题。此外，这封信指出，FDA"认为降低胆固醇百分比的声称表达的意思应该是基于每天摄入3g燕麦可溶性纤维，而不是基于食用某一份产品。"

一项独立的研究提供了支持1个月内低密度脂蛋白减少10%的证据，其概述如下：

Maki等（2009）进行的是一项随机、平行研究，受试者包括173名20~65岁中度高脂血症的男性和女性。受试者被分为两组，试验组采用减重膳食，通过食用麦片摄入3g/d可溶性膳食纤维，对照组采用减重膳食并摄入低纤维早餐/零食。这项研究进行了12周，并在试验后第4、8、10和12周采集血样。两组受试者在研究期间都减少了能量摄入并减轻了体重，两组之间的体重减轻程度无显著差异。在第4周（1个月）时，试验组受试者的低密度脂蛋白胆固醇水平较试验前降低了10.7%，对照组降低了6.2%。在第4、8、10和12周进行检测，4次检测指标的平均值与基线水平相比较，试验组和对照组的低密度脂蛋白胆固醇分别降低了8.7%和4.3%……基于我们的初步审查，无法确定这项研究是否支持全燕麦可溶性纤维能在一个月内平均降低10%低密度脂蛋白胆固醇的说法。这项研究没有报告试验组与对照组相比低密度脂蛋白胆固醇的平均净减少百分比，也不能根据文章提供的信息准确地判断平均净减少百分比……贵公司引用了该研究中4周内从基线水平降低10.7%的低密度脂蛋白胆固醇的研究结论作为支撑"1个月内降低10%"的证据。降低10.7%的数据仅代表了自试验开始以来试验组受试者低密度脂蛋白胆固醇水平的变化，没有考虑对照组中观察到的低密度脂蛋白胆固醇变化降低（降低6.2%）。如果不考虑对照组，就无法确定低密度脂蛋白胆固醇水平的变化是由于麦片中的可溶性纤维还是其他因素引起，例如两组受试者都采用了减脂膳食，从而导致体重下降，这是已知的降低血浆胆固醇水平的方法。此外，由于该值的计算是采用的是第4、8、10和12周采集的平均值与基线水平（而不是对照组）进行比较，因此无法确定在试验的剩余时间内，每4周血浆胆固醇水平是否持续下降10%，以及它是否反映了12周研究的最终结果。因此，研究报告中的发现不足以支持贵公司对Cheerios®麦片"1个月内降低10%低密度脂蛋白胆固醇"的声称。

这封警告信的结论是，在做出任何关于修改法规21CFR101.81的决定前，必须由FDA"根据所有公开的科学证据来判断是否支持"某种表述的"可溶性纤维或冠心病的声称……及关于降低特定百分比的低密度脂蛋白胆固醇声称……"且"如何在向公众传达信息时不会产生误导"。

两年半后，FDA发布了"给General Mills的一封关于Cheerios®烘烤全谷物燕麦标签的信"（FDA，2012c）。在这封信中，FDA表示不反对Cheerios®使用以下列出的三项具体声称［健康声称的"可选描述"包括在法规21CFR101.81（d）（3）中］：

（1）将Cheerios®加入心脏健康膳食中有助于降低胆固醇。研究表明，采用低饱和脂肪和胆固醇膳食的同时，每天从全麦燕麦食品（如Cheerios®）中摄入3g可溶性纤维可以降低患心脏病的风险。每份Cheerios®可提供1g可溶性纤维。

（2）有确切证据证实将Cheerios®加入心脏健康膳食有助于降低胆固醇。研究表明，采用低饱和脂肪和胆固醇膳食的同时，每天从全麦燕麦食品（如Cheerios®）中摄入3g可溶性纤维可以降低患心脏病的风险。每份Cheerios®可提供1g可溶性纤维。

（3）有临床证据表明将Cheerios®加入心脏健康膳食中有助于降低胆固醇。研究表明，采用低饱和脂肪和胆固醇膳食的同时，每天从全麦燕麦食品（如Cheerios®）中摄入3g可溶性纤维可以降低患心脏病的风险。每份Cheerios®可提供1g可溶性纤维。

在这封信中FDA还指出，"我们认为General Mills公司在使用上述声称方面没有任何问题。因此，我们认为2009年5月5日警告信中提出的所有其他问题都没有实际意义，因此不需要针对这些问题采取进一步行动。"

6.5 出版物

市面上有大量关于食品和膳食补充剂的临床试验的出版物，然而，涉及的试验一般规模小而且很深奥，且大多是针对特定食品或膳食补充物质的概念验证。虽然有少数出版物对药物和设备临床试验的规则和条例进行了区分，但简单易懂地描述药物、食品和膳食补充剂临床试验之间差异的出版物几乎没有。

本章回顾了各种已发表的出版物，试图阐明一个难题：除了利用昂贵的药物研究方式外，如何能更好地开展食品和膳食补充剂研究。首先，第一节描述了机构审查委员会（IRB）如何判断膳食补充剂的临床试验是否应变更为需要IND的药物试验的情况；第二节是关于针对存在缺陷的膳食补充剂公司发出的警告信，包括产品掺有药物，公司不符合GMP要求，标签或营销活动违规（根据其声称其产品实质上应属于药物）等问题；第三节是以FDA警告信为指导的关于食品和膳食补充剂标签的综合论述；第四节分析了开展食品试验时需要考虑的关键因素；第五节讨论了食品和膳食补充剂临床试验指南。第六节讨论了食品对健康的益处。

6.5.1 膳食补充剂研究是否需要申请IND豁免

一份报告（Adair-Hatch，2015）描述了IRB在帮助赞助商确定其临床试验是否需要在开始前向FDA提交IND的申请。如果试验产品是膳食补充剂，并且临床研究"仅旨在评估膳食补充剂对身体功能结构的影响，则不需要申请IND……如果临床研究的目的是评估膳食补充剂诊断、治疗、减轻、治疗或预防疾病的能力，则需要申请IND……"

研究的目的和产品的预期用途决定了临床试验是作为食品、膳食补充剂试验还是作为药物试验进行管理。

这篇文章提供了一些在FDA警告信中被称为"药物声称"的案例：

（1）促进关节和软骨健康……Super Arthgold可以改善血液循环，这有助于缓解肌肉组织中乳酸积累引起的疼痛。血液循环更好也有助于增加关节的灵活性，有助于改善关节炎和关节疼痛。（FDA，2014b）

（2）每粒DigestaCure含有500mg浓缩免疫调节成分，有助于恢复免疫力和消除自身免疫问题。（FDA，2015d）

（3）有助于防止喉咙痛……帮助摆脱……炎症。（FDA，2015e）

（4）促进伤口愈合……缓解疼痛和治疗烧伤……（FDA，2014c）

为评估上述声称要求，或评估"膳食补充剂预防骨质疏松症或治疗慢性腹泻或便秘的能力"等论述，需要在IND下进行临床研究。该文还列举了一个FDA认为不需要IND的案例：

> 关于膳食补充剂对人体正常结构或功能的影响（如巴西可可与最大摄氧量）或证实膳食补充剂维持这种结构或功能的机制（如纤维和肠道规律性）等临床研究不需要IND。

IRB需要评估研究是否针对疾病，该文回顾了FDA定义的几种疾病声称，包括一种产品：

- 对某种或某类疾病有一定效果；
- 对某种或某类疾病的特定征兆或症状有一定效果；
- 对与自然状态或过程中的异常状况有一定效果，且该异常状况不常见或可能造成重大或永久性伤害；
- 属于旨在诊断、缓解、治疗、治愈或预防某种或某类疾病的产品；
- 是疾病治疗产品的替代品；
- 增强旨在诊断、缓解、治疗、治愈或预防某种或某类疾病的特定疗法或药物作用；
- 在人体对疾病或疾病媒介的反应中发挥作用；治疗、预防或减轻与疾病治疗相关的不良反应（如果该不良反应本身也属于疾病）；
- 声称对某种或某类疾病有一定效果。［21CFR101.93（g）］

一般而言，IRB机构应确保任何声称诊断、缓解、治疗、治愈或预防疾病的食品或膳食补充剂都必须事先取得IND，使用上述类型的声称将导致产品被定性为药物，需符合药物法规的要求。

6.5.2 违规营销行为如何招致警告信

另一篇文章（Crane，2015）举例说明了发送给公司宣传网站声称的警告信，包括：

- 有助于预防和对抗癌症；
- 可以预防阿尔茨海默病；
- 促进肌肉快速增长；
- 增加肌肉量；
- 包含疾病治疗和预防方面临床试验的参考资料。

两封警告信的案例与名为"Matey's All Natural Cough Syrups"和"DigestCure"的两种产品有关，从名称来看这两种产品分别用于治疗咳嗽和消化问题。另一个案例是FDA和FTC采取联合执法行动，原因是Strictly Health Corp.公司的网站和社交媒体网站声称中包含"广谱抗病毒药物"和"大幅降低唇疱疹（感冒疮）和疱疹复发率"等内容，根据这篇文章所述，这些声称"违反了标签和广告条例"。一些化妆品公司也因其网站上的治疗声称而收到警告信，如声称"祛皱治疗"（StriVectin公司）或"减少明显发红和不适感"（L'Oreal公司）。

如果顺势疗法药物产品以用于治疗"适合自我诊断和治疗的自我限制疾病"的非处方药销售的话，顺势疗法药物公司也会收到警告信。文中提供的案例是关于Homeopathystore.com网站的，该网站为流感提供了一项"替代流感疫苗接种"的补救办法，然而流感疫苗属于处方药。该机构指出该公司的声称缺乏有关产品风险、警告和禁忌症的信息。

该文作者指出："许多膳食补充剂公司仍然没有意识到或选择不履行其监管义务。然而，对于行业内那些努力保持合规性的人来说，这些警告信提供了有价值的信息，可帮助他们保证产品标签、公司网站和社交媒体营销的合规性。"

6.5.3 食品和膳食补充剂标签可能需要临床试验的支持

一份对食品和膳食补充剂标签的全面审查报告（Brody，2015）引用了FDA 2002—2015年发出的警告信来讨论标签问题。根据这篇综述，在给膳食补充剂和食品公司的警告信中，最常见的问题是这类产品上不允许有疾病声称。

6.5.3.1 疾病或药物声称

根据该作者的描述，标签上有疾病声称会"迫使"FDA将该产品作为新药来开展评估。评估过程首先需要获得IND批准和临床研究，然后需要FDA审查新药注册（NDA）临床试验的安全性和结果数据有效性，以批准该公司在美国销售新药。该作者有以下描述：

"数百封警告信表明，在包装标签上有疾病声称的在售食品或膳食补充剂，或销售实际上含有药物活性成分的食品或膳食补充剂的行为问题在于，制造商未能参与、完成包含NDA和IND在内的药物批准程序。"

该文描述了美国FDA批准的新药"Vascepa"，一种主要成分为"1g二十碳五烯酸乙酯"，活性成分为ω-3脂肪酸，另含生育酚、明胶、甘油、麦芽糖醇、山梨醇和水的软胶囊。NDA批准其将包装插页作为标签，并要求市场营销与批准的标签内容相同。其他销售用于治疗疾病的ω-3脂肪酸的公司也必须遵循新的药物监管程序。例如，作者指出：

"FDA针对名为"ω-3 Salmon Oil Plus"的产品发布了一封警告信……该产品的网站上有疾病声称的相关内容："在仅仅两个多月的时间里，我的胆固醇下降了49个百分点……我的甘油三酯下降了100多点。"FDA将该产品定性为"新药"，并表示根据药品赞助商提交的数据，该"新药"尚未获得批准，以证明该药物安全有效。针对另一标签上写着"研究表明核桃中发现的ω-3脂肪酸可能有助于降低胆固醇"的产品，FDA也发布了类似的警告信。"

该文还提到了名为"Cherry Juice Concentrate"产品的标签，标签声称内容如下：

"研究表明，酸樱桃是抗氧化剂的丰富来源……该抗氧化剂有助于缓解关节炎、痛风以及纤维肌痛……酸樱桃……有助于缓解关节疼痛和抗炎，抵抗癌症和心脏病，并预防睡眠障碍。"FDA针对以上声称回复了一封警告信，称："这些声称使贵公司的产品性质成为药品……因为一般认为这类产品并不与标签上声称的一样安全且有效。这类产品应认定为新药……新药未经NDA批准，不得在美国合法销售。"

即使网站或标签将产品定义为食品或"非药物"，使用疾病声称也会使FDA"断定该产品是药物"。

另一个关于添加了药物成分（洛伐他汀）食品（红曲米）的案例凸显了药物和膳食补充剂法规的差异。在这个案例中，洛伐他汀是红曲发酵的天然副产物；然而，该公司将该产品作为一种膳食补充剂进行推广，同时声称该药物成分对血脂控制和心血管有益，导致FDA向其发布了一封警告信。提交该案例的作者指出：

"关于血脂控制的声称使该产品的性质不再是膳食补充剂……除非该产品先作为膳食补充剂批准上市，随后被批准为药物……警告信指出洛伐他汀早已被批准为药物，这种情况下该产品不能再作为膳食补充剂上市。在一封针对Sunburst Biorganics公司销售的红曲米产品的警告信中，FDA认为，洛伐他汀作为新药的批准先于其作为食品或膳食补充剂销售的批准，故该公司含有洛伐他汀的产品不属于膳食补充剂。"

作者认为："该红酵母产品的问题是双重的：（1）使用了疾病声称；（2）该产品添加了药物（洛伐他汀）。"即使产品包含了其他食物或膳品补充剂的成分，但只要产品包含了药物，该产品都将被视为药物。

6.5.3.2 结构或功能和GRAS声称

如本章前面所讨论的，与NDA和新膳食成分（NDI）申请要求一致，须开展能够产生准确或可靠结果的研究和临床试验，才能为支撑结构或功能和GRAS声称提供科学证据，这类研究必须由合格人员使用普遍适用的程序以客观方式开展。作者提到，即使未涉及任何疾病内容，使用缺乏科学证据的膳食补充剂声称也同样会被认定为标签违规。FDA的警告信表明这些声称的科学性证据不足，并可能被FDA定性为虚假宣传或误导宣传。警告信中列举了科学证据不足的声称案例包括：

- 大幅减少身体对脂肪的吸收；
- 促进形成轮廓分明的体格；
- 中和有害酸；
- 身体在酸碱度稍微偏碱性最有助于保持健康。只有当体内有足够的钙时，身体酸碱度才能达到碱性；
- 最大限度提高运动成绩；
- 在涉及血气分析的双盲临床研究中，维生素O已被证明能显著提高血氧水平……服用维生素O的人显示动脉血氧增加了17%~32%。在本研究期间进行的口头访谈中，研究参与者报告说，他们感到自己更年轻，更灵活，血液循环更好，精神更充沛，心肺功能增强，体能增加；
- 有助于维持肌肉量。

作者列举了几个实例，说明营养补充剂的结构或功能声称需要人体研究的支撑。例如：

- "帮助减轻体重"——"相关动物研究可能提供了关于安全性和作用机制的一些信息，但支持人体结构或功能功效的声称证据仍不够充分。"

- "促进脂肪分解"——"消费者会将其理解为一种生理性的声称（而不仅仅是关于生化机制的陈述）。对大多数消费者来说，他们不关心生化机制上脂肪分解，只会关心脂肪分解导致的生理结果。必须有相关证据证实这一生理结果……因此，如果证实营养补充剂包含结构或功能声称（如'促进脂肪分解'等）时，FTC不会接受仅向其提供来自动物研究的脂肪分解试验数据。"

- "有助减肥"或"促进脂肪分解"——公司"直接告知FTC该产品将以该标签的内容进行营销，或向FTC提交该产品将以该标签的内容进行营销申请"的行为是不合规的。FTC和FDA是根据一份分工明确的协议共同开展工作的……FDA负责市场零售环节膳食补充剂标签及营销材料内容的监管，FTC负责包括平面和广播广告以及目录在内的广告声称的监管。FTC已经对参与欺骗性营销的制造商、广告代理商、分销商、零售商、目录公司和其他公司等采取了行动。

FDA于2016年发布了《GRAS最终规则》，一篇文章（Hanlon等，2017）对1997—2016年临时试点计划期间首批提交的600份申请材料进行了分析总结。该文作者指出，GRAS申请随着时间的推移，其提交总量增加的同时也在发生一些变化，包括国际申请增多，提交专家小组关于酶与其他食物类型对比研究材料减少等。随着《GRAS最终规则》的实施，有关GRAS申请的警告信表明，人们越来越关注上市后食品的安全。

6.5.3.3 健康声称

健康声称表明了某种产品与健康人群的疾病风险之间的关系［21CFR101.14（b）］，健康声称"不得声称诊断、缓解、治疗、治愈疾病"，健康声称通常都需要通过人类临床研究来证实，且最好是随机、安慰剂对照、双盲干预研究，这类研究为证实产品和试验结果之间的因果关系提供了最强有力的证据。但作者没有提到这种试验费用高昂，很少有小型食品或膳食补充剂公司能够开展这种试验。与写一份个人证明或几篇相关文章综述的成本相比，进行有对照且可靠的临床试验的成本可能要高出几十万美元。

作者回顾了多项健康声称，并描述了NLEA是如何"为食品和膳食补充剂创造一个'安全港'来保护FDA批准的健康声称的。在NLEA发布之前，宣传有利于某种疾病或与健康相关的某种状态的健康声称将使该食品或膳食补充剂成为未经批准的药物……"作者提到的健康声称如下：

- 骨质疏松症与钙（21CFR101.72）
- 癌症与脂肪（21CFR101.73）

- 高血压与钠（21CFR01.74）
- 冠心病与饱和脂肪和胆固醇（21CFR101.75）
- 降低癌症风险与高纤维和低脂（21CFR101.76）
- 冠心病与高纤维、低饱和脂肪酸和胆固醇（21CFR101.77）
- 癌症风险与低脂、高果蔬膳食（21CFR101.78）
- 神经系统缺陷与叶酸（21CFR101.79）
- 龋齿与碳水化合物（21CFR101.80）
- 冠心病与低饱和脂肪酸、胆固醇和可溶性纤维（21CFR101.81）
- 冠心病与低饱和脂肪酸、胆固醇和大豆蛋白（21CFR101.82）
- 冠心病与植物固醇酯（21CFR101.83）
- 心脏病与坚果（Docket No. 02P-0505）
- 癌症和绿茶（Docket Nos. FDA-2004-Q-0427，2004Q-0083）

健康声称范本内容是提供"降低罹患疾病风险"的方法，而不像药物声称一样"对抗"（或治疗）疾病。此外，产品必须含有健康声称范本中规定的特定数量的有效成分（即不能过多或过少），并且在使用"高含量"或"富含"等术语时必须满足法规的特定要求。

为避免收到警告信，产品在使用健康声称时必须仔细掌握健康声称范本中的规定和细节。例如，癌症风险与高纤维、低脂膳食的健康声称范本为："癌症是一种与许多因素相关的疾病，采用富含高纤维谷物、水果和蔬菜的低脂膳食可以降低罹患某些类型癌症的风险（21CFR101.76）。"作者引用了警告信中的案例，一封是发给一种不含任何谷物、水果或蔬菜的橙色饮料，另一封是发给一种网站声称中没有提及任何水果、蔬菜或纤维含量的产品。

还有针对没有对临床使用和临床试验中的副作用做出警示的情形而发出的警告信。例如，作者在一封警告信中发现，该信引用了一家公司"未能警示该产品应与液体一起食用，以避免吞咽困难"的情形。同时作者指出，当企业的产品声称未能使用特定术语表明或忽略其产品或食品"应作为低饱和脂肪酸和胆固醇膳食的一部分食用"或应采用"低饱和脂肪酸"膳食等要求时，企业也会收到警告信。

作者指出，"使用似乎有科学或医学文献支持但未经FDA批准的健康声称，很可能导致FDA判定该包装标签违规。该情形与结构/功能声称不同，新的结构或功能声称的合理性可由公司自主分析来证明。"此外，该文章指出FDA禁止有关"膳食纤维与心血管疾病"［21CFR 101.71（a）］和"锌与老年人免疫功能"［21CFR 101.71（b）］的健康声称，以及专门对糖尿病患者销售食品或食品"对糖尿病患者有益"的声称（FR 61：27771）。

有趣的是，FDA禁止对婴儿食品或2岁以下儿童食品的健康声称，禁止对婴儿食品或2岁以下儿童食品中大多数营养成分的声称［21CFR101.13（b）(3)，21CFR101.14（e）(5)］。这一领域的临床试验可能会受到特殊限制，因为FDA可能需要大量的科学证据才能取消这一历史法规禁令。此外，作者还指出，在FDA发布的警告信中，因某公司提出的营养成分声明"不在法规明确的范围内"而使其产品被判定为"标签违规"。

正如该文所提到的警告信中所述，无论声称的类型如何（如营养成分、结构或功能或健康声称），FDA按照药物的监管标准对这些声称中的每一个词进行判定。总的来说，这些规定似乎表明，FDA希望看到并掌握对食品或食品的每一项特定声称的所有科学证据。尽管这些严厉的措施可能会提高某些健康相关声称的科学质量，但也可能引发一些极端代价，而且FDA的这种严苛监督的好处并不一定能立即显现出来。

6.5.3.4　食物过敏原

食物过敏原似乎是一个特别适合FDA监管的高风险领域。该文章所述的过敏反应引起了临床试验者们的兴趣，这些过敏反应包括以下类别：

- 皮肤（荨麻疹、局部肿胀、皮炎）；
- 胃肠（呕吐、腹泻）；

- 呼吸系统（流鼻涕、哮喘、喉咙发紧）；
- 全身性（过敏性休克、心律失常）。

开展更多这方面的研究能够改善公众健康水平，减少不必要的死亡。此外，应在含有"主要食物过敏原"（按照法规21U.S.C.321中规定，包括牛乳、鸡蛋、鱼、甲壳类、贝类、坚果、小麦、花生和大豆，以及含有来自其中一种食品的蛋白质的任何食品成分，高精炼的油除外⋯⋯）的食品上贴上正确精准的标签，以便过敏患者选择合适的安全消费产品。

临床试验对理解食品和食品中引起过敏反应的成分之间的关系可能有所帮助，特别是当食品中含有NDI成分或少有研究的食品成分时。临床试验可能有助于确定新的食品加工步骤，这些步骤可以去除或改变某些过敏化合物，使其不致敏。例如，低精炼的植物油则可能引起过敏，而脂肪含量接近100%基本不含蛋白质的植物油则可能不会引起过敏。此外，临床试验能够记录食物过敏案例，有助于确定当过敏者暴露于某种过敏原时应采取的措施。

6.5.3.5 食品安全、GRAS与医用食品

在食品标签领域，临床试验的另一个作用是确定GRAS食品或食品成分安全性。产品在建议用量和发挥其作用的膳食条件下的安全性是依赖科学证据确定的。该文提到了关于甜叶菊的案例，当高度纯化时，甜叶菊被认为是GRAS成分，而当在食品或饮料（如茶）中使用甜叶菊叶粗提取物时，甜叶菊被认为不是GRAS成分。当FDA发布GRAS产品的警告信时，FDA有时会认为这些产品是与GRAS无关的膳食补充剂或药物。此外，动物研究表明对动物具有致癌性的产品通常不允许进入GRAS名单（如银杏）。

还有一个案例，临床研究表明麻黄的副作用包括脑卒中、心律失常和死亡等。这些证据推动美国从2004年9月12日起实施了对所有含麻黄的膳食补充剂的禁令。FDA在发布警告信时再次引用了这些临床研究数据，解释为什么含有麻黄的产品不是GRAS产品，如违反麻黄膳食补充剂或食品销售禁令在美国销售食品将被视为掺杂行为。

NDI和医疗食品也从评估食品安全性和功效的临床试验中受益。医疗食品不是药物，上市前不需要审查或批准；然而，医疗食品必须用于改善"摄取、消化、吸收或代谢食物和营养物的能力受损"［21CFR101.9（j）（8）］。医疗食品必须在医生的监督下口服（通过肠吸收）而不得通过非肠胃方式（如通过静脉）给药，医疗食品不能是单一营养产品或减肥产品。已有针对医疗食品标签声称违规而发出的警告信，原因是该食品虽声称为医疗食品，其功能却与食品消化相关治疗无关，例如，为"慢性疲劳综合征"患者提供的食品不能归为医疗食品。

6.5.4 功能性食品的临床试验设计

另一篇文章（AbuMweis等，2010）列出了食品试验中的关键因素，尤其是当因果关系难以确定时。作者回顾了每种试验要素、变量以及每种试验要素的优缺点，主要从以下几个方面：

- 研究设计
- 膳食背景
- 食品基质
- 受试者选择（纳入或排除标准）
- 控制或盲选
- 研究持续时间
- 计量方案
- 终点测量
- 安全因素
- 统计方法
- GCP合规性

上述临床试验要素被归类为与药物临床试验程序"相似"或是食品临床试验程序"独有"的。

对于食品和药物临床试验，试验设计应充分考虑试验目的和食品声称等内容。基础研究设计前对现有文献的回顾可为研究的合理性（设立成熟的目标和假设）提供有力依据。

观察性研究最容易识别所研究产品与健康之间的关系从而衍生出假设，而实验性研究则用于检验因果关系和检验假设。可以使用实质或虚拟的激励来提高受试者的配合度，但这些激励不得强迫受试者参与试验。

在确定药物或食品的剂量时，临床试验应重点关注剂量与效果之间的关系，如在相同条件下评估两种剂量，评估试验剂量与商业销售剂量或食物摄入量之间的关系等。剂量反应研究应避免使用维持稳定水平的剂量，在设计试验时，摄入的剂量选择应基于试验受试者因素，如受试者的年龄、性别、健康状况和昼夜作息，以及由此产生的昼夜节律等。

作者指出："有效的试验终点应可靠和准确、灵敏度良好、特异性好、可预测、具有广泛的实用性。"主要终点必须回应主要研究问题，并用于计算样本量。次要终点用于探索其他疗效变量或安全性变量，应仔细设计以增加试验的实用性，同时不损害试验得出可靠结果的能力。太多的变量可能会降低试验的可用性和可靠性。此外，客观终点（如实验室值）比主观终点（如测量受试者感觉或功能的调查）更可靠。

使用替代终点的方式也很常见，但只有经过验证的替代终点才可作为主要终点。例如，在适当的情况下，血液胆固醇指标可以被认为是心脏病风险的有效替代终点。与使用完整的临床终点相比，替代终点能够降低成本，减少样本量，缩短试验时间。而使用完整的临床终点不但会使试验更加复杂，需要考虑的因素也会更多。

作者指出："应证实产品的功效，如有必要还应证实产品功效的可持续性。"更长的试验周期有利于识别生物反应的稳定性和可持续性，但这通常也会产生更高的成本和更高失败率。试验的最佳时长应综合考虑，包括显现健康指标变化所需的最短时间及试验时长增加导致的成本、失败率上升等因素。

在干预研究方案中，可以通过使用有效的暴露生物标志物（如生物标志物或有效的膳食评估）来监测依从性。交叉试验统计性能更好，因其没有个体差异，所需的样本量更小。但交叉试验所需时间可能比平行试验要长，因为每个受试者都是他自己的对照，并且必须经历洗脱期以避免可能产生的遗留效应。

有的食品临床试验会有一些独有临床试验因子，特别是在研究如何使某种物质适合于某种膳食背景的情况下，其膳食背景的类型可能包括完全控制（如在一个配备代谢厨房的封闭环境内）、部分受控（严格的饮食记录）或完全不控（自由饮食）。"完全受控饮食"在测试成分功效及其在饮食计划中发挥的作用方面最有效，"完全不控饮食"提供了更适用于现实生活中普通人群的通用数据，但在测试饮食计划的依从性时有效性不高。

设计有效的食品安慰剂和适合的盲法试验方案可能需要对食品成分进行添加或去除。通常需要平衡食品的总体营养成分，但由于食品的复杂性可能并不能做到完全匹配。对于难以掩盖的食物，如味道或气味独特的食物（如可可、鱼油、大豆异黄酮），盲法试验的设计尤其成问题。食品试验中另一个难点是选择合适的"食品基质"，以最大限度地分散有效成分，并确保功能性成分得到适当地加工和贮藏。应慎重选择与功能性成分接近的食物基质，尤其在对生物利用率有要求试验中。

食品的理化性质可以通过酯化、乳化、悬浮和微胶囊化来改变，使食品变得更加可口。确定活性成分的最低有效添加量时应考虑正常的消费周期、产品的有效性、安全性和运输的可行性等因素。

食品试验中通常需要长时间摄入同样的食品，这是盲试验中采用的一种方法。在随机分组之前要仔细考虑如何"同步运行"，以评估受试者对研究的依从性、对安慰剂的反应以及对膳食模式的适应性。这与药物试验不同，除非研究评估食品对研究药物的影响，否则药物试验基本上不考虑膳食模式。作者指出："大多数监管机构建议干预研究至少持续3周。"FDA（如其对血清低密度脂蛋白胆固醇中的饱和脂肪研究的要求）和加拿大卫生部（如其对膳食纤维产品研究的要求）即是如此。

该作者的结论是："为使证实功能性食品健康声称的临床研究得出可靠的结果，其研究因子应经过仔细的设计和研究，以得出最佳的方案。"正如该文所讨论的，营养研究通过不同类型的观察和干预试验来证实食品功能性声称。

6.5.5 食品和膳食补充剂的临床试验

一份研讨会报告（O'Connor，2013）的讨论内容对开展食品和膳食补充剂临床试验提供了指导。例如，该报告阐述了食品和膳食补充剂临床试验在"www.clinicaltrials.gov"网站进行试验登记的必要性，这种方式在药物试验和联邦资助试验中更为常见。一般来说，如果研究试验开始前没有进行公示，编辑委员会不会同意发表这样的研究报告。

文章还讨论了招募和维持受试者方面存在的困难。食品试验中，基本受试者应该没有疾病，试验食品应为低风险或无风险的，并且该食品大部分人都能接触到。尽管符合条件的受试者可能不少，但由于参与这样的试验令人觉得比较麻烦、不愉快、费时，愿意参与的人并不多。

作者指出，按照法规的相关规定，单项的研究往往不够，在绝大多数情况下必须开展多项研究。药物试验也是如此。而与药物试验不同的是，食品试验一般不需要进行法定申请，而药物试验则需要IND申请，申请IND又可能需要NDA申请。而食品试验可能只需要NDI、GRAS或QHC安全性和功效性文件，FDA或其他部门并不强制要求这些文件必须在研究开展前提交。

此外，安慰剂对照试验虽是常用的食品和药物试验方法，但在随机化方式和研究样本量方面二者差异较大。多数食品试验变化性强、规模小，包括很多案例研究或系列案例研究，而药物试验中更常见的是大规模随机对照试验。这类食品研究成本和利润更低，副作用相比药物试验也更少、更轻。通常食品试验是在某一固定地点进行，而药物试验可能在数十或数百个研究地点同时进行。同时，食品试验还需要考虑受试者食品的摄入意愿和消化吸收情况。与大多数药物试验不同，食品试验设计应该更加精细，比如需要考虑以下因素：

- 食物摄入的时间；
- 食物的消耗量；
- 食物摄入的频率；
- 需要记录哪些饮食数据；
- 可以同时摄入哪些食物；
- 需要什么水平的产品质量；
- 味道、口感和气味是否可接受。

食品试验必须使用食用级产品，受试人群必须总体健康状况良好，符合相应的监管要求［如在美国应符合FDA要求，在欧洲应符合欧洲食品安全局（EFSA）要求］。如前所述，食品试验必须考虑保证食品性质稳定及使用符合要求的食品基质所需的加工或提取技术。其关键问题包括：

- 食品的最终形态是怎样的？
- 消费者喜欢的食品形式是面包、能量棒、饮料还是正餐？
- 试验食品是否作为总体膳食的一部分摄入？
- 在经济成本上是否具有可行性？

此外，药物试验通过已知和可测的终点及客观终点来评估产品，而食品和膳食补充剂试验可以测量细微或最小的健康影响，试验终点可能非常主观。要得出这些影响结论，就要求在进行食品试验分析研究数据时应充分考虑每个研究对象的情绪、思维过程、注意力、理解力、计划和记忆等因素。食品试验是不是符合科学性要求可能难以界定，因为合适的试验终点可能不是普遍适用，而使用生物标志物可能会引起激烈的争论。

食品临床试验的目标通常是支持新的营养学信息或降低疾病风险的健康声称。本次研讨会审查了美国有关食品与人体正常结构或功能相关的结构或功能声称，这些声称不需要FDA审查或批准，但需要记录在案并在企业存档（但QHC需经过FDA审查和批准）。在欧盟，所有健康声称都必须符合要求且都需要批准，而开展试验不需要批准。

6.5.6 食品健康益处研究

一篇文章（Welch等，2011）指出，食物与减少疾病和改善身体功能之间存在一定关系。食品研究和与食品相关的临床试验将膳食因素与整体健康、降低罹患包括癌症在内等疾病的风险联系起来。文章作者指出：

> "虽然我们可以从多渠道获得碎片化的信息，但对如何设计、开展和发表评估食品对健康益处的人体干预研究仍缺乏全面的科学指南，这类指南既需要支撑一般营养学理论，也需要有助于证实健康声称。目前的研究所得出的结论与国际生命科学研究所欧洲专家组（该专家组包括来自学术界和工业界的顶级科学家）的认识相同，'食品'一词的内涵包括食物、膳食补充剂和食物成分，和饮食是有区别的。根据《试验发表综合标准指南》（*Consolidated Standards of Reporting Trials Guidelines*），目前的研究以对发表论文的初步调查为基础，分析了现有研究方法的适用范围和优缺点……确定了研究设计、开展和发表中涉及的主要因素。"

该文回顾了开展食品或药物试验的一般方法，并强调了适用于食品试验的试验概念。该文引用了14个现有的指南，包括：

•《营养学研究人体试验质量标准》[Sandstrom B（1995）. Quality criteria in human experimental nutrition research. Eur J Clin Nutr 49, 315–322.]

•《欧洲议会和理事会2006年12月20日关于食品营养和健康声称的第1924/2006号条例的更正》[European Parliament and Council（2007）. Corrigendum to regulation（EC）no. 1924/2006 of the European Parliament and of the council of 20th December 2006 on nutrition and health claims made on foods. OJ L12, 3–18. http://eur-lex.europa.eu/LexUriServ/site/en/oj/2007/l_012/l_01220 070118en00030018.pdf（accessed October 2010）.]

•《优化临床试验设计，有效评估功能性食品的功效》[AbuMweis SS, Jew S & Jones PJ（2010）. Optimizing clinical trial design for assessing the efficacy of functional foods. Nutr Rev 68, 485–499.]

•《NIH关于大豆干预临床研究的设计、实施和报告的指导》[Klein MA, Nahin RL, Messina MJ, et al（2010）. Guidance from an NIH workshop on designing, implementing, and reporting clinical studies of soy interventions. J Nutr 140, 1192S–1204S.]

•《益生菌应用人体临床研究的设计、实施、发布和交流指南》[Shane AL, Cabana MD & Vidry S（2010）. Guide to designing, conducting, publishing and communicating results of clinical studies involving probiotic applications in human participants. Gut Microbes 1, 243–253.]

•《食品声称的科学支持评估程序：标准共识》[Aggett PJ, Antoine J-M, Asp N-G, et al（2005）. PASSCLAIM process for the assessment of scientific support for claims on foods: consensus on criteria. Eur J Nutr 44, Suppl. 1, 1–30.]

•《健康声称批准申请科学技术指南》[EFSA（2007）. Scientific and technical guidance for the preparation and presentation of the application for authorization of a health claim. EFSA J 530, 1–44.]

•《欧盟委员会第353/2008号条例，健康声称批准申请实施规则，根据欧洲议会和理事会第1924/2006号条例第15条的规定制定》[European Commission（2008）. Commission regulation（EC）No 353/2008 establishing implementing rules for applications for authorization of health claims as provided for in article 15 of regulation（EC）No 1924/2006 of the European Parliament and of the council. OJ L109, 11–16. http://eurlex.europa.eu/LexUriServ/LexUriServ.do? uri¼OJ:L:2008:109:0011:0016:EN:PDF（accessed October 2010）.]

•《食品声称业务守则》[Joint Health Claims Initiative（2000）Code of Practice on Claims on Foods. http://www.jhci.org.uk/info/code.pdf（accessed October 2010）.]

•《行业指南：健康声称科学评估的循证审查系统》[US FDA（2009）. Guidance for Industry: Evidence-Based Review System for the Scientific Evaluation of Health Claims. http://www.fda.gov/Food/GuidanceComplianceRegulatoryInformation/Guidance Documents/Food Labeling Nutrition/ucm073332.htm（accessed October 2010）.]

•《食品健康声称申请指导文件》[Health Canada, Bureau of Nutritional Sciences（2009）. Guidance Document for Preparing a Submission for Food Health Claims. http://www.hc-sc.gc.ca/fn-an/alt_formats/hpfbdgpsa/pdf/legislation/health-claims_guidance-orientation_allegations-sante-eng.pdf（accessed October 2010）．］

•《食品健康声称的证据：多少才够？总体介绍和一般性规则》[Jones PJH, Asp N-G & Silva P（2008）. Evidence for health claims on foods: how much is enough? Introduction and general remarks. J Nutr 138, S1192–S1227.]

•《营养声称和健康声称使用准则拟议附件草案：关于健康声称科学证据的建议》[Codex Alimentarius Commission（2008）. Proposed Draft Annex to the Codex Guidelines for the Use of Nutrition and Health Claims: Recommendations on the Scientific Substantiation of Health Claims. CRD 17. November 2008. http://www.ccnfsdu.de/fileadmin/user_upload/PDF/2008/CRD_17.pdf（accessed October 2010）.]

•《营养、健康和相关声称-最终评估报告——提案》[Food Standards Australia New Zealand（2008）. Nutrition, Health and Related Claims-Final Assessment Report-Proposal P293. http://www.foodstandards.gov.au/_srcfiles/P293%20Health%20Claims%20FAR%20Attach%204%20FINAL.pdf（accessed October 2010）.]

作者认为上述指南未能提供"关于如何开展人体干预研究营养研究的全面描述，尤其是对如何评估和证实食品健康声称方面。"该文回顾了在干预研究中要考虑的因素，发现在食品和药物试验中许多因素是相同的，例如：

• 研究假设——研究应该有一个直接且清晰的主要假设来指导整个研究（包括研究设计、实施方法和分析方法）。

• 研究设计——基于特定的研究假设，考虑有效性、安全性和潜在风险（如基础研究设计包括有无对照试验、交叉试验、平行试验等）。

• 研究持续时间——持续时间应保证测试产品的试验效果，同时考虑试验数量和测试结果的能力。

• 结果测量——所有试验应能够获得预期的测量指标/结果，使用标准化的通用报告格式，将试验产品与对照组进行比较。

• 参与研究的受试者——所有受试者必须提交知情同意书，所有试验必须符合《赫尔辛基宣言》，必须按照GCP要求招募受试者。

• 统计分析——事先记录统计计划和方法，数据分析必须遵循GCP标准，允许使用情形分析表。

该文还回顾了食品试验和药物试验之间的不同点，如：

• 研究假设——食品试验通常关注多个目标、目的或终点。

• 研究设计——根据食品基质的类别（面包、能量棒、饮料等）和使用的食品类型或数量以及结果或效果的不同，食品试验可能有许多"目标"和终点。注1：对照产品和测试产品应具有适合的感官体验和物理特性（如酸奶或谷类产品）。注2：当测试粗加工的食品（如新鲜水果、蔬菜、坚果、鸡蛋、谷物）时，可通过包装来使其符合盲法要求。

• 研究持续时间——考虑到生理和生物化学因素、食品或膳食补充剂消耗量、食品是否适合长期食用、食品的供应等，食品试验持续时间应确保测量到食品或膳食补充剂发挥效果。

• 盲法——对食品来说可能很困难，甚至不可能，因为食品测试产品很容易辨识。

• 结果测量——食品试验最常见的结果包括客观终点和生物标志物的测量，但也包括主观终点，如健康感觉、食欲和不良事件，如疲劳、腹胀、胀气、轻度恶心。注：不良反应事件在食品试验中不太常见，且"目前还没有有关营养干预研究方面的指南"；但仍必须对不良反应事件报告进行分析。

• 数据收集——食品试验需收集膳食信息，因为饮食情况通常直接影响研究结果。收集方法包括饮食评估、饮食日记和饮食史等。

• 研究受试者——在美国，进行食品试验期间受试者必须是健康的，但在药物试验时受试者通常有某种疾病或不良状况。食品试验的受试者通常是身体状况良好的成年人（通常排除孕妇和儿童），通常需要仔细考虑其生活方式（如是否吸烟、运动习惯、膳食习惯等）。

• 依从性——受试者对方案执行的偏离在食品试验中更为常见，建议告知受试者"将测试并记录受试者的配合度"，提高依从性的方法包括：监督受试者摄取食品，让受试者退回未食用的食品，评估生物标志物，审查饮食记录（尽管受试者上班的记录可能不准确），以及通过讨论研究如何提高受试者的依从性。

该文最后讨论了研究结论如果"表述不清楚""结果强调过度"或"扩展到更广泛的人群"等，其研究的有效性将会降低。该文用一个简短的章节描述了研究团队在解决这些复杂问题以及避免利益与科学之间发生冲突方面的责任。作者推荐了一种标准做法，即在发表临床试验成果时，提供"包括资助者或赞助者在内的研究团队所有成员的角色和责任声明，以及任何潜在利益冲突方的声明……"。

6.6 小结

几十年来，FDA一直致力于要求食品和膳食补充剂临床试验采用IND申请（甚至在DSHEA颁布之前）。尽管相关的最终指南已经发布（FDA，2013），但与食品和膳食补充剂相关的部分一直被搁置，因为FDA没有强制要求这些产品（非药品、医疗器械或其他高风险管制产品）研究必须采用IND的法律权限。特别是在评估膳食补充剂对人体结构或功能的影响的研究中是不需要IND的。只有当研究安全性和有效性不明确时才需要IND，药品研究一般具有上述特征，而低风险食品和膳食补充剂研究则通常不具有。

本章回顾了食品和膳食补充剂需要进行临床试验的情形，包括支持声称、安全性分析和功效评估。尽管随机、双盲、安慰剂对照临床试验是优选方案，但更多类型的临床试验数据也为食品和膳食补充剂的效果提供了有价值的结论。这些试验中的大部分无法确定产品的作用方式和效果，也可能无法得到预期的研究目标，但通过建立科学的证据来探索新食品和膳食补充剂产品的安全和有效性，将有助于我们了解现实生活中的饮食暴露情况并记录风险和益处。

6.7 测试题

1. FDA如何判别食品、膳食补充剂和药物？
2. 什么类型的标签声称会导致FDA将该产品定性为药物？
3. 什么类型的标签声称会导致产品被认定为标签违规？
4. 列出食品和药物临床试验的3~5个不同之处。
5. 在什么情况下需要开展食品和膳食补充剂的临床试验？

参考文献

AbuMweis, S.S., Jew, S., Jones, P.J.H., August 2010. Optimizing clinical trial design for assessing the efficacy of functional food. Nutr. Rev. 68 (8), 485–499. (Online). Available from: https://www.ncbi.nlm.nih.gov/pubmed/?term=Optimizing+clinical+trial+design+for+assessing+the+efficacy+of+functional+food.

Adair-Hatch, C., March 5, 2015. How do IRBs determine whether dietary supplement studies require an Investigational New Drug (IND)? Inst. Bull. Quor. IRB 5 (1). (Online). Available from: http://www.quorumreview.com/irbs-determine-dietary-supplement-studies-ind/.

Brody, T., October 12, 2015. Food and dietary supplement package labeling – guidance form FDA's Warning Letters and Title 21 of the Code of Federal Regulations. Compr. Rev. Food Sci. Food Saf. 15 (1), 92–129. (Online). Available from: http://onlinelibrary.wiley.com/doi/10.1111/1541-4337.12172/epdf.

Crane, S., December 9, 2015. Labeling: promotion violations lead to FDA Warning Letters. Nat. Prod. Insid. (Online). Available from: https://www.naturalproductsinsider.com/articles/2015/12/labeling-promotion-violations-lead-to-fda-warning.aspx.

FDA, U.S. Food and Drug Administration, January 1993. Food labeling; general requirements for health claims for food. Fed. Regist.

58 (3), 2478–2536. (Online). Available from: http://foodrisk.org/default/assets/File/NLEA-2478-2536.pdf.

FDA, U.S. Food and Drug Administration, December 1999. Guidance for Industry: Significant Scientific Agreement in the Review of Health Claims for Conventional Foods and Dietary Supplements. (Online). Available from: http://www.fda.gov/ohrms/dockets/98fr/995424gd.pdf.

FDA, U.S. Food and Drug Administration, January 2000. Regulations on statements made for dietary supplements concerning the effect of the product on the structure or function of the body. Fed. Regist. 65 (4), 1000–1050. (Online). Available from: https://www.gpo.gov/fdsys/pkg/FR-2000-01-06/pdf/00-53.pdf.

FDA, U.S. Food and Drug Administration, 2002. Guidance for Industry: Structure/Function Claims, Small Entity Compliance Guide. (Online). Available from: http://www.fda.gov/Food/GuidanceRegulation/GuidanceDocumentsRegulatoryInformation/ucm103340.htm.

FDA, U.S. Food and Drug Administration, July 2003a. Consumer Health Information for Better Nutrition Initiative: Task Force Final Report. (Online). Available from: http://www.fda.gov/Food/IngredientsPackagingLabeling/LabelingNutrition/ucm096010.htm.

FDA, U.S. Food and Drug Administration, July 2003b. Interim Procedures for Qualified Health Claims in the Labeling of Conventional Human Food and Human Dietary Supplements. (Online). Available from: www.fda.gov/Food/GuidanceRegulation/GuidanceDocumentsRegulatoryInformation/ucm053832.htm.

FDA, U.S. Food and Drug Administration, July 2003c. Guidance for Industry and FDA: Interim Evidence-Based Ranking System for Scientific Data. (Online). Available from: www.fda.gov/ohrms/dockets/dockets/04q0072/04q-0072-pdn0001-05-FDA-vol5.pdf.

FDA, U.S. Food and Drug Administration, May 2006. Guidance for Industry: FDA's Implementation of "Qualified Health Claims" : Questions and Answers; Final Guidance. (Online). Available from: http://www.fda.gov/Food/GuidanceRegulation/GuidanceDocumentsRegulatoryInformation/ucm053843.htm.

FDA, U.S. Food and Drug Administration, December 2008. Guidance for Industry: Substantiation for Dietary Supplement Claims Made under Section 403(r)(6) of the Federal Food, Drug, and Cosmetic Act. (Online). Available from: http://www.fda.gov/Food/Guidance Regulation/Guidance Documents Regulatory Information/ucm073200.htm.

FDA, U.S. Food and Drug Administration, January 2009a. Guidance for Industry: Evidence-Based Review

System for the Scientific Evaluation of Health Claims. (Online). Available from: http://www.fda.gov/Food/GuidanceRegulation/GuidanceDocumentsRegulatoryInformation/ucm073332.htm.

FDA, U.S. Food and Drug Administration, 2009b. Warning Letter to General Mills, Inc. (05 May 2009). (Online). Available from: https://www.fda.gov/iceci/enforcementactions/warningletters/2009/ucm162943.htm.

FDA, U.S. Food and Drug Administration, February 2011. Qualified Health Claims: Letter Regarding "Tomatoes and Prostate, Ovarian, Gastric and Pancreatic Cancers (American Longevity Petition)" (Docket No. 2004Q-0201). (Online). Available from: www.fda.gov/Food/IngredientsPackagingLabeling/LabelingNutrition/ucm072760.htm.

FDA, U.S. Food and Drug Administration, 2012a. Warning Letter to Almaseed USA, Inc. (18 January 2012). (Online). Available from: http://www.fda.gov/iceci/enforcementactions/warningletters/2012/ucm289570.htm.

FDA, U.S. Food and Drug Administration, 2012b. Warning Letter to Quincy Bioscience Manufacturing Inc. (16 October 2012). (Online). Available from: http://www.fda.gov/ICECI/EnforcementActions/WarningLetters/2012/ucm324557.htm.

FDA, U.S. Food and Drug Administration, 2012c. Letter to General Mills Concerning Cheerios® Toasted Whole Grain Oat Cereal Labeling. (03 May 2012). (Online). Available from: http://www.fda.gov/aboutfda/centersoffices/officeoffoods/cfsan/cfsanfoiaelectronicreadingroom/ucm303434.htm.

FDA, U.S. Food and Drug Administration, September 2013. Guidance for Clinical Investigators, Sponsors, and IRBs: Investigational New Drug Applications (INDs) – Determining whether Human Research Studies Can Be Conducted without an Investigational New Drug Application. (Online). Available from: http://www.fda.gov/ downloads/drugs/guidances/ucm229175.pdf.

FDA, U.S. Food and Drug Administration, 2014a. Warning Letter to AMKS Time Release Lab, LLC (10 April 2014). (Online). Available from: http://www.fda.gov/ICECI/EnforcementActions/WarningLetters/2014/ucm399634.htm.

FDA, U.S. Food and Drug Administration, 2014b. Warning Letter to Human Science Foundation. (18 August 2014). (Online). Available from: https://www.fda.gov/iceci/enforcementactions/warningletters/2014/ucm410651.htm.

FDA, U.S. Food and Drug Administration, 2014c. Warning Letter to PI Pharma Inc (30 October 2014). (Online). Available from:

https://www.fda.gov/iceci/enforcementactions/warningletters/2014/ucm421347.htm.

FDA, U.S. Food and Drug Administration, April 2015a. Letter Responding to Health Claim Petition Dated January 27, 2004: Green Tea and Reduced Risk of Cancer Health Claim (Docket Number FDA-2004-Q-0427). (Online). Available from: www.fda.gov/Food/IngredientsPackagingLabeling/LabelingNutrition/ucm072774.htm.

FDA, U.S. Food and Drug Administration, October 2015b. Qualified Health Claims: Letter Regarding Calcium and Colon/Rectal, Breast, and Prostate Cancers and Recurrent Colon Polyps -(Docket No. 2004Q-0097). (Online). Available from: www.fda.gov/Food/IngredientsPackagingLabeling/LabelingNutrition/ucm072771.htm.

FDA, U.S. Food and Drug Administration, May 2015c. Warning Letter to Akron Bee Pollen (21 May 2015). (Online). Available from: http://www.fda.gov/iceci/enforcementactions/warningletters/2015/ucm448425.htm.

FDA, U.S. Food and Drug Administration, 2015d. Warning Letter to Pristine Nutraceuticals, LLC (21 January 2015). (Online). Available from: https://www.fda.gov/iceci/enforcementactions/warningletters/2015/ucm431461.htm.

FDA, U.S. Food and Drug Administration, 2015e. Warning Letter to Aloe Man, Inc. (The). (08 January 2015). (Online). Available from: https://www.fda.gov/iceci/enforcementactions/warningletters/2015/ucm430797.htm.

FDA. U.S. Food and Drug Administration, November 2016a. CFSAN Bioresearch Monitoring Program. (Online). Available from: http://www.fda.gov/Food/FoodScienceResearch/ucm412819.htm.

FDA, U.S. Food and Drug Administration, October 2016b. Research Strategic Plan: Center for Food Safety and Applied Nutrition, Science and Research Strategic Plan 2015-2018. (Online). Available from: http://www.fda.gov/Food/FoodScienceResearch/ResearchStrategicPlan/default.htm.

FDA, U.S. Food and Drug Administration, August 2016c. Qualified Health Claims. (Online). Available from: www.fda.gov/Food/IngredientsPackagingLabeling/LabelingNutrition/ucm2006877.htm.

FDA, U.S. Food and Drug Administration, November 2016d. Draft Guidance for Industry: Scientific Evaluation of the Evidence on the Beneficial Physiological Effects of Isolated or Synthetic Non-digestible Carbohydrates Submitted as a Citizen Petition (21 CFR 10.30). (Online). Available from: https://www.fda.gov/Food/GuidanceRegulation/GuidanceDocumentsRegulatoryInformation/ucm528532.htm.

FTC, Federal Trade Commission, 2001. Dietary Supplements: An Advertising Guide for Industry. (Online). Available from: https://www.ftc.gov/system/files/documents/plain-language/bus09-dietary-supplements-advertising-guide-industry.pdf.

Hanlon, P.R., Frestedt, J., Magurany, K., 2017. GRAS from the ground up: review of the Interim Pilot Program for GRAS notification. Food Chem. Toxicol. 105, 140–150. (Online). Available from: https://linkinghub.elsevier.com/retrieve/pii/S0278-6915(17)30166-7.

O'Connor, E.M., 2013. Clinical trials for foods and supplements: guidance for industry symposium report. Nutr. Bull. 38 (2), 262–268. http://dx.doi.org/10.1111/nbu.12032. (Online). Available from: http://onlinelibrary.wiley.com/doi/10.1111/nbu.12032/abstract.

Welch, R.W., Antoine, J.-M., Berta, J.-L., et al., 2011. Guidelines for the design, conduct and reporting of human intervention studies to evaluate the health benefits of foods. Br. J. Nutr. 106 (Suppl. 2), S3–S15. (Online). Available from: https://www.ncbi.nlm.nih.gov/pubmed/22129662.

7

食品安全现代化法案

7.1 食品安全现代化法案要求

继美国发生多起食源性疾病后，FDA于2011年1月4日颁布了《食品安全现代化法案》（FSMA）。FDA实施了该法律，并与从农场到餐桌上涉及食品处理的个人和团体进行了广泛讨论，之后发布了多项规定。FDA始终致力于为美国食品安全计划增加主要的新的举措，包括重点预防、联邦-州一体化和进口监督（意味着进口商对其出口美国的食品负有更大的责任），同时FDA与外国政府就安全食品开展了更大的筛选、检查及合作项目。FDA正在实施一种基于风险的方法，即使用现代数据收集和信息系统增加一些有针对性的检查。

这项新法律要求进口商要确保其国外供应商有充分的预防控制措施，需要有第三方认证外国食品生产设施符合美国要求，FDA要求对高风险食品进行强制性认证，并对合格进口商进行快速审查，或在FDA检查被拒绝的情况下拒绝其入境。本质上讲，进口食品必须与美国食品满足同样的要求，该计划旨在增强FDA与本地、美国国内和国际机构的合作伙伴关系，如第三方检测机构，参与食源性疾病监控的团体，制定食品防御战略的国家农业部以及各实验室。

在FDA、农业部专员和USDA访问了农场，了解食品经营情况后，于2013年发布了四项关键的拟议规则，2014年又发布了三项，这七项新规及其法院初始授权发布日期如下：

（1）生产安全（2015年10月31日）

（2）人类食品的预防控制（2015年8月30日）

（3）动物食品的预防控制（2015年8月30日）

（4）国外供应商认证程序（2015年10月31日）

（5）第三方审计师的认可（2015年10月31日）

（6）针对保护食品免于故意掺杂的缓解策略（2016年5月31日）

（7）人畜食品的卫生运输（2016年3月31日）

FDA表示，需要在2016财年的13亿美元食品安全预算中增加1.095亿美元以实施FSMA（FDA，2015a）。据FDA称，增加的资金将集中用于以下方面：

• 2000多名参与食品安全的FDA工作人员的查验现代化及培训费（2500万美元）。

• 国家综合食品安全系统（3200万美元），用于培训3000多家机构、检查员、种植户。

• 工业教育和技术援助，帮助约30万农民、加工商和进口商（如为生产安全联盟和预防控制联盟提供资金）（1150万美元）。

• FDA的技术人员和指导开发（400万美元），招募更多的FDA专家与行业进行沟通，以确保最佳方案。

• 新的进口安全系统，用于改善对超过20万种不同进口食品设施的监管（如FDA报告显示，超过15%的美国食品来自海外，包括80%的海鲜、50%的新鲜水果和20%的新鲜蔬菜）（2550万美元）。由于现在进口食品每年有数百万条生产线，FSMA授权的国外供应商验证计划（FSVP）要求进口商为确保进口食品符合美国食品安全标准进行验证。这项新法规需要对进口商以及评估进口商安全计划的FDA工作人员进行专门培训。

• 风险分析和评估，重点关注在美国影响健康的高危风险（450万美元）。这需要对风险进行排序，优先选择项目和将最低风险需求与可用预算结合起来的能力。

• 基础设施成本（700万美元）。

食品安全系统的资金来自政府预算和用户费用，这些资金有许多不同用途，包括执行生产农产品农场的安全标准，要求进口商对美国要求的安全标准负责，并审查国外食品生产商（FDA，2016a）。FDA正在增加培训和现代化设备，同时增加对高风险食品公司和外国设施的检查。FSMA的目标是预防，FDA基于培训、持续检查和了解大多数行业人士愿意遵守的食品安全标准，以实现预防目的（FDA，2015b）。FDA有许多强制执行FSMA规则的工具，包括扩大记录访问权限和行政拘留，加强产品追溯和第三方实验室检测，以及发布强制召回和暂停注册的方式。

FDA实施了FSMA，并支持联邦、州和地方制定可执行的安全标准。通过扩大海外市场，FDA也在确保进口商的进口食品符合美国安全标准，并且正在审查外国食品安全设施（FDA，2017）。FDA依靠国家伙伴关系来实施FSMA规则，并且FDA将继续为农民和FSVP创建教育和技术援助计划（Ostroff，2017）。

7.2 法规和指导性文件

FDA的FSMA网站（图7.1）宣称，这项立法是"70多年来食品安全法最彻底的改革"，并提供了最终规则和指导文件的链接（附录12）。

网站上也提供了公告和其他信息，包括新电子邮件的注册位置。该网站还提供FDA产品最终规则的链接（包括最终环境影响声明）、FSVP、经认可的第三方认证以及FSMA培训和其他资源。

7.3 警告信案例

7.3.1 食品安全现代化法案警告信

在FDA警告信数据库中搜索"食品安全"时发现有超过500封警告信：其中2017年1月7日有16封关于

FDA食品安全现代化法案（FSMA）

☐ SHARE ☐ TWEET ☐ LINKEDIN ☐ PINIT ☐ EMAIL ☐ PRINT

FDA食品安全现代法案是70多年来最彻底的改革，于2011年由奥巴马签署成为法律。旨在确保美国食品供应安全，由应对污染转变为防止污染。

重点公告
FDA正在考虑简化农业用水标准
2017年3月20日
第三方审计和食品安全现代法案
2017年2月27日

实施措施
• 缓解策略保护食品免受故意掺假的最终条例
• 人畜食品卫生运输的最终条例
• 生产安全最终条例和环境影响声明
• 外籍供应商验证计划（FSVP）最终条例
• 第三方认证的最终条例
• 人类食品保护性措施的最终条例
• 动物食品保护性措施的最终条例
• 按照日期列出的所有活动

图7.1 FDA的FSMA网站部分快照

关键词"食品安全现代化法案"，5条关于关键词"FSMA"。在搜索"食品安全现代化法案"的16封警告信中，只有一封提到了FSMA，其他的都是关于关键词"现代化"和食品安全活动，也包括关于FDA在1997年《FDA现代化法》的说明。表7.1列出了该条"食品安全现代化法案"警告信和五条"FSMA"警告信。

表7.1 提及食品安全现代化法案的警告信

公司	信件日期	发行办事处	主题
Lystn, LLC dba Answers Pet Food	2016年3月17日	费城办事处	美国国内贸易/食品/掺杂
Oregon Potato Company	2016年7月15日	西雅图办事处	cGMP食品/准备、包装或贮藏在不卫生条件/掺杂
Jeni's Splendid Ice Creams, LLC	2016年8月9日	辛辛那提办事处	cGMP/制造、包装或贮藏人类食品/掺杂/不卫生条件
Saranac Brand Foods, Inc.	2016年8月12日	底特律办事处	cGMP/制造、包装或贮藏人类食品/掺杂/不卫生条件
Simply Fresh Fruit	2016年10月19日	洛杉矶办事处	cGMP/制造、包装或贮藏人类食品/掺杂/不卫生条件
Pearson Foods Inc.	2016年10月26日	底特律办事处	cGMP/制造、包装或贮藏人类食品/掺杂/不卫生条件

值得关注的是，尽管FSMA于2011年颁布，但这些警告信都发布于2016年，并且没有一封来自食品安全和应用营养中心（CFSAN）。换句话说，至少在FDA使用警告信作为FDA执法工具时，FSMA的早期执法活动最开始是由FDA地区办事处一级负责实施的。早期的警告信是关于美国国内贸易和食品掺杂的，而最近的五条警告信都有相同的主题："cGMP或制造、包装或贮藏食品、掺杂、不卫生条件"。

7.3.2 关于食品安全现代化法案相关热点话题的警告信

为了在FSMA正式生效前更好地评估FSMA相关法案热点话题，使用FSMA规则和指导文件标题中列出的

FSMA相关主题对警告信进行了另一次搜索，如表7.2所示。

　　这131封警告信由FSMA主题区总结（图7.2）。三封警告信在鱼类和渔业产品以及食品设施登记调查中被重复使用，留下128条供进一步评估。绝大多数的警告信由CFSAN发出（N=43）；然而，许多地区办事处也发布了关于FSMA主题的警告信，因此与其他地区相比这些警告信大多来自纽约、旧金山、新英格兰和洛杉矶（图7.3）。

表7.2　食品安全现代化法案（FSMA）规则、指导文件主题的警告信搜索结果（2016年2月15日）

基于FSMA规则和指导文件中的术语的警告信搜索术语	计数（N）	基于FSMA规则和指导文件中的术语的警告信搜索术语	计数（N）
第三方认证	0	食品安全认证	0
农产品的种植、收获、包装和贮藏	0	合格进口商计划	0
食品供应商验证计划	0	强制性食品召回	0
基于风险的供人食用食品预防控制	0	食品设施注册	37
危害分析和基于风险的预防控制	0	记录的建立和维护	0
第三方审计师认可	0	记录存取管理	0
食品设施注册	0	食品类别	0
记录可用性要求	0	贮藏或进口食品	0
可报告食物注册处	12	食品安全现代化法案（FSMA）	0
卫生运输	0	事先通知要求	0
保护食品的重点缓解策略	0	新膳食成分通知	27
进口食品预先通知	0	鱼类与渔业产品危害与管制准则	55
食品行政拘留	0		
总计			131

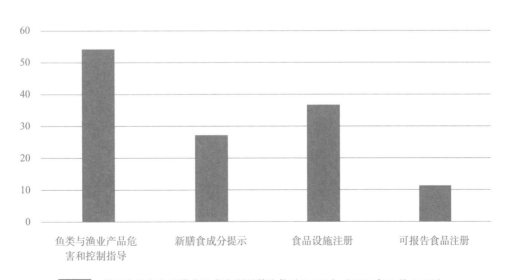

图7.2　关于食品安全现代化法案主题的警告信（N=131）（2016年2月15日）

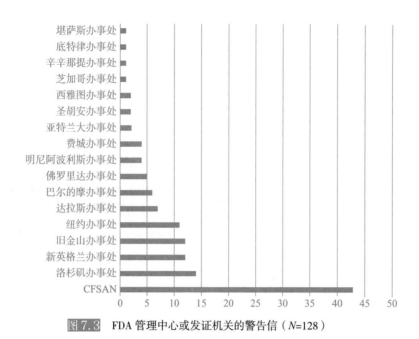

图7.3 FDA 管理中心或发证机关的警告信（N=128）

　　这128条警告信包括391个主题（主题每一次出现在任何警告信中都要进行统计，并分为16类主题标题）（表7.3），与FSMA相关的警告信中掺杂食品、海鲜食品HACCP以及与当前良好生产规范（cGMP）和不卫生条件相关的问题占75%（299/391=76.5%）以上。

表7.3　按主题划分的FSMA相关警告信（16组）

主题	计数（N）
掺杂/食品掺杂	114
海鲜食品HACCP	74
食品用cGMP/cGMP制造、加工、包装和贮藏用cGMP/用于制造、包装或贮藏人类食品的cGMP/cGMP食品法规/生产包装或贮藏人类食品的现行良好操作规范	71
不卫生条件/在不卫生条件下包装或贮藏/准备、包装或贮藏在不卫生条件下/制造、包装或贮藏人类食品	40
膳食补充剂	27
标签/食品标签	22
标签违规	14
膳食补充剂（DBMA）	14
错误&误导性宣传/错误&误导	4
酸化食品	2
应急许可证管理	2
果汁HACCP	2
新药	2
污物	1
食品添加剂	1
宠物食品以食品销售	1

如果每封警告信仅需一组主题，则海鲜食品HACCP（*N*=68）、膳食补充剂（*N*=26）和cGMP（*N*=19）占这些警告信的88%以上（图7.4）。

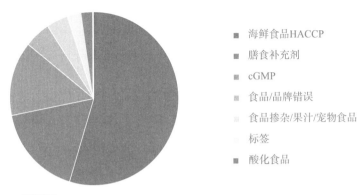

　■　海鲜食品HACCP

　■　膳食补充剂

　■　cGMP

　■　食品/品牌错误

　■　食品掺杂/果汁/宠物食品

　■　标签

　■　酸化食品

图7.4　《食品安全现代化法案》相关警告信（按主题类型）（*N*=128）

这些与FSMA相关的警告信包括FDA发给美国公司以及除美国之外所有国际公司的警告信。在全球范围内，质量问题的类型基本相同，FDA正确保美国食品供应安全，而不再关注每种食品的原始来源究竟如何。随着从世界各地采购食品成为每天都会发生的事情，这将是FDA授权的一个巨大而艰难的转变。

7.3.3　食品安全现代化法案警告信案例

所有六封FSMA警告信通常都提到法规21CFR110的现代化和法规21CFR117的发展，描述了人类食品规则的cGMP、危害分析和基于风险的预防控制（cGMP&PC规则）。这些标识还涉及基于业务规模的合规日期（FDA，2017b）。

7.3.3.1　被沙门菌污染的狗粮

一封警告信是针对一种据称被沙门菌污染的狗粮发布的，这条警告信确认了对食用该产品的动物的安全性以及与受污染宠物食品有关的人类疾病可能性的担忧（FDA，2016b）。该警告信还警告了与污染控制有关的未经验证的声称：

> "此外，贵方网站还提到贵方依靠培养乳清和蒙脱石（食品添加剂）控制'有害细菌'；这超出了它们既定的预期用途。随着FDA在FSMA中对动物食品实施预防性控制，企业需要想尽一切办法对已知或可预见的危害进行控制和预防。"

这封警告信还包括了关于FDA复验费的信息，这是在FSMA规定下FDA的一项新功能。

> 法案第743节（21U.S.C.§379J-31）授权FDA评估和收取费用，以支付FDA某些活动，包括与复验相关的费用。复验是指在检查后进行的一次或多次检查，该检查确定了与法案食品安全要求有重大关系的不符合项，特别是为了确定是否符合要求。复验相关费用是指与FDA安排、实施和评估复验结果、评估和收取复验费用相关的所有费用，包括行政费用［21U.S.C.379J-31（a）（2）（b）］。对于美国国内设施，FDA将评估并从美国国内设施的责任方收取复验相关费用。本函中所述的检查确定了与食品安全法案要求实质性相关的不合规情况。因此，FDA可以收取评估费用，以支付复验相关费用。

7.3.3.2　违反GMP也属于FSMA范畴

另一封警告信（FDA，2016c）引用了多项违反cGMP法规的指控，尤其是法规21CFR110中提到的制造、包装或贮藏食品的行为。这封警告信有一个与FSMA相关的注释，如下所示：

> 根据cGMP、危害分析和基于风险的人类食品预防控制规则（法规21CFR117）（cGMP&PC规则），第

110部分已更新并编入第117部分的B子部分。在适用于其业务规模的第117部分合规日期之前，企业将继续受第110部分的约束。详见http://www.fda.gov/Food/GuidanceRegulation/FSMA/ucm334115.htm#Compliance_Dates for PC rule compliance dates。

7.3.3.3 被李斯特菌污染的冰淇淋

这封给冰淇淋店的警告信报告了在冷冻香精制造厂受到李斯特菌污染（FDA，2016d）。警告信引用了据称违反cGMP制造（21CFR110）这一条款，并确定这些冷冻香精产品掺杂，可能危害健康。FDA报告称在成品冰淇淋样品中单核细胞李斯特菌呈阳性，这才进行此次检查。虽然单核细胞李斯特菌在环境中是内源性的，但该警告信指出：

> "如果没有适当的控制，它就会在食品加工设施中扩散，可能污染食品。食用这种受污染的食品可能导致一种严重的甚至危及生命的疾病，称为李斯特菌感染，这是一种食源性疾病，也是一个主要的公共卫生问题。由于该疾病的严重性、高死亡率和较长的潜伏期，可能传染潜在的人。"

FDA实验室的全基因组测序通过测定发现，在设施和冰淇淋样品中不同时段都有同一种单核细胞增生性李斯特菌。根据此信息，警告信指出：

> "在贵公司环境中，同一种单核细胞李斯特菌株的再次出现，表明该设施中存在一个常驻菌株或生态群体。这些发现还表明，贵公司之前的卫生程序不足以控制、减少或从设施中消除这种致病微生物。贵公司必须先确定食品加工厂中该细菌生长和存活的区域，并采取必要的纠正措施，使这些区域无法提供适宜环境来进行根除。"

尽管FDA承认该公司进行了"大量纠正措施"（如聘请环卫顾问，停产并对设施深度清洁和消毒，自愿召回产品，变更生产方式，成品制造外包），但该警告信仍然列出了一系列违反cGMP的行为，包括未能"根据法规21CFR110.20（b）（6）的要求，使用风扇和其他通风设备降低污染食品表面的潜在风险……"，以及未能"根据法规21CFR110.80的要求，采取合理的预防措施，确保生产过程远离任何来源造成的污染"。

FDA调查员观察到在洗碗间吊顶冷却装置西侧的风扇上方的防护罩上粘有灰尘状物质，在生产中使用的容器、设备部件以及清洗、冲洗、消毒、储存器具的地方存在同样现象。公司表示，他们在"主要卫生计划"中更新了清洁程序，并对空气处理装置进行采样作为环境采样的一部分。此外，另一个违反cGMP的行为也是FDA调查人员反复观察到的，"一名员工在准备室将'敞开包装皮'的糖放在手推车上，然后将这些糖袋转移到准备台旁，在准备台上取走糖袋，用手将其倒入透明的塑料容器中，糖袋的外侧直接接触到塑料容器的内部食品表面"。之前也观察到用同样的方法处理一袋可可粉。该公司表示，他们更新了生产通道流沙标准操作规程，并增加了一个新的标准操作规程，以明确成分的转移。他们对员工进行了培训，并由一名经理监督所有班次，以确保新程序的有效实施。FDA表示，他们将在下一次检查期间评估纠正措施。

7.3.3.4 被单核细胞李斯特菌污染的沙拉和酱

这封警告信（FDA，2016e）发往一家即食（RTE）冷盘色拉、调味汁和浸泡设备。在工厂发现在食品推车和水槽附近的地板、立式搅拌机旁边的地板和另一个泄漏的水槽的非食品接触面上发现了李斯特菌。这封警告信声明：

> "李斯特菌可以在各种潮湿的地方存活，如地板、地漏和加工设备，并可能一直存在于其他地方，它可以在冷凝水、积水和食物残渣中富集。李斯特菌可以形成生物膜，因此它们尤其耐寒。生物膜具有保护性，可以保护细菌不受普通清洁过程的影响，甚至在极端条件下也能存活下来。因此必须采取严格的卫生措施，消除或防止其生长。"

虽然该公司提供了一份书面回复，并附有其更正的说明和照片，但FDA警告信描述了该"口头纠正措施"，表示"无法评估贵方回复的充分性,因为贵方没有提供更正措施的具体细节以及为防止污染而采取的措施"。

这封警告信指出,FDA检查官员发现三起严重违反cGMP法规的行为,包括:

> 未能采取合理的预防措施,确保生产程序不会造成任何来源的污染(法规21CFR110.80规定)……发现一名员工使用水管在加工区的贮藏在塑料容器里的散装食品原料附近喷水,地板上的水在撞击时雾化,并将地板上的水颗粒和碎片带入空气中。所有的食品容器都被水和可见的碎片覆盖。此外,六个容器中的两个……未密封,打开并暴露在空气中……FDA实验室通过环境分析发现,在靠近设备的食品和食品接触面的多个位置的地板上存在李斯特菌。虽然贵公司书面回复称更换了密封性更好的容器,培训员工使用低压水以避免过度喷溅……但没有提到对员工进行清洁操作或原材料贮藏的再培训……[或]是否对检查过程中发现的原材料进行评估,并将其移出加工区。

> 未能使工厂"保持卫生状态"或"按照法规21CFR110.35(a)的要求进行足以防止食品掺杂的维护"。检查官员发现加工区的天花板年久失修,油漆生锈,已经有了裂缝,表层可能会剥落。还注意到包装暴露产品的加工区天花板上滴水。FDA承认公司"对观察结果的书面回应,但是贵方没有解决在检查过程中发现加工区天花板破损的修复问题。贵方在回复中提供信息,说明已不再使用天花板破损的包装区,并已迁移至另一部分……但贵方并未提供文件和为防止食品污染所采取措施的具体细节,因此我们无法评估贵方回复的充分性。"

> "贵方未能按照法规21CFR110.20(b)(6)要求设置通风设施或操作风扇和其他通风设备,使污染食品、食品包装材料和食品接触面的可能性降至最低。我们发现……压力锅朝向厨房方向释放蒸汽,并发现冷凝液滴。在检查过程中,贵方管理人员描述了冷却过程,并指出面食是在蒸汽锅中煮熟和冷却的。由于通风不足的工艺操作而产生的水(如蒸汽)也可以为李斯特菌提供足够的(如设备、架空管道和天花板)水分以繁殖和传播。在发现单核细胞增生性李斯特菌的加工环境中,来自加工线上未充分清洁表面的冷凝物有可预见的高产品污染风险……书面回复指出,贵方计划在厨房增加通风风扇,并在产品煮制和冷却时开启,增加通风。但是,如果没有更具体的文件,我方无法确认风扇是否足以去除水汽并防止冷凝水积聚。贵方的反馈是,在冷却过程中,会遮盖意大利面,避免任何凝结物落入。这种纠正措施并不能防止水分在我们上述观察到的过程中进入煮熟的面锅中,在这个过程中,打开锅,添加冷水,员工搅拌煮熟的面食和水。最后,贵方回复没有说明在生产前是否对装有冷凝水的水壶进行清洁和消毒。"

7.3.3.5 被单核细胞李斯特菌污染的即食鲜切水果

一封警告信送到了RTE的即食鲜切水果制造厂,因为FDA检查官在该厂放置设备的区域和一个成品香瓜中发现了单核细胞增生性李斯特菌,导致相关产品被召回(FDA,2016F)。全基因组测序结果表明,放置设备的区域与成品香瓜内发现相同的单核细胞增生性李斯特菌。此外,本警告信还列举了多种严重违反cGMP规定的行为,具体如下:

(1)未按照法规21CFR110.80(b)(5)要求进行管理,包括:"①以防止污染的方式进行加工。在处理香瓜和哈密瓜的过程中,一名员工戴着手套用刀去除外皮和切瓜。然后,员工扭开流水线末端的电源开关旋钮,打开传送带,继续去除外皮和切瓜,在接触水果之前没有先清洗或对之前接触过水果的手套进行消毒。②员工在执行每一步之前……触摸托盘千斤顶的手柄……转移已经清洗过的香瓜……然后在未清洁或消毒进行上述步骤的手套的情况下,从消毒箱中取出香瓜……并将香瓜放在蓝色加工线传送带上。③装有清洗过即食葡萄的塑料桶放在洗手池附近的托盘上……将已经清洗过的西瓜和番木瓜的箱子放回……装满后……在清洁和卫生操作期间……也被发现放到洗手池附近……④在清洁和卫生操作过程中,没有遮盖装有已经清洗过的橘子、哈密瓜、芒果、番木瓜和西瓜的箱子。⑤……涮洗机上的垃圾箱倾倒器与湿地板直接接触。这台设备还用于将葡萄柚和香瓜转移到加氯消毒清洗箱中进行预清洗卫生操作。⑥……垃圾箱倾倒器……与湿地板直接接触……而且将葡萄柚倒入加氯消毒清洗箱中。⑦一名操作叉车的员工正在通过积水运送装有清洗过的水果(如香瓜)的托盘……这些行为可能使水溅到设备和水果上。"

警告信提到关于该公司对培训员工正确贮藏水果的回应；但是，没有认为培训与"防止交叉污染有关"。"尽管，垃圾箱翻斗车结构已从地板上升高'12cm'……但仅此一项可能无法防止来自溅落的积水造成的交叉污染。我们将在下次检查期间确定贵方纠正措施是否充分。"

（2）未能按照法规21CFR110.35（d）（2）要求"在湿加工过程中清洁和消毒食品接触面，在使用前排除微生物污染……处于低防护区的哈密瓜在预清洗和消毒过程中，在擦洗刷洗机上有柑橘类水果堆积。柑橘堆积的区域包括从清洗仓传送带到擦洗刷辊的斜坡……贵公司的回复是，每次更换水果品种时，会清除水果堆积，排干排水槽，重新注入消毒液。我们将在下次检查期间确定贵方纠正措施是否充分。"

（3）未能"按照法规21CFR第110.37（b）（4）部分的要求，排放干净地面积水：在地板要进行浸水式清洁的所有区域，正常操作排放的或地板上的水或其他液体废物。我们的检查员注意到以下情况：①在排水口附近处理设施的低护理区有大量积水。在刷洗机附近有积水，这台机器是用于对整个水果包括香瓜、橘子和葡萄柚进行预洗和消毒。②一名员工正在用刮板把水刮到排水沟里，排水管靠近洗地刷清洗机上的垃圾箱。贵方回复表明已计划在现有排水管之间再安装排水管以减轻积水……我们将在下次检查期间确定贵方纠正措施的充分性。"

7.3.3.6　即食鲜切水果和蔬菜的加工违反cGMP

本警告信确证了四项严重的cGMP违规行为（FDA，2016g），包括：

（1）未符合法规21CFR110.37（b）（4）的要求"在开展正常操作的所有加工区域设置足够的地面排水设施，排放地板上的水或其他液体……我们在碎卷心菜生产过程中观察到了积水……地面积水中的食物残渣，以及工人在水中行走。积水滋生了许多病原体，如单核细胞增生性李斯特菌。"

（2）未能以"可以充分清洗地板、保持清洁并使其处于良好状态来设计建造工厂，以满足法规21CFR110.20（b）（4）的要求……如水泥地板……已经被点蚀和侵蚀，这为微生物繁殖创造了环境"。

（3）未能以"固定设备上的冷凝水不会污染食品的方式设计建造工厂，以满足法规21CFR110.20（b）（4）的要求……检查员观察到两块金属板和一根导管电线上有冷凝水，这些金属板和导管电线位于没有遮盖的即食凉拌卷心菜上方。"

（4）未能设计"工厂设备和用具……易于清洗，并且进行适当维护，以满足法规21CFR110.40（a）的要求……切割板上有测量用深凿槽，这类构造导致这些表面难以保持清洁和卫生。"

该公司已回复说，他们正在努力更换地板并进行排水试验。FDA表示，他们将在下次检查期间评估纠正措施的充分性。

7.3.4　其他食品安全警告信

7.3.4.1　水产品HACCP案例

在一家水产品加工设施投入使用仅1年，两封相关警告信（FDA，2006a、b）就出现在警告信数据库中；第二封警告信与第一封警告信完全相同，只是在警告信数据库中包含了一个不正确的年份（2007年）。这封警告信实际上是在2006年由FDA洛杉矶办事处在码头卸货设施（初级加工厂）和水产品加工设施（次级加工厂）进行检查后发布的。FDA检查员发现公司"严重违反"了水产品HACCP法规（21CFR123）和cGMP（21CFR110），特别严重的是公司称其并未制定和实施水产品HACCP计划［21CFR123.6（g）］，造成鱼类或渔业产品（包括沙丁鱼、鲭鱼和金枪鱼）"掺杂"，根据该警告信，因为它们是"在不卫生的条件下生产、包装或贮藏在不卫生的环境下，因此可能对健康有害。"警告信主题为"食品、cGMP、水产品HACCP、掺杂"，警告信还包括对"不卫生条件"的关注，这是与FSMA相关的四种最常见的警告信主题类型。

FDA在警告信中列出了四项具体的"重大违规行为"：

（1）水产品HACCP计划必须列出"关键限值"［在法规21CFR1123.3（c）中这定义为"必须在关键控制点控制物理、生物或化学参数的最大或最小值，以防止、消除或降低已识别的食品安全危害的发生，或将其降低到可接受的水平"］。该公司声称未能保持《收获船只作业记录大全》来解决控制沙丁鱼中组胺的所有关键限值。

（2）记录保存必须按照HACCP计划［21CFR123.6（b），21CFR123.6（c）（7）］的规定执行。据警告信称，"该公司未能在'工厂包装'关键控制点记录监控观察结果，以控制该公司在沙丁鱼HACCP计划中列出的组胺……"

（3）必须按照HACCP计划［21CFR123.6（c）（4）］中的规定执行监测程序；但是，沙丁鱼的监测计划"不足以确定鱼是否已经充分冷却，因为计划没有包括对盛放容器的检查以显示适宜的冷却时间和未切除或切除内脏的鱼的温度。此外，贵公司在'接收'关键控制点的监控程序中没有说明需要检查内部温度的鱼的数量。"

（4）关键控制点（CCP）必须按照HACCP计划［21CFR123.6（c）（2）］中的规定执行；但是，"公司对麻辣酱'Mahi Mahi'和黄尾金枪鱼的HACCP计划并未列出冷藏贮藏的关键控制点，以控制隔夜贮藏的产品中所形成的组胺对食品安全的危害。"

7.3.4.2　膳食补充剂DMBA是一种新的膳食成分

另一封关于"膳食补充剂"的警告信（FDA，2015c），在128封的警告信中有27封（21%）包含这一主题，换言之，这组与FSMA有关的警告信中有1/5的主题是关于膳食补充剂的。需要牢记这一重点，因为FDA正在努力提高美国的食品安全性。FDA对FSMA法规的解释可能比单独的食品法规更为广泛。

在这封警告信中，FDA报告了他们对奥马哈和帕皮利昂两个工厂以及奥马哈一个仓库的检查结果。FDA检查员发现了"严重违反"FDCA的规定的行为，其中包括一些被标记为含有二甲基戊胺的膳食补充剂的产品；然而，FDA进行了实验室分析，发现这些产品"实际上含有二甲基丁胺"，也就是DMBA。FDA声明：

> "据FDA所掌握的信息，没有任何信息表明DMBA在1994年10月15日之前在美国作为一种膳食成分可以合法销售，也没有任何信息表明该成分可以作为用于人类食品中保持食品不发生化学变化。在没有此类信息的情况下，DMBA应遵守《法典》第413（a）（2）节［21U.S.C.§350b（a）（2）］和法规21CFR190.6中关于通知规定。由于所需通知尚未提交，贵方产品根据《法典》第402（f）（1）（b）和413（a）节［21U.S.C.§42（f）（1）（b）和350b（a）］涉嫌掺杂。"

除了新膳食成分（NDI）通知的要求外，FDA还发现该产品掺杂、商标错误，而且因为它含有DMBA，所以不允许在美国国内贸易中使用，没有"合理的保证该成分不会带来重大或不合理的疾病或危害风险"。警告信称："据FDA所知，没有使用历史或其他安全证据证明DMBA作为一种膳食成分是安全的。"

这封警告信是FDA在整个行业发现的范例。FDA的信中写道：

> "……在膳食补充剂市场上用于产品的DMBA可以人工合成。《法典》第201（ff）（1）节［21 U.S.C.§321（ff）（1）］将'膳食成分'定义为维生素、矿物质、氨基酸、草本植物或其他膳食物质，供人类通过增加总膳食摄入量来补充膳食，或浓缩物、代谢物、成分、提取物或任何膳食成分的组合。合成生产的DMBA不是维生素、矿物质、氨基酸、草药或其他膳食物质。据FDA所知，合成生产的DMBA不常用在人类食品或饮料中，因此，它不是一种可供人类通过增加饮食摄入量来补充膳食的物质。此外，合成生产的DMBA不是浓缩物、代谢物、提取物或膳食成分的组合。因此，合成生产的DMBA不是《法典》第201（ff）（1）节中定义的膳食成分。"

这封警告信建议，对于任何产品提供一个更为广阔的FDA强制要求范围，包括DMBA和FDA在2015年4月24日发布了14封警告信，对于含有DMBA的产品，在2015—2016年发布了4封警告信（表7.4）。需要注意的是，这四家公司明显缺乏监管监督，因为他们本应能够找到这些警告信，而且知道DMBA成分在美国市场是不被允许的。一个简单的警告信搜索就可以告诉他们这个商业风险。

表7.4 DMBA警告信

公司	发布日期	发布机构	主题	是否回复	关闭日期
1ViZN LLC	2015年4月24日	CFSAN	DMBA/标签/膳食补充剂/掺杂	否	
Bata Labs	2015年4月24日	CFSAN	DMBA/标签/膳食补充剂/掺杂	否	
Blackstone Labs LLC	2015年4月24日	CFSAN	DMBA/标签/膳食补充剂/掺杂	否	
Brand New Energy, LLC	2015年4月24日	CFSAN	DMBA/标签/膳食补充剂/掺杂	否	
Core Nutritionals	2015年4月24日	CFSAN	DMBA/标签/膳食补充剂/掺杂	否	
DSEO LLC	2015年4月24日	CFSAN	DMBA/标签/膳食补充剂/掺杂	否	2017年4月18日
Genomyx LLC	2015年4月24日	CFSAN	DMBA/标签/膳食补充剂/掺杂	否	2017年4月4日
Iron Forged Nutrition	2015年4月24日	CFSAN	DMBA/标签/膳食补充剂/掺杂	否	2017年4月18日
Lecheek Nutrition	2015年4月24日	CFSAN	DMBA/标签/膳食补充剂/掺杂	否	2017年4月4日
Nutrex Research,Inc.	2015年4月24日	CFSAN	DMBA/标签/膳食补充剂/掺杂	否	
Powder City LLC	2015年4月24日	CFSAN	DMBA/标签/膳食补充剂/掺杂	否	2017年6月1日
Prime Nutrition	2015年4月24日	CFSAN	DMBA/标签/膳食补充剂/掺杂	否	
RPM Nutrition, LLC	2015年4月24日	CFSAN	DMBA/标签/膳食补充剂/掺杂	否	
Vital Pharmaceuticals, Inc. dba VPX Sports	2015年4月24日	CFSAN	DMBA/标签/膳食补充剂/掺杂	否	2020年4月3日
TruVision Health LLC	2015年9月21日	CFSAN	DMBA/标签/膳食补充剂/掺杂	否	
New Dawn Nutrition, Inc.	2015年9月24日	FDA堪萨斯办事处	cGMP/膳食补充剂/标签违规/掺杂	否	
ATS Labs, LLC	2016年2月3日	FDA达拉斯办事处	cGMP/膳食补充剂/标签违规/掺杂	否	
NutraClipse, Inc.	2016年3月31日	CFSAN	甲基辛弗林/标记/膳食补充剂/假&误导/误导	否	

除了对含有"膳食补充剂"的DMBA的警告外，FDA还注意到cGMP违规行为，包括澄清是否是"制造商"，即使该公司使用第三方或合同制造商为其生产膳食补充剂，并按以下方式贴上标签和分发：

> 在检查过程中，贵方告知我方调查人员，贵方公司是一家贴标商和一家自有的膳食补充剂经销商……该公司已与合同制造商签订协议，生产贵方膳食补充剂产品。作为一家与其他制造商签约生产膳食补充剂的自有品牌经销商，FDA认为贵方是此类膳食补充剂的制造商。贵方将对美国国内和出口贸易的膳食补充剂负有最终责任。

FDA的警告信表明，有几种产品是在不符合膳食补充剂cGMP规定（21CFR111）的条件下制备、包装或贮藏的，因此被认为是掺杂的。以下七个实例对这些违规行为进行了说明：

（1）未对从供应商处收到的产品"制定规范"，以确保膳食补充剂充分符合规定［21CFR111.70（f）］。没有书面程序或分析测试结果可用于原料产品的质量控制。

（2）未对成品膳食补充剂的包装和标签制定"规范"，以确保"使用特定标签"［21CFR111.70（g）］。标签规范的书面程序也必须符合法规21CFR111.73和法规21CFR111.75。例如，FDA通过实验室测试确定了产品中的DMBA；但是，根据要求，标签上没有列出DMBA。

（3）未能为质量控制操作"建立书面程序"［21CFR111.103］。据称，对"合同制造商提供的膳食补充剂……"的审查缺少书面程序。

（4）未能确定负责质量控制操作的人员［21CFR111.12（b）］。根据警告信，未确定任何人员来评估从合同制造商处收到的膳食补充剂。

（5）未满足"在每次收货装运中，以允许贵方将批次追溯到供应商和收货日期的方式识别每一个唯一批次"［21CFR111.165（d）（1）］。根据警告信，某些膳食补充剂未使用唯一标识（批号）。

（6）未"建立并遵守标签操作的书面程序"［21CFR111.403］。根据警告函，没有标签操作程序，建议公司"必须按照法规21CFR111.605和法规21CFR111.610［21CFR111.430］规定保存记录，对标签操作的书面程序进行记录和保存"。

（7）未满足"每生产一批膳食补充剂时都要准备一份批次生产记录"［21CFR111.255（a）］。

此外，FDA指出，某些膳食补充剂也被打上了错误的标签，因为标签不符合法规21CFR101中的食品标签要求。5个因违反法规而被视为标签违规的实例如下：

（1）蛋白质含量（由FDA实验室分析测量）少于标签声称量11.9%~24%，含糖量比标签声称量多836%~1814%。

（2）多成分商品标签没有列出子成分［21CFR101.4］。

（3）未提供净含量［21CFR101.105（a）］，标签未包含术语"净重"［21CFR101.105（j）（3）］。

（4）营养标签［21CRF101.36（e）］上的营养信息缺少"补充事实"标题。

（5）缺少"膳食补充剂"的身份声明［21CFR101.3（g）］。

警告信还提供了两条附加的产品标签注释：（1）每种产品需要以［21CFR101.36（b）（3）（ii）（a）］的国际单位制计量单位申报定量质量；（2）某些产品使用不允许使用的FDA标识。并且FDA声明：

> "FDA标识仅用于FDA官方，私营部门不能使用。对公众而言，这种用法传递了一个信息，即FDA明确了哪些是一个组织的活动、产品、服务或人员禁止从事的。滥用FDA标志可能违反联邦法律，并使负责人承担民事或刑事责任。"

7.3.5 国际食品安全警告信

7.3.5.1 低酸罐头食品和水产品HACCP违规行为

在128封与金融服务管理局主题相关的警告信中，有几封是发给美国以外的公司的。其中一封警告信的主题是"酸化食品/应急许可证管理/水产品HACCP/cGMP/掺杂/污秽"（FDA，2015d）。FDA于2015年4月对墨西哥的这家水产品加工厂进行了检查，发现与《应急许可证管理条例》（21CFR108）《密封容器包装的热加工低酸食品条例》（21CFR113）和《水产品HACCP条例》（21CFR123）存在"严重偏差"。

这封信内已确认收到了该公司对FDA表483的回复；然而，回复并不充分，也没有包括修订的HACCP计划。FDA表示，这些出口到美国的产品有必要遵守FDA（FDCA）和有关在密封容器中加工低酸食品的规定。FDA特别强调，他们可能会拒绝商品进入美国，袋装金枪鱼产品违反美国法规21CFR108.35和法规21CFR113而掺杂。同时，FDA为该公司提供了查找FDCA、水产品HACCP法规和第四版《鱼类和渔业产品危害和控制指南》（FDA，2016h）的链接。

FDA列出了具体、明显偏离规则的地方，包括未能按照法规21CFR113.60（b）中的要求对冷却管道中的水和循环水进行氯化处理；未能按照法规21CFR113.60（a）中的要求对停业进行记录监督；未能详细检查袋式容器的关闭情况，以确保关闭性能良好，密封可靠，符合法规21CFR113.60（a）（3）的要求。此外，水产品的HACCP偏差也引起注意，包括未能完成法规21CFFR123.3（f）中定义的危害分析，未能完成法规21CFR123.6（a）和法规21CFR123.6（c）（1）中要求的每种鱼类或渔业产品的HACCP计划，以及未能具体评估金黄色葡萄球菌生长、毒素形成和过敏原，鉴于在罐装金枪鱼中发现了金枪鱼和大豆，这些必须在标签中声明。

除危害分析外，HACCP计划还必须列出法规21CFR123.6（a）和法规21CFR123.6（c）（2）中要求的关键控制点（CCP）。CCP被定义为"食品加工过程中的一个点、步骤或程序，CCP可以实施控制，因此可以预防、消除或降低食品安全危害到可接受的水平"［21CFR123.3（b）］；然而，FDA指出，该公司没有列出任何针对袋装金枪鱼的CCP，以控制其在常温暴露过程中组胺的形成。虽然该公司已回复，但FDA并不同意，并表示："为了防止组胺的形成，建议企业将冷冻鱼最多常温暴露12h或经过充分热处理以破坏产组胺细菌的形成。"FDA还提供了一种替代方式：

"确保适当的控制措施以防止三个暴露组中的每一个暴露组的组胺形成：①从冷冻室中取出解冻批次中的第一条鱼到最后一条鱼放在预煮器内且蒸汽打开不超过12h；②控制措施到位，以确保预煮器提供足够的热量，使预煮器中每条鱼的冷点温度达到60℃以上（实质上，为了终止由于先前的暴露导致组胺形成生物活性，而采用预煮方式即可重新计时）；③预煮器门开启的时间，直到预煮批次的最后一批鱼制品冷却、清洁、包装、放置在干馏罐中，且包装袋的冷点达到60℃或放置不超过12h。"

HACCP计划还必须列出关键限值［21CFR123.6（c）（3）］，这些限值是降低（达到可接受水平）、消除或预防危险所需的特定化学、生物或物理最小或最大值。警告信指出："处理得当的新鲜冷冻鱼组胺不应超过15mg/kg。"如果由于分解而导致组胺含量升高，则渔业产品会被认为是掺杂。"组胺试验"和"感官检查对照组分"的纠正措施计划不符合法规21CFR123.7（b）（2）的要求，该条款是为确保纠正临界极限偏差而制定。

这封警告信还要求公司就HACCP计划向FDA作出回应：（1）HACCP手册规定，企业只接收冷冻鱼，而HACCP计划包括新鲜鱼，需要不同的CCP；（2）进货验收时至少需要对118条鱼进行"感官评估"以满足对组胺控制的要求；（3）4h是HACCP计划允许从收获容器中取出冷冻鱼，并在加工计划中将其包装到冷冻库中的最长时间；但是，鱼肉解冻可能会增加组胺的含量，因此可能需要重新评估暴露时间；（4）在CCP中明确监测组胺的必要信息包括样品数量、取样方式和分析方法；（5）纠正措施程序应考虑"……组胺含量升高的鱼……应作为对处理器的警示，这说明处理操作不充分……正确的措施应直接对收获船交付……因为在船上不适当的暴露时间和温度控制会作为鱼分解的证据，收货船交付时感官差别的变化应采取适当的纠正措施，这在贵方HACCP计划中不清楚"；（6）通过X射线验证进行检测需要与校准标准进行检查，以确保正确操作检测。

FDA可以拒绝鱼制品进入美国或将其列入无需检验直接扣押名单（DWPE），并可以评估和向美国代理商收取费用，以支付FDA的费用（如重新检查是否符合要求）。DWPE信息可在"进口警示"中查到（如进口警示16-120，针对未遵守水产品HAACP的外国公司或"进口警示99-38，由于工艺控制不充分而未对低酸罐头食品和酸化食品进行物理检查的扣留"）（FDA，2016i）。

7.3.5.2 另一个水产品HACCP案例

在FDA检查了水产品加工设施并发现严重违反了水产品HACCP（21CFR123）（FDA，2011）之后，又向印度尼西亚的一家公司发布了一份与FSMA相关的国际警告信。该公司生产的鲷鱼、石斑鱼和金枪鱼根据FDA的规定被认定为掺杂，因为它们"是在不卫生的条件下制备、包装或贮藏的，可能会损害消费者健康。"

FDA表示，该公司是一家初级和次级加工厂，分别从渔船接收鱼类和在途接收鱼类，并负责控制组胺的形成。FDA提到"风险指南第四版第7章"，规定该公司（作为主要处理者）必须采用组胺测试或收货船记录方式，以及感官评估以确保在收货船上正确处理鱼。此外，作为二级加工厂，该公司必须制定运输控制策略，因为鱼从码头到设备的运输时间较长，需要确保鱼在运输过程中处于适当的条件下。

通过对修订后HACCP计划的审查，FDA注意到四个偏差：

（1）每种鱼类或渔业产品都需要进行危害分析，HACCP计划必须列出"可能"发生的食品安全危害。警告信指出："贵公司的HACCP计划'新鲜鲷鱼和石斑鱼鱼片'和'新鲜完整鲷鱼和石斑鱼'中……未列出雪卡毒素中毒（CFP）或环境化学品的危害。虽然贵方回复提到了政府的'雪卡毒素认证'，但贵方HACCP计划应包括控制措施，以确保收到的鱼是从没有雪卡毒素和化学品污染环境的水域捕捞的……贵方回复表明，海事和渔业部在他们正在测试的水域中没有发现雪卡毒素。但是，他们有一个测试程序的事实表明，雪卡毒素是一种可能的危害，应该包括在贵方的HACCP计划中。"

（2）HACCP计划必须有CCP；"但是，针对'新鲜金枪鱼腰部产品'和'新鲜金枪鱼HG①、GG②产品'的HACCP计划并未列出控制组胺危害的CCP（包括冷冻、清洗、去头、剔腰肉、剥皮、修剪、称重、包装、标签和填充物的步骤）。"

（3）HACCP计划必须列出每个关键控制点的监测程序以及监测频率；"但是，针对'新鲜金枪鱼腰肉产品'和'新鲜金枪鱼HG、GG产品'的HACCP计划……列出的关键控制点不足以控制组胺形成的监测程序。"

（4）纠正措施计划必须适当，以符合法规21CFR123.7（b）要求；"但是，针对'新鲜金枪鱼腰肉产品'和'新鲜金枪鱼HG、GG产品'的……控制组胺的纠正措施计划不适当，因为它不阻止潜在掺杂产品的分销。具体来说，贵方计划列出，当产品违反温度或运输车温度临界限值时，贵方纠正措施是停止使用供应商，直到获得证据表明供应商送货条件发生了变化。但是，此纠正措施不包括与将要对违反贵方关键限制的产品执行的操作。FDA建议，选择拒绝整批产品，或持有并冷冻该产品，直到可以对至少60条鱼（代表性地从整批产品中采集）进行组胺分析。"

在这封警告信中，FDA建议对至少250g的前腰部下部组织（头部附近）进行准确的组胺分析，并在感官检查中达到"分解低于2.5%"的临界限。

7.4 出版物

关于FSMA和FSMA对FDA警告信和其他FDA行动的影响，有许多不同类型的出版物可供选择。例如，FSMA授权FDA对生产食品和药品的公司行使强制召回权（首次），FSMA要求美国卫生和人类服务部（DHHS）每年报告使用该召回权的情况。

7.4.1 FDA首次对食品使用强制召回权

2013年和2014年，《向国会提交的关于强制召回授权使用的年度报告》中公布了两次召回（每年一次召回，2015年未发布召回）。第一次召回涉及由Kasel Associates Industries，Inc. 生产的宠物食品，因为据称受到沙门菌污染。虽然没有报告人类疾病，但FDA收到了关于狗因食用该类产品而患病的投诉。在多次《启动自愿召回函的机会通知（通知函）》之后，该公司自愿召回宠物食品（FDA，2013）。

第二次召回行动是针对"USPLabs，LLC"发起的，包括来自FDA的多项公共卫生咨询。这起食品召回事件涉及一次急性非病毒性肝炎的爆发，大多数人都接触了OxyElite Pro品牌的产品。在97名确诊的患者中，有47人住院，3人需要肝移植，1人死亡。FDA向"USPLabs，LLC"发出了一封警告信，通知该公司膳食补充剂OxyElite Pro和Versa-1为掺杂，如果未能立即停止销售这些产品，可能会导致执法行动。警告信中指出，这些产品被视为掺杂产品，因为它们含有N-甲基酪氨酸，一种新的膳食成分（即1994年10月15日前未在美国销售的膳食成分），而该成分不是向FDA发出通知的对象。不到1个月后，FDA将该公司产品与肝病联系起来的新发现（当时46名患者中有27人在生病前服用了膳食补充剂）通知了"USPLabs，LLC"。三天后，该公司自愿召回OxyElite Pro膳食补充剂（FDA，2015e）。

7.4.2 食品安全现代化法案相关出版物快速增长

除了FDA关于FDA新的强制召回机构的出版物外，FDA在PubMed搜索"食品安全现代化法案"时发现了五篇文章（表7.5）。其中一篇发表在2012年的《联邦公报》上，另一篇发表在2014年，还有三篇发表在2016年。这些与记录保存、卫生运输、减少掺杂策略和第三方审计有关。

---

① HG：去头，去内脏。——译者注

② GG：去鳃，去内脏。——译者注

此外，在2017年5月25日的"食品安全现代化法案"（附录13）搜索中，在PubMed上发现了35篇文章，这些文章涉及FSMA和国际食品安全，防止食品欺诈，产品追踪，在食品中添加邻苯二甲酸盐，经济上有动机的掺杂，婴儿配方乳粉安全，研发培训计划，手部卫生的重要性（使用肥皂和酒精洗手液），干酪的质量，蔬菜的巴氏杀菌和小型农场豁免，新的细菌检测方法，预防微生物性食源性疾病、单核细胞增生性李斯特菌、沙门菌、大肠杆菌，以及食物和水供应（如用于灌溉）中发现的其他微生物的变异。

《新英格兰医学杂志》（*New England Journal of Medicine*）在FSMA公布时，发表了一篇"观点"文章（Taylor，2011），概述了在新的食品安全体系下"减少食源性疾病"的挑战和机会。

表7.5　FDA在PubMed上发表了几篇关于FSMA的文章

序号	标题	作者	期刊
1	对第三方认可的修改认证机构进行食品安全审计并颁发证书以支付用户费用程序（最终规则）	FDA，卫生和公众服务部	联邦公报，2016年12月1日；81（240）：90186–94
2	保护食物免受故意掺杂的缓解策略（最终规则）	FDA，卫生和公众服务部	联邦公报，2016年5月27日；81（103）：34165–223
3	人畜食品卫生运输（最终规则）	FDA，卫生和公众服务部	联邦公报，2016年4月6日；81（66）：20091–170
4	记录的建立、维护和可用性：记录可用性要求的修订（最终规则）	FDA，卫生和公众服务部	联邦公报，2014年4月4日；79（65）：18799–802
5	记录的建立、维护和可用性：记录可用性要求的修订（临时的最终规则；征求意见）	FDA，卫生和公众服务部	联邦公报，2012年2月23日；77（36）：10658–62

7.5　小结

为了应对美国的食源性疾病，一项急需的食品安全法改革，即FSMA，被FDA颁布。本法的基本结构要求采用基于风险的方法，以确保严格遵守从农场到餐桌的食品安全标准。现代数据收集和信息系统的使用有望为更好地决策提供极好的证据，而重点已转向预防，而不仅仅是对个别受污染食品的每一个案例做出反应。

FSMA制定了旨在促进联邦-州一体化、扩大进口监督和加强海外审查和检查合作的倡议、规则和指导文件。需要强有力的美国国内外伙伴关系来加强和维持食品供应的完整性和安全性。该综合预防系统旨在：（1）提供一致的检查程序，包括对进口货物的检查，这些检查被描述为对美国50%以上的食源性疾病负责；（2）适当的培训和指导，以确保食品制造系统的所有成员在食品安全生产中的作用；（3）改进了产品的可追溯性；（4）第三方实验室测试；（5）授权发布强制性召回；（6）暂停注册成为FDA执法活动的一种形式。

这项工作将在联邦和州两级建立可行的安全标准，并确保所有食品制造商（包括进口商）都有足够的预防控制措施，所有食品设施的第三方认证机构都符合美国的要求。如果FDA的检查被企业拒绝，食品安全管理局还将允许FDA要求对高风险食品进行强制性认证，并对有资格的进口商使用替代和快速审查程序，否则有权拒绝其入境。

对FSMA规则和条例的更新给予特别关注，以确保合规。FDA已经发出警告信，他们开始使用强制召回权从市场上清除受污染食品。

7.6　测试题

1. FSMA代表什么？
2. 当FDA在膳食补充剂中发现DMBA这样的未申报的成分时，他们如何建议其他膳食补充剂制造商从膳食补充剂中去除这种物质？

3．FDA在有关使用FDA标识的警告信中是如何规定的？

4．FDA在警告信中提到的食品有害微生物有哪些？

5．在生产过程中，有害微生物是如何进入食品的？如果食用了受污染的食物会发生什么？

6．描述FDA的强制召回权限，并解释FDA如何利用此权限说服公司完成自愿召回。

参考文献

FDA, U.S. Food and Drug Administration, January 2006a. Warning Letter to Western Fish Company, Inc. (WL 13–06) (11 January 2016). (Online). Available from: https://wayback.archive-it.org/7993/20161023105442/http://www.fda.gov/ICECI/EnforcementActions/WarningLetters/2006/ucm075761.htm.

FDA, U.S. Food and Drug Administration, January 2006b. Warning Letter to Western Fish Company, Inc. (WL 13–06) (11 January 2006). (Online). Available from: https://wayback.archive-it.org/7993/20170112201457/http://www.fda.gov/ICECI/EnforcementActions/WarningLetters/2007/ucm076240.htm.

FDA, U.S. Food and Drug Administration, December 2011. Warning Letter to PT Intimas Surya (Ref # 23734) (23 December 2011). (Online). Available from: https://wayback.archive-it.org/7993/20170111135132/http://www.fda.gov/ICECI/EnforcementActions/WarningLetters/2011/ucm315920.htm.

FDA, U.S. Food and Drug Administration, December 2013. Annual Report to Congress on the Use of Mandatory Recall Authority – 2013. (Online). Available from: http://www.fda.gov/Food/GuidanceRegulation/FSMA/ucm382490.htm.

FDA, U.S. Food and Drug Administration, February 2, 2015a. President's FY2016 Budget Request: Key Investments for Implementing the FDA Food Safety Modernization Act (FSMA). (Online) Available from: http://www.fda.gov/Food/GuidanceRegulation/FSMA/ucm432576.htm.

FDA, U.S. Food and Drug Administration, May 2015b. FDA Procedures for Standardization of Retail Food Safety Inspection Officers: Procedures Manual. (Online). Available from: https://www.fda.gov/downloads/food/guidanceregulation/retailfoodprotection/standardization/ucm472201.pdf.

FDA, U.S. Food and Drug Administration, September 2015c. Warning Letter to New Dawn Nutrition, Inc. (CMS#455163) (24 September 2015). (Online). Available from: http://www.fda.gov/iceci/enforcementactions/warningletters/2015/ucm458141.htm.

FDA, U.S. Food and Drug Administration, August 2015d. Warning Letter to Procesamiento Especializado De Alimentos S.A.P.I. De C.V. (Ref # 469864) (12 August 2015). (Online). Available from: http://www.fda.gov/iceci/enforcementactions/warningletters/2015/ucm461662.htm.

FDA, U.S. Food and Drug Administration, February 2015e. Annual Report to Congress on the Use of Mandatory Recall Authority – 2014. (Online). Available from: http://www.fda.gov/Food/GuidanceRegulation/FSMA/ ucm442802.htm.

FDA, U.S. Food and Drug Administration, February 9, 2016d. FDA Seeks $5.1 Billion Total for FY 2017, Including Funds to Implement Food Safety Law, Improve Medical Product Safety and Quality. (Online). Available from: http://www.fda.gov/newsevents/newsroom/pressannouncements/ucm485144.htm.

FDA, U.S. Food and Drug Administration, July 2017. Frequently Asked Questions on FSMA: Questions & Answers on the Food Safety Modernization Act. (Online). Available from: https://www.fda.gov/food/guidanceregula-tion/fsma/ucm247559.htm.

FDA, U.S. Food and Drug Administration, March 2016b. Warning Letter to Lystn, LLC dba Answers Pet Food (17 March 2016). (Online). Available from: https://www.fda.gov/iceci/enforcementactions/warningletters/2016/ucm496309.htm.

FDA, U.S. Food and Drug Administration, March 2016c. Warning Letter to Simply Fresh Fruit (26 October 2016). (Online). Available from: https://www.fda.gov/ICECI/EnforcementActions/WarningLetters/2016/ucm527694.htm.

FDA, U.S. Food and Drug Administration, August 2016d. Warning Letter to Jeni's Splendid Ice Creams, LLC (CIN-16-492668-20) (09 August 2016). (Online). Available from: http://www.fda.gov/iceci/enforcementactions/warn-ingletters/2016/ucm516395.htm.

FDA, U.S. Food and Drug Administration, August 2016e. Warning Letter to Saranac Brand Foods, Inc. (2016-DET-16) (12

August 2016). (Online). Available from: https://www.fda.gov/iceci/enforcementactions/warninglet-ters/2016/ucm518385.htm.

FDA, U.S. Food and Drug Administration, August 2016f. Warning Letter to Simply Fresh Fruit (WL#04-17). (19 October 2016). (Online). Available from: https://www.fda.gov/iceci/enforcementactions/warningletters/2016/ucm527694.htm.

FDA, U.S. Food and Drug Administration, October 2016g. Warning Letter to Pearson Foods Inc. (2017-DET-01). (26 October 2016). (Online). Available from: https://www.fda.gov/iceci/enforcementactions/warningletters/2016/ucm529175.htm.

FDA, U.S. Food and Drug Administration, September 2016h. Fish and Fishery Products Hazards Controls Guidance Fourth Edition. (Online). Available from: http://www.fda.gov/Food/GuidanceRegulation/GuidanceDocumentsRegulatoryInformation/Seafood/ucm2018426.htm.

FDA, U.S. Food and Drug Administration, September 2016i. Import Alerts by Number. (Online). Available from: http://www.accessdata.fda.gov/cms_ia/ialist.html.

FDA, U.S. Food and Drug Administration, March 2017a. FDA Food Safety Modernization Act (FSMA). (Online). Available from: https://www.fda.gov/Food/GuidanceRegulation/FSMA/.

FDA, U.S. Food and Drug Administration, January 2017b. FSMA Final Rule for Preventive Controls for Human Food – Compliance Dates. (Online). Available from: http://www.fda.gov/Food/GuidanceRegulation/FSMA/ucm334115.htm#Compliance_Dates.

Ostroff, S.M., February 2017. Food and Drug Administration (FDA) Budget. (Online) Available from: http://www.fda.gov/downloads/aboutfda/reportsmanualsforms/reports/budgetreports/ucm485237.pdf.

Taylor, M.R., September 2011. Will the Food Safety Modernization Act help; prevent outbreaks of foodborne illness? New Engl. J. Med. 365, e18. http://dx.doi.org/10.;1056/NEJMp1109388. August 17, 2011. (Online). Available from: http://www.nejm.org/doi/pdf/10.1056/NEJMp1109388.

8

未来趋势和方向

8.1 调整食品药品监督管理体制

随着美国政府历任总统及政府机构的不断变化，FDA也经历了多次重组。当前改革的主要目的是提高检查员的专业水平。在过去，特定的FDA检查员将负责检查药品、设备和食品制造商，而现在FDA正在探索改革，在每个中心都设立专门的检查员，每个检查员小组培养针对特定产品的检查知识。这一改革可能会提高FDA检查的效率，并可能推动对食品行业提出更详细的"FDA483表格"观察结果和质量改进要求。此外，警告信可能会变得更加详细和明确。

随着《食品安全现代化法案》（FSMA）的不断成熟，最终的规则和指导文件可能会变得更加精简，新的规则和指导文件会不断发布，以鼓励对美国进口企业和对其他国家的出口产业提供更安全的全球化食品供应。此外，FDA越来越注重透明度，并让公众更容易获得FDA的合规信息，提高了预防高风险食品安全问题的关注度。消费者对食品标签透明度的关注度将日益增加，包括对食品标签中天然、添加糖和膳食纤维等术语的使用将更加明确。FDA加大对含糖饮料的监管力度，可能会改变肥胖流行症，将对美国消费者和公共健康产生重大影响。

FDA会继续适当保持警惕，以应对食品供应全球化所带来的日益复杂的食品安全问题。在这一趋势推动下，将实施更加严密且更详细的监管机制，以确保检查结果切实提高食品安全和质量水平，同时又不影响可行性，不增加不必要的成本。随着政府执法实践的变化，包括使用警告信来改进食品生产、制造、分发和使用过程，FDA的工作内容和重点无疑将发生变化。

8.2 增加"最终规则"和指导性文件

在过去的几十年里，FDA曾频繁地发布指导性文件。因此，食品专业人士必须跟上信息的更新速度。然而，当新的指导文档缺乏一致性，并且在指导文档之间信息存在大量冗余和不断增加的重叠时，就会给食品专业人士带来不小的麻烦。在创建和发布新的指导文件和最终规则时，FDA应该更仔细地考虑用户的需求。组织结构的改进和减少重叠冗余信息将受到极大的欢迎。

8.3 项目整合及增加食品安全监管

FDA的项目整合小组（PAG）负责识别和制定计划，修改FDA工作的职责、流程、结构以应对科技创新及全球化带来的挑战，和所监管的产品不断增加广度和复杂性的挑战，接轨新的法律部门（FDA，2017）。PAG于2013年在局长Margaret A. Hamburg博士的倡导下成立；每个项目都制定了行动计划，以共同努力完成FDA的使命，并满足FDA监管的日益复杂和多样化的产品需求。"人类和动物粮食计划2016财政年度行动计划（FDA，2016）"概述了全球业务项目协调办公室、监管事务办公室、国际项目办公室、食品与兽药办公室、食品安全和应用营养中心（CFSAN）和兽药中心（CVM）的共同努力，旨在突出这些机构在检查、遵守和执行方面的协调一致性。

PAG的目标与实施FSMA的目标一致，根据这一计划，培训、劳动力规划、合规性和执行策略等内容将会进行调整，在未来的几年内还会加入消费者投诉、行政诉讼、司法诉讼、召回计划、"在检查结束时重新与公司沟通观察的结果"等内容，以及对潜在警告信的内容进行分析。该计划可能会强化FDA监管事务办公室（ORA）对禁止进口的监管，可能重组食品进口的决策流程，修订进口业务规则。

8.3.1 项目整合小组集体决策备案

FDA局长在2016年的一份备忘录中明确指出，新的合作重点是基于商品的监管项目，并用作为商品的食品、药品、设备举例说明（FDA，2014a）。纵向结合和机构合并所花费的时间是有意义的，这一过程将重新定义机构的角色、职责、指标和责任等。监管和法规将实行统一标准，食品监管将与药品及设备等商品的监管区别开来。ORA作为FDA所有药品检查工作的主管部门将更加配合中心的活动。这些FDA项目调整是由行业创新和变化推动的，这一调整将增加训练有素的FDA专家需求，因为这些专家了解并能监督美国FDA执行与这些复杂产品相关的法规。这份备忘录指出：我们的目标应该是在整个机构中拥有一批合格的官员，他们的技术专长水平与专业调查人员相当，能够在复杂的科学、制造和其他监管挑战方面与中心专家更紧密地合作。

备忘录中列出了培训（在"ORA大学"内）、规划和战略努力，包括讨论"效率障碍，例如许多层次的案例审查、协调不足和缺乏优先次序"，以上所列又通过每年从不同商品集团获得的最新信息加以补充。为提高效率，这份备忘录表明，有必要"确立稳固的领导角色"，并"减少权力的分散"。

对进口和实验室优化工作进行展望，并建议ORA和中心管理和审查级别进行"分层"，"以便更好地使FDA采取……适当的行动，避免重复，提高效率，并加强问责制……"ORA结构将随着时间的推移从当前基于地理位置的模型演化为基于程序或功能的模型。备忘录还指出，有必要制定具体计划，将ORA内部的检查和合规资源转移到特定商品的结构等。FDA正在整合资源，将重点放在更深入的知识和专业知识上，跨越更少的产品线。食品行业正在亲历这些变化，期待着FDA监督质量的改善，因为检查官员对食品行业的细节有了更多的了解，就不会为食品行业以外的细节而分心。

8.3.2 人类和动物食品计划

2014年最初设想的"食品和饲料计划"在2016年由食品和兽药管理委员会改为"人类和动物食品计划（HAFP）"，目的在于"以确保HAFP的检查、合规、执行和其他实地活动的适当协调和垂直整合"（FDA，2016b）。调整和促进FSMA项目的目标正在实施，FDA将持续每年向国会报告其进展情况，包括课程委员会提供的满足培训需求的信息。特别需要指出的是，ORA、CFSAN和CVM将把"直接参考警告信授权扩大到ORA"，并由直接授权地区"定期审核发出的警告信，以确保其质量和一致性。"国外检查流程将逐渐过渡到与美国国内检查的流程相一致，CFSAN每年将分析所有国外检查的趋势，以确定检查的目标。此外，改进进口警示通报及如何更好地收集和使用数据也在计划之中。

这些变化将对食品行业未来检查和警告信的质量和性质产生深远的影响。期望能得到更详细的信息，以及更多关于要求遵守FSMA特定规则的进口扣留和警告信数量。FDA开设了一个名为"FDA整合项目（FDA Program Alignment）"的网站，以便大家获取关于这个主题的更多信息（FDA，2017a）。

8.4 关注透明度

2014年，FDA推出了八项举措，以满足改善公众获取FDA监察和执法数据的需要（FDA，2014b）。概括地说这些举措的目的是：使FDA数据的获得更容易和及时，让错误更容易纠正，更好地利用移动设备，使数据更加便于用户获取，创建更复杂的接口和输出搜索，通过社交媒体和现有的邮件列表提高通信能力，并为数据访问提供适当的信息，防止误解。

除了让所有中心机构的无标题信件更容易被公众看到这一措施，FDA网站的几个相关网页还致力于提高公开性，并提供相关提示信息以帮助公众了解情况。

· 浏览警告信及无标题信件网址：https://www.fda.gov/AboutFDA/Transparency/TransparencyInitiative/ucm284105.htm。

· 美国FDA动向追踪，浏览各机构项目绩效数据库网址：http://www.accessdata.fda.gov/scripts/fdatrack/view/index.cfm，该页面也可查询FDA各办公室的绩效数据图表。

· 美国FDA的专项部门CFSAN的食品及兽药提示信息查询网址：https://www.fda.gov/aboutfda/transparency/track/ucm200854.htm。CFSAN安全监察办公室和监察措施（如环境抽样结果）中提供界定标准及来自化妆品和彩妆办公室、膳食补充剂办公室、食品添加剂安全办公室、食品安全办公室、营养和食品标签办公室以及监管科学办公室的附加标准。有趣的是，其中一幅图表显示，网站每季度的网页浏览量超过700万次，浏览次数最多的网页包括食品网页、食品设施注册网页、营养资料网页及标签指引网页，其网址为：https://www.accessdata.fda.gov/scripts/fdatrack/view/track.cfm?program=cfsan&status=public&id=CFSAN-OAO-Number-of-page-views&fy=All。另一个实例显示了在给定月份内完成一个新的膳食成分通知审核的平均天数为10~70d，该网址为：https://www.accessdata.fda.gov/scripts/fdatrack/view/track.cfm?program=cfsan&status=public&id=CFSAN-ODSP-Median-number-of-days-to-complete-NDI-notification-reviews&fy=All。

• FDA指示数据可在以下网址查询：http://govdashboard.fda.gov/。该工具是通过图表与大众共享FDA检索和监察数据的手段，并允许访问这些数据。

• FDA将开放源码应用程序编程接口（API）和FDA数据开发人员社区自2014年6月起在该网址公开：https://open.fda.gov/。其目的是为了大众更容易获得FDA数据。FDA的目标是让应用程序、移动设备、web开发人员或研究人员在使用FDA数据时更加便捷。

8.5 食品安全标准及召回

与FDA的科学调查办公室（OSI）对药品、设备、生物制品等的检验报告提供的年度更新的详细检验报告不同，食品项目为更大的数据集提供了更离散的数据访问。例如，FDA的OSI为药物评估和研究中心（CDER）的药品合规项目提供年度检查报告；这些报告详细描述了关键事件，包括启动或分配检查，以及根据从多个数据库中提取的数据向被检查方给出检查后报告。大部分的检查由FDA内部的ORA检查员完成，以确保提交给FDA的临床调查中数据的完整性和患者安全以便支持药物申请获得美国市场批准。从2007—2016年的10年间，FDA的OSI为CDER提供的检查次数从每年的659次增加到1122次，其中临床研究人员的检查次数最多（从322次增加至477次），其次是生物等效性检查（从4次增加至422次，前2年和最近2年增加最多）（FDA，2016c）。其中小部分检查将涉及食品相关产品。美国FDA的OSI还将关注相关产品报告在获得美国市场批准后切实得到履行。

美国FDA还为提示信息中检查报告的建立提供标准，查询网址：http://govdashboard.fda.gov/。而且有意为FDA的检查活动提供深入的见解。例如，2016财年和2015财年FDA的报告为：

• 由CFSAN发布的所有地区检查的决定中，分别有54%（9523/17772）和53%（10196/19366和9957/18797）与食品有关；

• 21%和22%与药物有关［CDER占11%和12%（1985/17772和2250/18797）；生物制剂评估和研究中心（CBER）占10%，1800/17772和1810/18797］；

• 15%及17%（2710/17772和3294/18797）与仪器有关（仪器及放射健康中心）；

• 不到1%与烟草制品有关［26/17772和31/18797，烟草制品中心（CTP）］（资料来源：http://govdashboard.fda.gov/public/dashboards?id=143）。

这些数据报告很复杂，也容易让人产生困惑，因为某些类型的检查和执法行动在不同的FDA数据集或数据库中以不同的方式进行详细描述，而且数据经常在没有通知或说明的情况下发生变化。例如，CTP检查次数很频繁，而且似乎可以在独立的FDA数据库中获取，网址为：https://www.accessdata.fda.gov/scripts/oce/inspections/oce_insp_searching.cfm，它有时包含在汇总的数据中，有时则不。分别于2016年和2017年中间隔数月的两个不同的日期在数据库中搜索时，发现CTP在2015年填报了172089次或172090次合规检查，2016年填报了164689次或164695次。这些数字比提示报告中的31多5000倍。

与药品检验计划相比，当两名或两名以上的人从受污染的食品或饮料产品中感染同一种疾病时，FDA将对食源性疾病疫情进行调查。最近的疫情列表的查询网址：http://www.fda.gov/Food/RecallsOutbreaksEmergencies/Outbreaks/ucm272351.htm。FDA还在公共记录中可搜索的数据库中列出所有召回的食品，网址为：http://www.accessdata.fda.gov/scripts/ires/index.cfm#tabNav_advancedSearch。截至2017年1月15日，该数据库记录了39715条可追溯至2012年6月8日的记录，搜索与食品相关的召回事件，其中食品类别的召回率为31.2%（12408/39715）。2016年，共有8682条记录，其中食品记录占34.9%（3026/8682），占总数据集的7.6%（3026/39715）。截至2017年7月22日，FDA数据库中列出的召回数量增至44051起。遗憾的是，这个数据库只允许访问或下载1000份针对这些特定于食品的召回报告。还有一种办法就是，该数据库提供每周报告，2017年第一周所有产品类型有217条记录，81%（176/217）是与食品相关。此外，最近公布的20宗食物回收事件列于该网址：http://www.fda.gov/Food/RecallsOutbreaksEmergencies/Recalls/ default.htm；最近的召回、市场撤资和安全警示的搜索列表可在以下网址找到，http://www.fda.gov/Safety/Recalls/default.htm。

FDA提供的数据的问题并不完全与数据的获取和透明度有关，而是与FDA在这些网站上提供的数据的实用性有关。在没有提供趋势分析和过程改进的情况下，网站提供的数据被简单地转储到不同的单元中，数据集不完整，或者完全碎片化且可用于搜索的数据库又在不断更新，从这里学习是非常具有挑战性的。单纯访问食品召回相关的离散数据（当生产商因标签违规或因添加剂导致的食品潜在污染对健康造成危害将食品召回）是不能够清晰了解是什么导致了这些事件的产生和生产者如何防止可能发生的召回情况。换句话说，如果FDA为所有原始数据提供审计跟踪，允许数据内容真实清晰，并且除了提供原始数据外，还将原始数据转换为有意义的信息，那么FDA网站的实用性将得到改善。只要FDA要求所有向FDA提交数据的人提供的数据完整和分析程度符合这一标准就可达到这一目的。

8.6 食品营销趋势：天然、膳食纤维和添加糖

美国FDA在监管食品标签方面有着悠久的历史，而且对食品标签的细节要求呈几何级数增长。与之前的有机、转基因生物（GMO）和免费或低价等数量术语一样，最近FDA增加了三个与食品标签上的营销术语相关的法规，包括（但不限于）天然、添加糖和膳食纤维。

8.6.1 在食品标签中和选择配料时使用"天然"一词

美国FDA回应消费者要求对"天然"一词的定义做出更多解释，并就如何在食品标签中恰当使用"天然"一词提出指导意见，要求公众就"天然"一词在食品标签上的使用发表评论。为得到完整的回应，FDA需要确定当基因工程或某些成分（如高果糖玉米糖浆）被包括在内时，哪些因素构成了天然食品。在过去，FDA曾声明：FDA认为"天然"一词指的是，没有任何人工或合成的成分（包括所有的着色剂，不论来源）被包括在或添加到通常不该有此的食品即为天然食品（FDA，2016d）。该政策没有涉及食品生产方法，如杀虫剂的使用，或任何生产步骤，如热技术、巴氏杀菌、辐射，用于生产某些耐储藏的食品类型。此外，"天然"一词的贴切使用可能需要进一步的定义，尤其当其用于有营养或健康效益声明的产品。除了标签方面的问题，食品生产中使用的着色剂的选择也为"天然"一词带来了另一个挑战。随着消费者对天然成分的需求增加，在美国，许多大型食品制造商选择使用合成着色剂的替代品，例如使用从蔬菜、矿物质或动物中提取的色素。一些食品提取物长期被列入FDA批准的着色剂名单，包括红木提取物（黄色）、甜菜提取物（红褐色）、胡萝卜素提取物（黄色、橙色）、葡萄皮提取物（红色、绿色）；然而，蓝色在自然界中很稀有，直到最近才从一种被认可的天然来源中提取出来。从钝顶螺旋藻（螺旋藻，藻类的一种）的干燥生物质中提取的水提物经过过滤后，获得了某些天然的亮蓝色，藻蓝蛋白成为自2013年以来被批准用作口香糖和糖果着色剂的主要着色成分。同样，食品科学家目前正在研究开发天然绿色添加剂，这些添加剂在上市前需要向FDA提交一份着色剂申请（CAP），FDA将在适当的情况下以编号法规21CFR73/74/81中公开列出。

8.6.2 食品营养标签要求明确添加糖和膳食纤维的详细信息

营养成分标签受到美国FDA的严格监管，对其内容的要求也在不断变化。例如，2016年5月27日，FDA宣布了食品包装上新的营养成分标签的最终规则，这些新规则要求在食品营养标签中明确标出作为添加剂的添加

糖的成分，以及在食品营养标签中营养成分含量（如膳食纤维）精确到营养素的每日摄入量。

　　基本上，这些新规则要求声明添加糖成分使用精确的每日摄入量百分比为单位，并且要提供更新的能反映纤维具有对人体健康有益的生理作用的信息（FDA）。这些新规定要求附加记录以核实添加糖和添加的某些膳食纤维的具体含量（可能包括不能消化的碳水化合物，这些添加物不符合膳食纤维的定义）（FDA）。这种保留大量附加记录的趋势在逐渐上升。

　　FDA对添加糖的定义做了特别解释，如下：

　　"添加糖的定义包括：在食品加工处理过程中添加的糖，或包裹在食品表面的糖，还包括以下几种糖（游离糖、单糖和双糖）、糖浆和蜂蜜中的糖，以及浓缩果汁或蔬菜汁中的糖，这些都超过了相同体积的100%果汁或蔬菜汁的糖分含量。该定义不包括从百分之百果蔬原汁浓缩售卖给消费者的浓缩果蔬汁（例如：冰冻100%浓缩果汁）以及水果和蔬菜汁、果冻、果酱、蜜饯和水果酱中含有的糖。"资料来源：http://www.fda.gov/food/guidanceregulation/guidancedocumentsregulatoryinformation/labelingnutrition/ucm385663.htm。

　　此外，FDA还对添加糖给出了一个更专业的定义，并在营养成分标签的最终规则中保留了适当的记录（第33980页，资料来源：http://www.gpo.gov/fdsys/pkg/FR-2016-05-27/pdf/2016-11867.pdf）。该规则对添加的糖<1g的产品，且该产品没有相关糖和甜味剂添加相关声明的情况做了例外处理，只需在营养价值表的底部补充"不是添加糖的重要来源"的声明。

　　此外，如有必要，最终规则允许在标签中添加糖醇做出自愿声明，如下所示：

　　（iv）"糖醇（自愿申明）：可在标签上自愿声明一份食品中糖醇的克数。除非在标签上已做糖醇、总糖或包含糖醇的添加糖相关声称，否则应声明糖醇含量。在营养标签上，糖醇被定义为类衍生物的总称，名称中由羟基取代酮或醛基，且其在食品中的使用已被FDA注明（如甘露醇或木糖醇），这些成分作为食品添加剂普遍被认为是安全的（如山梨醇）。如果食品中只含有一种糖醇，那么在营养标签上的成分则使用特定糖醇（如木糖醇）名称，以取代'糖醇'一词。糖醇的具体含量以最接近的整数克数表示，但如果成分含量少于1g，声明中的成分含量可以用'含量小于1g''小于1g'来表示，如果含量小于0.5g，声明中的成分含量可以用零来表示。"资料来源：https://www.gpo.gov/fdsys/pkg/FR-2016-05-27/pdf/2016-11867.pdf。

　　用添加糖的含量概括总糖含量的方式看似很简单，但实际上可能相当复杂，比如计算因发酵或食品加工过程中其他微生物发生变化后糖的含量时，或是计算从现有的食品和营养数据库中提取的添加糖含量时。虽然鼓励大众在饮食方面摄取含糖低的食品和饮料，可以降低心血管疾病的风险（FDA），在食品的"营养标示"牌中标出衍生添加糖的含量的意义不是很大或者根本没有被公众消费者所理解，因为他们在选择食品时并不参照营养成分表给出的信息。

　　FDA提出关于膳食纤维的两个定义是天然纤维。（1）定义为不易消化的碳水化合物（>3单体单元）和植物中固有的和完整的木质素；（2）纤维添加到食品，但前提是它们有生理健康益处，定义为添加（孤立的或合成的）不易消化的碳水化合物（>3单体单元），FDA认定具有生理效益（FDA）。把膳食纤维的营养益处和单独定义添加膳食纤维时的生理益处的结合会让FDA给出的食品定义内容复杂化，从而使食品标签条例内容产生歧义。

　　为了澄清这些问题，FDA要求纤维营养标签的内容应有助于食品工业行业了解FDA通过科学审查已有数据来确定该种天然的或合成不消化碳水化合物应被添加到食品中，因为它对人体健康起到有益的生理效应（FDA，2017c）。因此，若想使用非天然纤维添加作为食品添加剂，需在投入使用前向FDA递交食品添加剂申请书（FAP）并获得批准。在这种情况下美国FDA要求向其提供支持纤维对人体健康有益的生理作用的科学证据。FDA发布了26种膳食纤维的摘要，其中7种已经符合FDA的膳食纤维定义。

　　就如在食品添加剂中使用添加糖时潜在的两方面的困惑（一个是食品中添加糖的数量可能发生变化，另一个是从现有的食品和营养数据库中提取添加糖的数量），对膳食纤维的使用所产生的困惑也是双重的。首先，美国FDA在给出的假定所有天然纤维对人体健康都有有益的生理作用不可能全是真实的。其次，在使用天然安全的膳食纤维的食品标签上没有提供任何关于该纤维的虚假或误导性声明，要求提交公民申请书或食品添加剂申请（FAP）的程序可能过于繁重。

8.7 含糖饮料税

如上所述，据报道含糖饮料是美国饮食中额外热量的主要来源，也是导致肥胖相关疾病流行的主要原因。

一种旨在减少这些含糖饮料消费的选择是在当地对含糖饮料征收销售税。这项税收是有争议的，因为据报道贫困家庭人均消费更多的苏打水，而且这项税收可能从低收入家庭拿走比其他家庭更多的钱（Rehm等，2008）。此外，尽管不喝碳酸饮料可能有助于预防或减少某些与糖有关的疾病，但碳酸饮料税一直被视为一种干预性和落后的税收；政府对碳酸饮料征税的立场还没有扩大到州或联邦政府层面。

反对者建议，在FDA的支持下，或许可以鼓励更好的标签和更健康的选择，而不是征税，从而促进以选择为基础的远离碳酸饮料或含糖饮料的消费。此外，还可以考虑免税替代品，并且可以像针对香烟一样，用令人不安的图像来描述汽水中糖的坏处。这种含糖饮料对身体影响的视觉提醒可能足以起到威慑作用，同时低收入家庭的生活也不会因为额外的税收支出而受到过度影响。法庭之争仍在继续，2017年7月就在限制法令阻止芝加哥征收含糖饮料税之时，西雅图和旧金山批准了类似的新税法令。综合考虑各方利益，纽约州试图在不影响饮料业的情况下，对超大号汽水实施禁令。在餐馆、电影院和竞技场，为提高公众的健康意识，饮料的份量被设置了16盎司的上限；然而，美国饮料协会（American Beverage Association）起诉并辩称：该规定非法干涉了消费者的选择权（Dolmetsch，2014）。这项裁决很快就被推翻了，因为它是一项武断的规定，该规定的对象没有涉及到受国家管制的企业和其他高糖饮料。有些媒体人公布了消费上限和含糖饮料禁令发布后的影响以及通过对消费者购买选择的监控，发现随着时间的推移，苏打水销量有所下降（Kell，2016）。

关于如何规范含糖饮料和其他食品中的添加糖的争论仍在讨论和推进中。美国FDA正在商讨几种方案以帮助美国消费者尽快养成健康和营养的生活方式，并重视已经失控的肥胖症以及由其直接引发的其他疾病。

8.8 食品安全问题

在美国，鉴于肥胖症患病率和由饮食引起相关的健康问题的增加，消费者期望能建立更加健康的生活方式，这一现象将对饮食结构和食品标签的规范化提出更高的要求。此外，对所谓的"天然食品""添加糖"和"膳食纤维"的鉴定和控制的呼吁高涨，也引发了揭秘"食品背后故事"的要求日益增长。例如，人们关于食物是在哪里种植的，如何种植的，食物对环境的影响，以及其他问题的疑问越来越多。尽管食品标签中给出的成分说明趋于简单明了易于理解，消费者对他们所吃的食物的来源的透明度的要求则更高。

公众获得更多信息的需求导致食品标签给出的信息量的增加，因此FDA有责任确保标签真实、科学可信、不产生误导。此外，随着更多的召回和围绕食品的健康恐慌发生，消费者对威胁食品供应安全的危险意识逐步提高。食品安全意识的提高正在改变食品生产设施的配备规则，因为生产商必须在FSMA规范下设置和实施食品安全计划（FDA，2017d）。此外，随着消费者不断探寻新的高级食品或可替代肉类的植物蛋白，FDA的法规需要进行调整，以便通过进口警示和特殊的食品防御计划来确保食品安全（FDA，2016e）；需要做出调整的还包括与该计划相关的美国各机构战略联盟在FSMA规范下制定的其他条例，如《农业恐怖主义战略伙伴计划》和《国家农业和粮食防御战略》。

除了美国多个机构的共同努力外，FDA还在民主党和共和党全国代表大会期间开展额外的现场活动，如特别事件食品防御任务现场活动。从这些实地活动中吸取的经验和FSMA要求的脆弱性评估，可用于确保美国粮食供应的安全。

8.9　警告信趋势

FDA负责全球监管业务和政策的副专员霍华德·斯克兰伯格（Howard Sklamberg）于2015年4月21日在食品和药物法律研究所的年度会议上发表了开幕词，并就2009—2015年的执行趋势提出了一些见解（Sklamberg，2015）。会议讨论了FDA局长玛格丽特·汉堡（Margaret Hamburg）的"公共卫生执法讲话"，内容包括危险产品消除、对违规个人和公司进行快速威慑、简化警告信审查以及查封和禁令程序、对具有公共健康风险的食品进行召回的分析等。斯克兰伯格博士提供的统计数据指出：1/6的美国人患病，12.8万人住院，每年有3000人死于（基本上可以预防的）食源性疾病。

FSMA的实施，除处理粮食供应问题外，还将继续更加重视预防工作。正如霍华德·斯克兰伯格所指出的，在FSMA规范下，执法将变得更加注重预防、更具针对性和更明智。自这次谈话以后，FSMA趋于更加完善，随着针对违反FSMA的第一封警告信的发出，在美国从农场到餐桌的食品安全得以改善。

此外，FDA正在进行新的尝试，比如减少对表现良好的公司的检查，提高FDA对所有公司的检查结果的含金量。检查工作、483份清单和警告信将继续发挥作用，鼓励企业自愿纠正尚未解决的食品安全问题。此外，美国FDA刚刚开始利用这一授权契机对不安全食品进行强制召回。

随着FDA的工作注意力转向预防，通过加强与食品工业的交流，确保找到更协调和有教育目的的合作方法，例如为每个公司设定的预防控制措施和国外供应商的验证程序都是最新且易于管理的。还有一种想法是用向FDA提供"好的表现信"来补救FDA发出的警告信。通过这种方式，累计的度量标准不再是关于世界各地的公司都违反了FDA的规定，而是FDA与行业伙伴的关系对公共卫生和福利的积极影响。

8.10　出版物

8.10.1　FDA项目整合——问题多于解决方案

一份出版物（Chase，2016）回顾了FDA专员2014年2月的一份备忘录，该备忘录的内容是美国FDA局长指示FDA工作人员"制定一项计划以加强合作和提高运营效率……朝着一个独特的以商品为基础、垂直整合的监管结构迈进"。如上文所述，PAG已成立，每年都印发新的计划，专门记录这项任务的进展和规划。2016年6月，第120届美国食品和药物官员协会（Association of Food and Drug Officials）年度教育会议在宾夕法尼亚州匹兹堡召开，药品评价和研究中心提出了"一个基于风险考虑的全国工作计划倡议，该倡议决定哪些公司要接受检查。"FDA逐渐开始使用收集的数据和信号结合基于风险考虑的方法来评估公司整体的企业文化以达到评估企业合规的目的。ORA已经开始按程序或商品进行分组分配任务，他们把为监管事务办公室设置20个地区办事处的模式转变为"由遍布全国的员工组成的联盟，并按商品类型而不是地理位置分组分配任务。"就FDA运作模式的变更或其制定的新计划，历来都曾提出过许多问题：如何将进行风险评估以确定检查方案；检查员职责仅限于专项商品检验；如果一个站点收到警告信，其他站点也要同时接受检查；如何与地区联络点之外的检查点进行沟通；来站检查的新的检查员是否完全来自不同的地区；以上这些变革会增加检查的总成本吗……

8.10.2　对专业化的重视是否忽略对提高检验质量重视

另一篇文章（Schwartz，2016）回顾了这些变化对制药行业的影响，并总结了试图改变FDA的官僚作风中存在的问题。根据作者的观点，在一个庞大的官僚机构中，检验人员的专业知识与他们检验的产品相一致是工作进行的基本前提，且是不言而喻的，但这一不言而喻的基本前提的实现也是不容易的。换句话说，从一个全方面的检查人员团队转变为一个专业的检查人员团队需要时间。同时，该作者也明确地指出，具备更好地了解他们所检查领域的复杂性能力的专项检查人员并不一定意味着他们今后的检查质量将令人满意，甚至能让检查结果有所改善。除了注重商品细节外，学会如何进行更好的检查是关键之一，而这一点也似乎正是目前计划内所缺少的。

例如，作者指出，他在"生物制剂团队（Team Biologics）"中的工作被定义为"一个由ORA调查员组成的专门小组，负责检查大多数CBER监管设施"，这就是一个典型的PAG模式。"虽然这种类型的团队方法明显提高了FDA作为一个整体的检查标准"，该作者指出"这种观察和检查结果的质量差距很大"，并且"在Team Biologics诞生近20年后，保持这种发展是有必要的，是进行彻底和公平检查的必要条件，但不是充分条件。"此外，关于FDA推动加速向制造商交付检查结果，该文作者建议FDA应该更充分地考虑："在一个庞大的官僚机构中加速交付检查结果将降低工作产品质量的可能性。"事实上，这在任何情况下这种假设都是成立的：强调速度的同时需要更加注重细节和监督力度，否则检查质量将受到影响。至少需要一到两次的审查和监督，以确保质量和合格证符合行业和FDA给出的标准。目前的两个目标是：生产更好的产品和保护公共卫生，但也许可以制定一个更统一的目标，通过安全和创新有效的模式来实现这两个目标，并领导改善公共卫生。

8.10.3 食品供应的全球化

食品供应的持续全球化可能导致FDA进一步打开不同监管领域，包括对食品供应全球化本身的监管，"全球化食品供应在我们的食品供应链的安全方面打开了一个漏洞"（Maras，2015）。供应链上的每个利益相关者，包括生产、仓储和运输公司，都必须协调合作以缩小这一漏洞。时间紧迫，因为风险是真实存在的，但目前针对风险的解决方案还没有明确。此外，未来的发展过程中还将面临明显的新风险；因此，尽职尽责和不断学习是必要的。

当今食品的采购是全球化的，与美国生产相比，全球化采购对确保食品安全构成了更大的挑战。例如，食品可追溯性因国际监管差异、预防和应对召回手段的差异而变得复杂。监管监察的要求和消费者对各种食品的需求使食品生产厂商的产品开发复杂化。该文作者回顾了全球关于食品召回的报告，以及这些食品召回对公共卫生服务、政府和制造商的影响。这份报告的观察结论有以下四点：（1）召回数量呈上升趋势，自2002年以来美国每年的召回数量几乎翻了一番；（2）美国卫生机构每年在食品污染问题上的花费达156亿美元；（3）受影响的公司召回问题产品中的一半就花费了1000万美元；（4）在全球化的食品供应链中，食品召回的风险管理更加困难。

从积极的一面来看，报告的作者说："对供应链安全控制的需求，推动了安全优质食品（SQF）、英国零售商协会（BRC）、国际食品标准（IFS）、食品安全体系认证（FSSC）和全球良好农业规范（Global GAP）等的自发食品安全认证体系的发展，行业专家指出，这些自发标准以及全球食品安全倡议（GFSI）的标准，将促使食品公司遵守FSMA的大部分规则。"技术进步使行业内部的安全测试成为可能。行业可用的工具越多，全球粮食供应就越有可能获得更好的保障措施。

8.11 小结

尽管FDA正在进行重组，以使其更适应其审查的产品，但其基本角色和职责的转变却十分缓慢。在与基本的食品标签要求保持不变的条件下，最近一些食品标签的变化实施需要时间来完成。例如，FDA规定："大多数预制食品，如面包、谷物、罐装和冷冻食品、零食、甜点、饮料等，都需要食品标签。无需加工的原料（水果、蔬菜）和鱼的营养标签可自愿提供，我们将这些产品称为'传统'食品。"（FDA，2016f）。膳食添加原料自成一类产品，有其特定的标签指南。针对这些产品标签的基本要求几十年来没有改变。

包装上的声称，如健康声称、营养成分声称和结构/功能声称均受相关法规或FDA法规规范约束。健康声称描述了与健康相关的情况或疾病的风险降低及其与膳食补充剂、食品或食品成分的消费之间的关系。营养成分声称说明产品中营养成分的水平（如高脂、低钠）或与另一种食物的营养含量的比较（如含糖量低25%）。营养成分声称必须得到FDA的批准，并且必须遵守FDA的规定。低或高营养含量的特定指导方针与FDA给出的鉴定标准相一致，目前所使用的膳食纤维必须满足FDA关于任何健康益处声明的规定。

结构/功能声称用于描述营养成分与其对人体正常结构或功能的预期影响之间的关系（如钙可以增强骨

骼）。FDA警告信中提到的违规行为还包括未经批准的健康声称、未经批准的营养成分声称以及未经批准使用"健康"术语等。现在警告信也可能会针对未经授权使用的几个新定义术语，如"天然的""加糖"等。

警告信可能会表明FDA的某些期望，如食品标签要求、标签标准应根据实际需要不断进行修订。因此，食品制造商应不断审查其标签内容，以确保符合不断变化的FDA法规。此外，鉴于食品供应的全球化和对食品安全的重视，食品行业的每个生产环节在新形势下都应认真思考可能遇到的问题和解决办法。

8.12 测试题

1. FDA成立PAG的目的是什么？
2. 美国FDA发布新的警告信以促进美国相关食品产品的安全，今后的趋势是什么？
3. 当"天然"一词出现在美国食品的营养成分标签上时，FDA对它的定义是什么？
4. FDA对美国食品标签中"添加糖"的定义是什么？
5. FDA如何定义膳食纤维的益处？
6. FDA针对膳食纤维声明的审查，要求提交哪种类型的检查书？
7. 与食品供应全球化相关的美国食品安全风险是什么？

参考文献

Chase, R., July 2016. FDA's Program Alignment: More Questions than Answers. (Online) Available from: http://www.lachmanconsultants.com/2016/07/fdas-program-alignment-more-questions-than-answers/.

Dolmetsch, C., June 2014. New York Big-Soda Ban Rejected by States Highest Court. Bloomberg (Online) Available from: https://www.bloomberg.com/news/articles/2014-06-26/new-york-big-soda-ban-rejected-by-n-y-top-court-as-overreach.

FDA, U.S. Food and Drug Administration. Final Rules to Update the Nutrition Facts Label. (Slides by Balentine, D). (Online) Available from: http://www.fda.gov/downloads/Food/News Events/Workshops Meetings Conferences/UCM508389.pdf.

FDA, U.S. Food and Drug Administration. Nutrition & Supplement Facts Label Proposed Rule. (Slides by Trumbo, P.R.). (Online) Available from: http://www.fda.gov/downloads/Food/News Events/Workshops Meetings Conferences/UCM403514.pdf.

FDA, U.S. Food and Drug Administration, February 3, 2014a. Program Alignment Group Recommendations – Decision. (Online) Available from: http://www.fda.gov/About FDA/Centers Offices/ucm392738.htm.

FDA, U.S. Food and Drug Administration, April 2014b. Food and Drug Administration Transparency Initiative: Increasing Public Access to FDA's Compliance and Enforcement Data. (Online) Available from: https://www.fda.gov/downloads/About FDA/Transparency/Transparency Initiative/UCM394213.pdf.

FDA, U.S. Food and Drug Administration, 2017a. FDA Program Alignment. (Online) Available from: https://www.fda.gov/aboutfda/centersoffices/ucm392733.htm.

FDA, U.S. Food and Drug Administration, 2016a. FDA Program Alignment Human and Animal Food Program Fiscal Year 2016 Action Plan. (Online) Available from: https://www.fda.gov/aboutfda/centersoffices/ucm477079.htm.

FDA, U.S. Food and Drug Administration, 2016b. FDA Program Alignment Human and Animal Food Program Fiscal Year 2016 Action Plan. (Online) Available from: https://www.fda.gov/downloads/aboutfda/centersoffices/ucm476627.pdf.

FDA, U.S. Food and Drug Administration, 2016c. BIMO Metrics – Updated December 2016. (Online) Available from: http://www.fda.gov/downloads/About FDA/Centers Offices/Officeof Medical Productsand Tobacco/CDER/UCM438250.pdf (slide 5).

FDA, U.S. Food and Drug Administration, 2016d. "Natural" on Food Labeling: The FDA Requests Comments on the Use of the Term "Natural" on Food Labeling. (Online) Available from: http://www.fda.gov/Food/Guidance Regulation/Guidance Documents Regulatory Information/Labeling Nutrition/ucm456090.htm.

FDA, U.S. Food and Drug Administration, 2016e. Food Defense Programs. (Online) Available from: https://www.fda.gov/food/fooddefense/fooddefenseprograms/default.htm.

FDA, U.S. Food and Drug Administration, 2016f. Labeling and Nutrition. (Online) Available from: https://www.fda.gov/food/ingredientspackaginglabeling/labelingnutrition/.

FDA, U.S. Food and Drug Administration, 2017b. OSI Metrics Overview. (Online) Available from: https://www.fda.gov/aboutfda/centersoffices/officeofmedicalproductsandtobacco/cder/ucm256374.htm .

FDA, U.S. Food and Drug Administration, 2017c. Questions and Answers for Industry on Dietary Fiber. (Online) Available from: http://www.fda.gov/food/ingredientspackaginglabeling/labelingnutrition/ucm528582.htm.

FDA, U.S. Food and Drug Administration, 2017d. Food Defense. (Online) Available from: http://www.fda.gov/Food/Food Defense/default.htm.

Kell, J., March 29, 2016. Soda Consumption Falls to 30-Year Low in the U.S. Fortune. (Online) Available from: http://fortune.com/2016/03/29/soda-sales-drop-11th-year/.

Maras, E., August 2015. How globalization challenges safety in the food supply chain. Food Logist. (Online) Available from: http://www.foodlogistics.com/article/12095450/how-globalization-challenges-safety-in- the-food-supply-chain.

Rehm, C.D., Matte, T.D., Van Wye, G., Young, C., Frieden, T.R., 2008. Demographic and behavioural factors associ-ated with daily sugar-sweetened soda consumption in New York city adults. J. Urban Health 85 (3), 375–385. (Online) Available from: http://link.springer.com/article/10.1007/s11524-008-9269-8.

Schwartz, M.I., March 6, 2016. Coming Soon to a Pharma Inspection Near You: The Program Alignment Group (PAG) Plan. FDA Law Blog of Hyman, Phelps & Mc Namara, PC (Online) Available from: http://www.fdala-wblog.net/fda_law_blog_hyman_phelps/2016/03/coming-soon-to-a-pharma-inspection-near-you-the-pro-gram-alignment-group-pag-plan.html.

Sklamberg, H., April 21, 2015. Remarks at the 2015 Annual Conference of the Food and Drug Law Institute. (Online) Available from: http://www.fda.gov/newsevents/speeches/ucm444088.htm.

附录1 │ 食品指导文件（按时间排列）

年份/年	标题（按类型和可用的超链接排列）
	医疗食品（N=3）
2013 *	替代（SUPERCEDED）-医疗食品：行业指南草案：关于医疗食品的常见问题解答（第二版）（2013年8月）
2016 **	有关医疗食品的常见问题（第二版）（2016年5月）
2016 **	医疗食品：关于医疗食品的常见问题（第二版）（2016年5月）
	过敏原（N=5）
1996	营养标签：食品中过敏性物质的标签声称；制造商须知（1996年6月10日）
2006	食品过敏原：关于食品过敏原的问题和解答，包括2004年的食品过敏原标签和消费者保护法案（第四版）（2006年10月）
2014 *	替代（SUPERCEDED）-过敏原：行业指南草案：食品过敏原标签豁免申请和通知（2014年5月）
2015 **	从2015年5月起查看食品过敏原标签豁免申请和通知
2015 **	过敏原：食品过敏原标签豁免申请和通知（2015年6月）
	提交/咨询（N=7）
1997	生物技术：咨询程序——来自新植物品种的食物（1997年10月）
2002	小企业：小企业指南：提交CFSAN关于规则制定的意见（2002年10月）
2015	着色剂：彩色海盐（2015年9月）
2004 *	替代（SUPERCEDED）-食品添加剂有关GRAS的常见问题（2004年12月）
2016 **	有关GRAS的常见问题（2016年10月）
2016 **	食品添加剂：关于GRAS的常见问题（2016年10月）
2016 *	撤销（WITHDRAWN）2017年5月12日——果汁：行业指南草案：果汁和蔬菜汁作为食品中的着色剂（2016年12月）；资料来源：https://www.fda.gov/food/newsevents/constituentupdates/ucm529497.htm
	婴幼儿配方乳粉（N=10）
2006	婴幼儿配方乳粉：有关FDA对婴幼儿配方乳粉规定的常见问题（2006年3月）
2014 *	替代（SUPERCEDED）-婴幼儿配方乳粉：行业指南草案：婴幼儿配方乳粉生产豁免：cGMP、质量控制程序、审核实施情况以及记录和报告（2014年2月）
2014 **	法规21CFR106.96（i）条例中"合格"婴幼儿配方乳粉的质量要素要求的证明（2014年6月）
2014 **	婴幼儿配方乳粉：法规21CFR106.96（i）条例中"合格"婴幼儿配方乳粉的质量要素要求的证明（2014年6月）
2014 *	替代（SUPERCEDED）-婴幼儿配方乳粉：行业指南草案：符合法规21CFR106.96（i）条例中"合格"婴幼儿配方乳粉的质量要素要求的证明（2014年2月）
2016 **	见婴幼儿配方乳粉生产豁免：cGMP，质量控制程序，审核实施情况以及记录和报告（2016年4月）
2016 **	婴幼儿配方乳粉：婴幼儿配方乳粉生产豁免：现行良好生产规范（cGMP），质量控制程序，审核实施情况以及记录和报告（2016年4月）
2016	婴幼儿配方乳粉：婴幼儿配方乳粉标签（2016年9月）
2016	婴幼儿配方乳粉：行业指南草案：婴幼儿配方乳粉标签和标签中关于结构/功能声明的证明（2016年9月）
2016	婴幼儿配方乳粉：行业指南草案：与婴幼儿配方乳粉和/或人乳接触的食品接触物质接触食品时的通知准备工作（2016年12月）

续表

年份/年	标题（按类型和可用的超链接排列）
	水产品（$N=10$）
1999	水产品：鱼类和渔业产品HACCP法规；促进水产品加工实施HACCP体系的指导问答（1999年1月）
1999	水产品：水产品HACCP过渡政策（1999年12月）
2001	水产品：拒绝检查或查阅有关鱼和渔业产品安全和卫生加工的HACCP记录（2001年7月）
2002	水产品：关于使用"鲇鱼"一词的FSMA［21U.S.C. 343（t）］第403条的运用（2002年1月；2002年12月修订）
2008 *	替代（SUPERCEDED）——水产品：工业和FDA工作人员指南和议定书草案：出口到欧洲联盟和欧洲自由贸易联盟的鱼类和渔业产品认证（2008年1月）；资料来源：https://www.fda.gov/food/guidanceregulation/importsexports/exporting/ucm126413.htm
2017 **	见欧盟（EU）鱼类和渔业产品出口证书清单
2017 **	欧盟（EU）鱼类和渔业产品出口证书清单
2009	水产品：1991年致水产品制造商关于将覆盖的冰作为冰鲜水产品一部分重量的欺诈行为的函（2009年2月）
2009	水产品：美国FDA转介给国家海洋和大气管理局水产品检查计划，以认证出口到欧盟和欧洲自由贸易联盟的鱼类和渔业产品（2009年1月；2009年2月修订）
2011	水产品：鱼类和渔业产品危害和控制指南（第四版）（2011年4月）
2012	水产品：水产品名单——美国FDA关于州际销售水产品贸易中被认可市场名称的指南（1993年9月；2009年1月；2012年7月修订）
2013	水产品：购买与雪卡毒素相关的暗礁鱼类物种（2013年11月）
	膳食补充剂（$N=15$）
1999	膳食补充剂：膳食补充剂的特征、营养标签和成分标签声称；小型企业合规指南（1999年1月）
2002	膳食补充剂（标签声称）：结构/功能声明：小型企业合规指南（2002年1月）
2003	膳食补充剂：含铁补充剂和药物：标签警告声明：小型企业合规指南（2003年10月）
2004*	替换（REPLACED）-膳食补充剂：索赔的证据：根据FSMA（2004年11月）第403（r）（6）节提出的膳食补充剂索赔的证据（2008年12月）
2005	膳食补充剂：膳食补充剂标签指南（2005年4月）
2008	膳食补充剂（麻黄类生物碱）：由于存在不合理的风险，宣布含有掺杂麻黄类生物碱的膳食补充剂的最终规则（2008年7月）
2009	液体膳食补充剂：区分液体膳食补充剂与饮料的因素，如新成分以及饮料和其他常规食品的标签等因素（2009年12月）
2009	膳食补充剂：关于《膳食补充剂和非处方药消费者保护法》所要求的膳食补充剂标签的问题和答案（2007年12月；2008年12月修订；2009年9月修订）
2010	膳食补充剂：FDA致行业关于液体维生素D膳食补充剂的函（2010年6月）
2010	膳食补充剂：目前在膳食补充剂的制造、包装、标签或贮藏方面的良好生产规范；小型企业合规指南（2010年12月）
2013*	膳食补充剂：《膳食补充剂和非处方药消费者保护法》要求的关于膳食补充剂的不良事件报告和保存记录的问答（2007年10月；2009年6月修订；2013年9月修订）
2013	膳食补充剂：《膳食补充剂和非处方药消费者保护法》要求的关于膳食补充剂的不良事件报告和保存记录的问答（2007年10月；2009年6月修订；2013年9月修订）
2014	膳食补充剂：区分液体膳食补充剂与饮料（2014年1月）
2011 *	膳食补充剂：指南草案：新膳食成分通知及相关问题（2011年7月；2016年8月替换）
2016	膳食补充剂：指南草案：新膳食成分通知及相关问题（2016年8月）
	包括果汁在内的罐装食品（$N=17$）
2001	果汁：果汁HACCP法规：问题与解答（2001年8月31日）
2001 *	酸化和低酸罐头食品：撤销（WITHDRAWN）-FDA有关低酸罐头和酸化食品的进口商指南（2001年）

续表

年份/年	标题（按类型和可用的超链接排列）
2002	果汁标签：果汁警告标签要求的豁免——有效实现病原体5个数量级减少的建议（2002年10月）
2003	果汁：关于果汁的HACCP小型企业合规指南（2003年4月4日）
2003	果汁：浓缩果汁和某些耐贮存果汁的散装运输（2003年4月）
2003	果汁：将HACCP原则应用于果汁加工的标准化培训课程（2003年6月）
2003	果汁：果汁HACCP法规：问题与解答（2003年9月）
2004	果汁：针对果汁的HACCP危害及控制指导（第一版）（2004年3月3日）
2004 *	果汁：向苹果汁或苹果酒加工商提出的关于使用臭氧减少病原体的建议（2004年11月；2004年10月替代）
2005	果汁：给生产经过处理（但未经过巴氏杀菌）和未经处理的果汁和苹果酒的州监管机构和公司的信（2005年9月）
2007	果汁：冷藏胡萝卜汁和其他冷藏低酸果汁（2007年6月）
2014 *	撤销（WITHDRAWN）-酸化和低酸罐头食品：行业指南草案：以电子或纸质形式向FDA提交FDA 2541表格（食品罐头厂注册）和FDA 2541d表格、FDA 2541e表格、FDA 2541f表格和FDA 2541g表格（食品加工申报表格）（2014年1月）
2014	酸化和低酸罐头食品：致亲爱的制造商关于FDA对酸化食品和低酸罐头食品的工艺文件管理的信函（FDA 2541a表格和FDA 2541c表格）（2014年1月）
2012 *	替代（SUPERCEDED）-酸化和低酸罐头食品：以电子或纸质形式向FDA提交FDA 2541表格（食品罐头厂注册）和FDA 2541a、FDA 2541c表格（食品加工申请表）（2012年7月）
2015 **	参见行业指南：从2015年10月起以电子或纸质形式向FDA提交FDA 2541表格（食品罐头厂注册）和FDA 2541d、FDA 2541e、FDA 2541f和FDA 2541g表格（食品加工申报表）（2016年11月替换）
2015 **	酸化和低酸罐头食品：以电子或纸质形式向FDA提交FDA 2541表格（食品罐头厂注册）和FDA 2541d、FDA 2541e、FDA 2541f和FDA 2541g表格（食品加工申报表）（2015年11月，2016年11月替换）
2016 **	酸化和低酸罐头食品：以电子或纸质形式向FDA提交FDA 2541表格（食品罐头厂注册）并向FDA提交FDA 2541d、FDA 2541e、FDA 2541f和FDA 2541g表格（食品加工申报表）（2016年11月）

安全性（包括沙门菌、大肠杆菌在内）（N = 29）

年份/年	标题
1998	农产品：减少新鲜水果和蔬菜微生物食品安全危害的指南（1997年11月；1998年4月修订；1998年10月修订）
1998 *	撤销（WITHDRAWN）-生物技术：行业指南草案：抗生素抗性标记基因在转基因植物中的应用（1998年9月）
1999 *	撤销（WITHDRAWN）-农产品（豆芽）：可在Fed. Regist. 64:57893-57896获得减少豆芽的微生物食品安全危害信息（1999年10月）；另请参阅01MARCH2010上的ORA爆发响应指南#1，资料来源：https://www.fda.gov/downloads/iceci/inspections/ucm213217.pdf
1999 *	撤销（WITHDRAWN）-农产品（豆芽）：在芽菜生产期间（1999年10月）用于灌溉水的取样和微生物测试可在Fed. Regist. 64:57896-57902获得；另请参阅01MARCH2010上的美国ORA爆发响应指南#1，资料来源：https://www.fda.gov/downloads/iceci/inspections/ucm213217.pdf
2006	生物技术：食用新植物品种生产的新型非杀虫蛋白的早期食品安全评估建议（2006年6月）
2008	农产品：鲜切水果和蔬菜微生物食品安全危害最小化指南（2007年3月；2008年2月修订）
2008 *	REPLACED替换-食品加工（即食）：冷藏或冷冻即食食品中单核细胞增生李斯特菌的控制（2008年2月）；该文件已被2017年1月发布的题为《即食食品中单核细胞增生李斯特菌的控制》的指南草案所取代，资料来源：https://www.fda.gov/downloads/Food/GuidanceRegulation/GuidanceDocumentsRegulatoryInformation/UCM535981.pdf
2009	植物产品（坚果）：应对含有花生衍生产品成分的食品中沙门菌污染风险的措施（2009年3月）
2009	植物产品（坚果）：行业指南草案：应对含有开心果衍生产品作为成分的食品中沙门菌污染风险的措施（2009年6月29日）
2009	农产品（绿叶蔬菜）：减少绿叶蔬菜的微生物食品安全危害指南（2009年7月31日）
2009	农产品（甜瓜）：减少甜瓜微生物食品安全危害指南（2009年7月31日）
2009	农产品（番茄）：减少番茄微生物食品安全危害的指南（2009年7月31日）

续表

年份/年	标题（按类型和可用的超链接排列）
2009	食品安全：关于2007年FDA修订法案（2009年9月）建立的，可疑食品注册登记的问答
2010	食品安全（可疑食品）：根据2007年FDA修订法案（2010年3月）的规定，向可疑食品电子门户网站提交多种设施的报告
2010	小型企业合规指南（SECG）：瓶装水：总大肠菌群和大肠杆菌；小型企业合规指南（2010年3月）
2010	SECG：在生产，运输和贮藏过程中预防蛋壳中的肠炎沙门菌；小型企业合规指南（2010年4月）
2010	食品安全（运输）：食品运输卫生（2010年4月）
2010	食品安全（可疑食品）：行业指南草案：关于2007年FDA修正法案（第二版）建立的可疑食品注册的问答（2010年5月）
2010	应急响应：食品制造商在"沸水通知"区域使用水（2010年5月）
2010	食品安全（陶器）：供食品使用的进口传统陶器的安全以及"无铅"一词在陶器标签中的使用；装饰陶瓷的正确鉴定（2010年11月）
2011	农产品（芫荽）：致种植、收获、分类、包装或运送新鲜芫荽的公司的函（2011年3月）
2011	食品安全：实施FSMA第107节的收费规定（2011年9月）
2011	食品安全：应对含有开心果衍生产品成分的食品中沙门菌污染风险的措施（2011年9月）
2011	食品安全：评估受洪水影响的人类食用粮食作物的安全性（2011年10月）
2011	农产品（哈密瓜）：致种植、收获、分类、包装、加工或运送新鲜哈密瓜的公司的函（2011年11月）
2011	食品安全（壳蛋）：在生产，贮藏和运输过程中预防壳蛋中的肠炎沙门菌（2011年12月）
2012	食品安全：人类食品和直接人类接触的动物食品中沙门菌的检测（2012年3月）
2013	鸡蛋：行业指南草案：关于在生产、贮藏和运输（室外接触层）过程中预防壳蛋中肠炎沙门菌最终规则的问答（2013年7月）
2015	食品安全（壳蛋）：关于在生产、贮藏和运输过程中预防壳蛋中的肠炎沙门菌的最终规则的问答（2015年7月）
	食品防护（包括审核员、进口商、召回）（N=51）
2002	进口：指南草案：监管程序手册 第9章（子章节）：关于建议海关查封和销毁未经过再造的进口人畜食品的指南（2002年11月）
2004	食品防护（预通知）：进口食品系统停运应急计划的预先通知（2004年8月12日）
2004	食品防护（预通知）：进口食品预通知：标有预通知指标的统一关税税率表代码（2003年11月20日；2004年4月14日、2004年8月26日和2012年2月28日修订）
2005	食品防护（预通知）：入境类型和入境标识——进口食品预通知（2005年4月）
2005	乳制品：建立并维护有意向智利出口的美国乳制品制造商/加工商名单（2003年5月；2005年6月修订）
2005	食品防护（记录）：2002年《公共卫生安全和生物恐怖主义准备和应对法》第三篇副标题A中提供的记录获取权限指南（2004年12月；2005年11月修订）
2007	食品防护（警告）：就网络警告的培训给行业、州和地方食品监管机构和检查员的函（2007年2月）
2007	化妆品加工商和运输商：化妆品安全预防措施指南（2003年11月；2007年10月修订）
2007 *	替换（REPLACED）-关于乳牛场，散装牛乳运输车，散装乳转运站和液态乳处理器的食品安全预防措施指南（2003年11月；2007年10月修订）
2007 *	替换（REPLACED）-食品生产商，加工商和运输商：食品安全预防措施指南（2003年3月；2007年10月修订）
2007	进口商和申报者：粮食安全预防措施指南（2003年11月；2007年10月修订）
2007 *	替换（REPLACED）-零售食品店和餐饮服务机构：食品安全预防措施指南（2003年12月；2007年10月修订）
2009	食品防护（预通知）：合规政策指南，FDA和CBP员工指南:2002年《公共卫生安全和生物错误防范和应对法》110.210节进口食品的事先通知(2003年12月；2004年6月、2004年8月、2004年11月、2005年3月、2005年11月和2009年5月修订)
2011	食品防护（预通知）：某些预通知要求的执行政策（2011年6月）

续表

年份/年	标题（按类型和可用的超链接排列）
2011	食品防护（预通知）：关于进口食品装运的预通知（2003年11月；2009年4月修订；2011年8月修订）
2012	食品防护（记录）：关于制造、加工、包装、运输、分发、接收、贮藏或进口食品的人员建立和维护记录的问答（第五版）（2012年2月）
2012	食品防护（注册）：您需要了解的有关食品设施注册的信息；小型企业合规指南（2012年12月）
2013	食品防护（行政拘留）：您需要了解的关于食品行政拘留的信息（2013年3月）
2014 *	替代（SUPERCEDED）-进口与出口：建立并维护有意向中国出口的美国奶制品制造商/加工商名单（2014年1月）
2017 **	请参阅建立并维护有意向中国出口的美国牛乳和乳制品、水产品、婴儿配方乳粉和幼儿配方乳粉制造商/加工商的清单（2017年6月）
2017 **	建立并维护有意向中国出口的美国牛乳和乳制品、水产品、婴儿配方乳粉和幼儿配方乳粉制造商/加工商的清单（2017年6月）
2004 *	替代（SUPERCEDED）-食品防护（预通知）：进口食品问答的预通知（第二版）（2004年5月3日）
2014 **	《进口食品问答预先通知》（第三版）（2014年3月；2016年6月替换）
2014 **	食品防护（预通知）：《进口食品问答预先通知》（第三版）（2014年3月；2016年6月替换）
2012 *	替代（SUPERCEDED）-食品防护（记录）：行业指南草案：FDA根据FDCA第414和704节获得记录的权限（2012年2月）
2014 **	参见FDCA第414和704节获得记录的权限（2014年4月）
2014 **	食品防护（记录）：FDA根据FDCA的第414和704节获得的记录访问权限（2014年4月）
2004* **	替代（SUPERCEDED）-食品防护（记录）：关于记录建立和保存需要了解的信息（2004年12月）
2014 **	关于记录建立和保存需要了解的信息（2014年4月）
2014 **	食品防护（记录）：关于记录建立和保存需要了解的信息（2014年4月）
2012 *	替代（SUPERCEDED）-食品防护（注册）：关于食品设施注册的问答（第五版）（2012年12月）
2014 *	替代（SUPERCEDED）-食品防护（注册）：关于食品设施注册的问答（第六版）（2014年11月）
2016 **	有关食品设施注册的问答（第七版）（2016年12月）
2016 **	有关食品设施注册的问答（第七版）（2016年12月）
2015	食品防护（召回）：行业指南草案：关于强制性食品召回的问答（2015年5月）
2015 *	替代（SUPERCEDED）-食品防护（进口商）：示范认证标准：工业和FDA工作人员指南：食品安全审核第三方审核员/认证机构认证（2015年7月）
2016 **	参见食品安全审核的第三方认证机构认证：示范认证标准：工业和FDA员工指南（2016年12月）
2016 **	食品安全审核第三方认证机构认证：示范认证标准：工业和FDA员工指南（2016年12月）
2016	食品防护：行业指南草案：农场和设施的收获、包装、贮藏或制造/加工活动分类（2016年8月）
2016	食品防护：行业指南草案：人类食品的危害分析和基于风险的预防控制（2016年8月）
2014 *	替代（SUPERCEDED）-食品防护（预通知）：行业指南草案：进口食品问答的预通知（第三版）（2014年3月）
2016 **	进口食品问答的预通知（第三版）（2016年6月）
2016 **	食品防护（预通知）：进口食品问答的预通知（第三版）（2016年6月）
2012 *	替代（SUPERCEDED）-食品防护（注册）：在食品设施注册和食品类别更新中使用食品分类的必要性（2012年10月）
2016 **	查看自2016年9月起更新的食品设施注册和食品类别（2016年版）中食品分类使用的必要性
2016 **	食品防护（注册）：在食品设施注册和食品类别更新中使用食品分类的必要性（2016年版）（2016年9月）
2016	食品防护（注册）：行业指南草案：关于食品设施注册的问答（第七版）-修订版（2016年12月）
2016	食品安全（FSMA）：食品安全审核第三方认证机构认证：模型认证标准（2016年12月）
2016	食品安全（FSMA）：行业指南草案：关于食品设施注册的问答（第七版）（2016年12月）

续表

年份/年	标题（按类型和可用的超链接排列）
2015*	替代（SUPERCEDED）-食品安全（FSMA）：行业指南草案：FDA的自愿合格进口商计划（2015年6月）
2016**	参见行业指南草案：FDA的自愿合格进口商计划（2016年11月）
2016**	食品安全（FSMA）：FDA的自愿合格进口商计划（2016年11月）
2016	食品安全（FSMA）：需要了解的有关FDA法规的信息：现行良好生产规范、危害分析和基于风险的人类食品预防控制；小型企业合规指南（2016年10月）
2016	食品安全（FSMA）：行业指南草案：根据实施FSMA的四项规则，要求在食品随附文件中描述需要控制的危险（2016年10月）
2016	食品防护：行业指南草案：农场和设施的收获，包装，储藏或制造/加工活动分类（2016年8月）
2015	食品防护：行业指南草案：危害分析和人类食品基于风险的预防控制（2016年8月）
化学（包括丙烯酰胺，金属，添加剂）（N=42）	
1995	化学污染物（铅）：致进口糖果和糖果包装的制造商，进口商和分销商的信（1995年6月13日）
1998*	替代（SUPERCEDED）-卫生：缺陷行动水平手册（1998年5月）
2005**	见缺陷水平手册：食品缺陷行动水平 – 对人类没有健康危害的食品中自然或不可避免的缺陷水平（1995年5月；1997年3月修订；1998年5月修订；2005年2月更正）
2005**	缺陷水平手册：食品缺陷行动水平——对人类没有健康危害的食品中自然或不可避免的缺陷水平（1995年5月；1997年3月修订；1998年5月修订；2005年2月更正）
1999	食品添加剂：抗菌食品添加剂（1999年7月）
2000	人类食品和动物饲料中有毒或有害物质的行动水平（2000年8月）
2000	农药：含有甲基对硫磷残留商品的贸易政策渠道（2000年12月）
2001	天然毒素：人类食物和动物饲料中的伏马菌素水平（2000年6月6日；2001年11月9日修订）
2002	食品接触通告：食品接触物质的预先食品接触通告：毒理学建议（1999年9月；2002年4月修订）
2002	食品接触通告：预先的食品接触通告：行政管理（2000年6月；2002年5月修订）
2002	农药：含有乙烯菌核利残留商品的贸易政策渠道（2002年6月）
2005	食品添加剂：食品添加剂和着色剂的申请前咨询（2005年4月）
2005	食品添加剂：毒理学数据报告模板（2004年3月；2005年4月修订）
2005	食品添加剂：根据《食品接触物品所用物质的管制门槛》21CFR170.39节提交申请（1996年3月；2005年4月修订）
2005	农药：农药化学残留商品的贸易政策渠道，环境保护局根据膳食风险因素对其最大残留限量进行了撤销，暂停或修改（2005年5月）
2006	食品添加剂：准备提交给CFSAN的分类排除声明或环境评估（2006年5月）
2006	食品添加剂：食品添加剂推荐毒理学测试汇总表（2006年6月）
2006	食品添加剂：食物中相关物质的估计膳食摄入量（2006年8月）
2006	食品包装：食品包装中再生塑料的使用：化学建议（2006年8月）
2006	化学污染物：儿童可能经常食用的糖果中的铅:推荐的最高含量和执行政策（2005年12月；2006年11月修订）
2007	食品添加剂：预先食品接触通知和食品接触物质的食品添加剂申请：化学建议（2002年4月；2007年12月）
2007	撤销（WITHDRAWN）- 化学污染物（铅）：1991年致烟酒和武器局关于葡萄酒中铅的信（2007年3月；2017年1月12日修订）
2007	食品添加剂：食品成分安全性评估的毒理学原则：红皮书2000（2000年7月7日；2001年10月、2003年11月、2004年4月、2006年2月和2007年7月修订）
2008	食品添加剂：针对抗菌食品添加剂的微生物学因素的提议（2007年9月；2008年6月修订）
2008	食品标准：白巧克力的标识标准；小型企业合规指南（2008年7月17日）
2009	食品添加剂：关于直接食品添加剂化学和技术数据提交申请的建议（2006年3月；2009年3月修订）

续表

年份/年	标题（按类型和可用的超链接排列）
2009	金属：瓶装水：砷：小型企业合规指南（2009年4月）
2009	金属：瓶装水：铀：小型企业合规指南（2009年4月）
2009	着色剂：胭脂虫提取物和胭脂红：所有含有这些着色剂的食品和化妆品标签上的名称声明：小型企业合规指南（2009年4月）
2009	金属：瓶装水：残留消毒剂和消毒副产品：小型企业合规指南（2009年5月）
2010	食品成分及包装：以电子或纸质形式向食品添加剂安全办公室提交监管文件（2010年3月）
2010	天然毒素：工业和FDA指南：人类食用小麦成品和动物饲料用谷物及谷物副产品中脱氧雪腐镰刀菌烯醇的建议水平（2010年6月29日；2010年7月7日修订）
2010	食品添加剂：酶制剂：提交食品添加剂申请和GRAS通知的化学和技术数据的建议（1993年1月；2010年7月修订）
2010	食品添加剂：食品添加剂申请的快速审查（1999年1月4日；2010年10月修订）
2011	食品添加剂：食品添加剂申请程序问答（2003年9月；2006年4月和2011年4月修订）
2012	小型企业合规指南（SECG）：瓶装水质量标准：建立邻苯二甲酸二（2-乙基己基）酯的允许含量（2012年4月）
2013	金属：行业指南草案：苹果果汁中的砷-行动阈值（2013年7月）
2014	食品成分和包装：关于添加到食品中的物质的考虑因素，包括饮料和膳食补充剂（2014年1月）
2012*	替代（SUPERCEDED）-食品成分和包装：行业指南草案：评估重大制造工艺变化（包括新兴技术）对食品配料和FCS的安全和监管状况的影响，包括作为着色剂的食品配料（2012年4月）
2014**	请参见2014年6月评估重要制造工艺变化（包括新兴技术）对食品配料和FCS（包括食品配料）的安全和监管状况的影响
2014**	食品成分和包装：评估重大制造工艺变化（包括新兴技术）对食品配料和FCS的安全和监管状况的影响，包括作为着色剂的食品成分（2014年6月）
2016	化学污染物：食品中的丙烯酰胺（2016年3月）
2016	金属：行业指南草案：婴儿米粉中的无机砷——行动阈值（2016年4月）
2016	食品成分和包装：行业指南草案：自愿减钠目标：商业加工、包装和调理食品中钠的目标平均浓度和上限浓度（2016年6月）

标签（包括营养成分声明，安全，转基因）（N=47）

年份/年	标题
1993	食品标签：确定家庭计量的公制当量的指南（1993年10月）
1998	营养标签：FDA营养标签手册——开发和使用数据库指南（1998年3月）
1998	标签声称：基于科学机构权威声明的健康声称或营养素含量声明的通知（1998年7月）
1999*	健康声称：撤销（WITHDRAWN）-审查常规食品和膳食补充剂健康声称方面的重大科学协议（1999年12月）
2001	食品标签（壳蛋）：食品标签-安全处理声明，壳蛋标签；零售壳蛋的冷藏；小型企业合规指南（2001年7月）
2001	食品标签：发酵粉、小苏打、果胶的参考量参考值；小型企业合规指南（2001年7月）
2002	食品标签（辐照）：实施2002年《农场安全和投资法案》第10809节107-171条，关于请求批准对辐照处理的食品标签的申请程序（2002年10月）
2003	合格健康声称：常规人类食品和人类膳食补充剂标签中合格健康声称的暂行程序（2003年7月）
2003	食品标签：营养标签中的反式脂肪酸、营养素含量声明和健康声称；小型企业合规指南（2003年8月）
2006	食品标签（全谷物）：指导草案：全谷物标签声称（2006年2月）
2006*	撤销（WITHDRAWN）-食品标签（大豆卵磷脂）：根据《联邦食品、药品和化妆品法案》（2006年4月）第403（w）段标记大豆中卵磷脂某些用途的标签
2006	合格健康声称：FDA实施"合格健康声称"的问答（2006年5月）
2007	标签声称：关于食品标签的制造商信函（2007年1月）
2007	食品标签：小企业营养标签豁免（2004年10月；2007年5月修订）

续表

年份/年	标题（按类型和可用的超链接排列）
2007	标签声称：关于无糖声明的制造商信函（2007年9月）
2008 *	食品标签：食品标签指南（1994年9月；2008年4月修订；2009年10月修订；2013年1月修订）
2008 *	撤销（WITHDRAWN）-食品标签（零售）：餐馆和零售企业销售离家食品的标签指南：第一部分（2008年4月；该指南在2017年修订）
2008	营养素含量声称：食品标签；营养素含量声称；"高效"的定义和"抗氧化剂"的定义，用于膳食补充剂和常规食品的营养成分声明；小型企业合规指南（2008年7月18日）
2008	食品标签：制造商关于包装前标识的信函（2008年12月）
2009	健康声称：科学评估健康声称的循证审查制度（2007年7月；2009年1月修订）
2009	健康声称：食品标签：健康声称；钙和骨质疏松症，钙，维生素D和骨质疏松症（2009年5月）
2009	食品标签：关于购买食品时标签要点的信函（2009年10月）
2010 *	食品标签：撤销（WITHDRAWN）- 行业指南：关于实施2010年《患者保护和可以负担的护理法案》第4205节菜单标签条款的问答（2010年8月）
2014	食品标签：行业指南草案：蜂蜜和蜂蜜产品的正确标签（2014年4月）
2014	食品标签：食品的无麸质标签；小型企业合规指南（2014年6月）
2009 *	替代（SUPERCEDED）-食品标签（啤酒）：某些受FDA管辖的啤酒的标签；指导意见草案（2009年8月）
2014 **	FDA标签管辖范围内某些啤酒的标签（2014年12月）
2014 **	食品标签（啤酒）：某些受FDA管辖的啤酒的标签（2014年12月）
2015	食品标签：餐馆及类似零售食品企业标准菜单项目的营养标签；小型企业合规指南（2015年3月）
2015	食品标签：行业指南草案：表明食品是否来自转基因大西洋鲑鱼的自愿标签（2015年11月）
2001*	替代（SUPERCEDED）-食品标签：行业指南草案：表明食品是否使用生物工程开发的自愿标签（2001年1月）
2015 **	表明食品是否来自转基因植物自愿标签（2015年11月）
2015 **	食品标签：表明食品是否来自转基因植物的自愿标签（2015年11月）
2015	食品标签：FDA强化政策的问答（2015年11月）
2016	食品标签：营养成分声明；α-亚麻酸，二十碳五烯酸（EPA）和二十二碳六烯酸（DHA）、ω-3脂肪酸；小型企业合规指南（2016年2月）
2015 *	替代（SUPERCEDED）-食品标签：行业指南草案：销售离家食品的餐馆和零售机构标签指南，第二部分（符合法规21CFR101.11标签要求）（2015年9月）
2016**	《销售离家食品的餐馆和零售机构标签指南》第二部分（符合法规21CFR101.11的菜单标签要求）（2016年4月）
2016 **	食品标签：销售离家食品的餐馆和零售机构标签指南，第二部分（符合法规21CFR101.11标签要求）（2016年4月）
2016	食品安全：行业指南草案：使用FDA 3942a表格（用于人类食品）或FDA 3942b表格（用于动物食品）的合格设施认证（2016年5月）
2009 *	替代（SUPERCEDED）-食品标签：行业指南草案：宣布为浓缩甘蔗汁的成分（2009年10月）
2016 **	宣布为浓缩甘蔗汁的成分（2016年5月）
2016**	食品标签：宣布为浓缩甘蔗汁的成分（2016年5月）
2016	食品标签：FDA关于在营养标签上声明少量营养素和膳食成分的政策（2016年7月）
2016	食品标签：行业指南草案：自动售货机食品的能量标签（2016年8月）
2016	食品标签：自动售货机中食品的能量标签；小型企业合规指南（2016年8月）
2016	食品标签：在人类食品标签中"健康"一词的使用（2016年9月）
2016	标签和营养：行业指南草案：提交针对分离或合成的不易消化碳水化合物有益生理相关证明的科学评估作为公民请愿内容（21CFR10.30）（2016年11月）

注：* 替代/撤销/替换；** 重复信息。

附录2 | 警告信和无题信中关于包装正面标识的违规行为

声明类型/主题领域

前面板有一个营养成分声明："0g反式脂肪"，但没有公开声明提醒消费者有关饱和脂肪酸和总脂肪酸的显著水平。

前面板有一个营养成分声称"不含反式脂肪酸同样美味！"，但没有公开声明提醒消费者钠、饱和脂肪酸和总脂肪酸的显著水平。

前面板的营养成分声称"不含反式脂肪酸同样美味"，但没有公开声明提醒消费者胆固醇、饱和脂肪酸和总脂肪酸的显著水平。

前面板有一个营养成分声明："0g反式脂肪酸"，但没有关于饱和脂肪酸和总脂肪酸含量的公开声明。营养素含量声称"无胆固醇""饱和脂肪酸低于黄油"和"单一不饱和脂肪的良好来源"不符合法律要求。

产品在其网站上声称"不添加精制糖"和"添加维生素和矿物质"，这些产品声明不允许用于2岁以下儿童的产品，因为此年龄段的儿童尚未确定适当的膳食水平。

产品提出诸如"低钠""高纤维"和"高维生素和矿物质"的声明，这些声明不适用于2岁以下儿童的产品，因为此年龄段的儿童尚未确定适当的膳食水平。

产品提出"加钙"等声明，这些声明不适用于2岁以下儿童的产品，因为此年龄段的儿童尚未确定适当的饮食水平。

产品声称"钙的良好来源""维生素D的良好来源"和"铁的良好来源"，这些不适用于2岁以下儿童的产品，因为此年龄段的儿童尚未确定适当的膳食水平。

产品提出了"不加糖"等声明，这些声明不适用于2岁以下儿童的产品，因为此年龄段的儿童尚未确定适当的膳食水平。

产品标签暗示产品是100%果汁，而实际上它们是添加了香精的果汁混合物。

产品关于"健康""维生素A的优质来源"和"无添加糖"等声明不适用于2岁以下儿童的产品，因为此年龄段的儿童尚未确定适当的膳食水平。

产品提出了"铁，锌和维生素E的良好来源"这样的说法，这些产品声明不允许用于2岁以下儿童的产品，因为此年龄段的儿童尚未确定适当的膳食水平。

产品声称它将治疗，预防或治愈诸如阿尔茨海默氏病、风湿病、心血管疾病（网站）和癌症等疾病，这些声明不允许用于食品。

产品声称"强化抗氧化剂"，不符合抗氧化剂法规的要求。

产品声称："富含营养的抗氧化剂"，不符合抗氧化剂法规的要求。

产品声称它将治疗、预防或治愈阿尔茨海默病、糖尿病和癌症等疾病。这些声明不允许用于食品。FDA已批准了一项合格的绿茶健康声称，但这些声明不符合FDA制定的标准。该产品声称"喝高抗氧化绿茶"，声明不符合抗氧化的规定。

产品声称它将治疗、预防或治愈高血压、糖尿病和癌症等疾病。这些声明不允许用于食品。

产品提出了诸如"健康选择"的声明，但其脂肪含量高于标记为"健康"的产品标准。

产品使营养成分声称诸如"轻食"和"高单一不饱和脂肪酸"，但不符合提出这些声明的标准。产品声称它将治疗、预防或治愈心脏病和癌症等疾病，这些声明不允许用于食品。

产品标签声称该产品可以帮助预防心脏病。FDA已经批准了关于核桃和心脏病的一项声明，但是该产品的声明不符合提出声明的标准。

产品声称它将治疗、预防或治愈疾病，如心脏病、关节炎和癌症。这些声明不允许用于食品。

该产品声称"加钙"和"少50%的糖"，这些产品声明不适用于2岁以下儿童的产品，因为此年龄段的儿童尚未确定适当的膳食水平。

产品声称该产品将"降低癌症和中风的风险"，FDA未批准将该声明用于食品。

产品声称"低脂肪"和"不添加油脂"，这些产品声明不允许用于2岁以下儿童的产品，因为此年龄段的儿童尚未确定适当的膳食水平。

该产品标签包括营养声称，"ω-3脂肪酸的优质来源"，FDA未批准将该声明用于食品。

注：改编自FDA "2014包装正面违规的解释：向行业发出警告信的原因"（在线）。

资料来源：http://www.fda.gov/Food/ComplianceEnforcement/WarningLetters/ucm202784.htm。

附录3 ｜ FDA质量体系与良好操作规范（GMP）对照表

食品GMP规范、ISO 9001:2000体系和美国质量学会（ASQ）质量体系与医疗器械和药品生产GMP规范的对比

项目	食品GMP规范	食品ISO 9001:2000体系	食品ASQ质量体系	医疗器械生产GMP规范	药品生产GMP规范
主要规定	• 人员 • 疾病控制 • 清洁 • 教育和培训、监督 • 植物和地面 • 地面 • 工厂设计和施工 • 卫生操作 • 一般维护 • 用于清洁的物质 • 害虫控制 • 食品接触表面的卫生 • 食品设施和处理 • 贮藏和处理 • 卫生设施和控制 • 供水 • 管道 • 污水处理 • 卫生间设施 • 洗手设施 • 垃圾和污脏处理 • 设备和器具 • 流程和控制 • 原材料 • 制造业务 • 仓储和配送	• 管理责任 • 管理承诺 • 顾客至上 • 质量方针 • 计划 • 责任、权限、沟通 • 管理评审 • 资源管理 • 资源供应 • 人力资源 • 基础设施 • 工作环境 • 产品实现 • 产品实现规划 • 客户相关流程 • 设计和开发 • 采购 • 生产和服务提供 • 生产和测量设备控制 • 监控和测量 • 测量、分析和改进 • 不合格品控制 • 数据分析 • 改进 • 质量管理体系 • 文件要求	• 管理责任 • 营销 • 规格和设计 • 获得 • 生产和生产控制 • 产品验证 • 测量和测试设备 • 不一致性 • 校正 • 处理和后期制作 • 文件和记录 • 人事部门 • 产品安全和责任 • 质量方法	• QS要求 • 管理责任 • 质量责任 • 人员 • 设计控制 • 文档控制 • 采购控制 • 标识和可追溯性 • 生产和过程控制 • 验收活动 • 不合格产品 • 纠正和预防措施 • 标签和包装 • 搬运、贮藏、分发和安装 • 记录 • 服务 • 统计技术	• 组织和人员 • 质量控制单位的职责 • 人员资格和职责 • 建筑物和设施 • 设计与施工 • 卫生与维护 • 设备 • 设计尺寸和位置 • 构造、清洁和维护 • 组件和药品容器及封盖的控制 • 生产和过程控制 • 书面程序、偏差 • 部件变化 • 设备识别 • 过程中材料和药品的取样和测试 • 微生物污染控制 • 再加工 • 包装和标签控制 • 持有和分销 • 实验室控制 • 以供分发的测试和发布 • 稳定性试验 • 记录和报告 • 退回和回收的药品

培训	・对食品处理人员和监管人员进行适当的食品保护原则培训 ・培训应确保意识到不良个人卫生和不卫生做法的危险	・满足组织需求所需的人员培训；通过差距分析确定培训需求 ・按工作职能划分的适当的卫生习惯培训水平（基础和高级培训） ・感官评估和危险识别及相关控制的培训 ・对人员进行适当卫生实践的培训 ・测试人员的培训和重新评估	・培训组织内所有级别的人员：选拔和培训招聘的人员和调任到新岗位的人员 ・在质量体系操作和评估体系有效性的标准方面对执行管理层进行培训 ・对技术人员（包括营销、采购以及产品和过程工程人员）进行统计技术、过程能力研究、问题识别、同题分析、数据收集和分析，以及纠正措施方面的培训 ・对主管和工人进行各自任务的培训，如设备操作、阅读和理解所提供的文件 ・执行专门操作的人员的正式资格 ・动机和质量意识 ・衡量质量成就和对良好绩效的认可	・确定人员培训需求的管理责任 ・当前GMP法规的培训以及个人工作职能与整体质量体系的关系 ・对技术人员的特殊环境条件下的临时工作培训	・适用于每位员工的额外培训，以确保监督人员的安全性、身份、强度、质量和纯度 ・提供培训的人员必须有资格这样做
评审	・没有明确规定的评审	・按计划间隔进行内审，以确定质量管理体系是否符合计划安排，以及是否得到有效实施和维护。评审员的选择应确保客观性和公正性（评审员不应审核自己的工作）。管理系统记录、卫生、内务和其他职能的内审。内审结果的管理评审	・定期对质量体系进行内部审核，以评估各种质量体系要素的有效性 ・审核需要有一个明确定义的范围和范围的计划（即常规验证、组织变革、消费者投诉） ・为了避免利益冲突，评审员不应该对该审核自己的工作 ・审核结果应记录具体的缺陷和不符合项实例以及纠正/预防措施的建议 ・由公司管理成员、客户或合格的独立评审员对质量体系进行审查和评估 ・质量体系审核应包括：（1）具体发现；（2）质量体系本身实现质量目标方面的总体有效性；（3）考虑用新技术、质量概念、市场策略、客户要求等带来的变化更新质量体系	・管理层需要建立记录质量体系的质量审核程序，并确保其得以执行 ・只有那些质量审核系统的记录才能证明提供给FDA检查员。FDA无法获取质量审核报告	・评审没有明确规定，但包含在所需的记录审查过程中 ・年度记录审查，以评估质量标准的适用性、规格、制造工艺或控制程序的变更需求

续表

项目	食品GMP规范	食品ISO 9001:2000体系	食品ASQ质量体系	医疗器械生产GMP规范	药品生产GMP规范
文件	·除了清洁化合物和原材料的供应商认证外，没有明确规定文件要求	·质量管理体系评审记录 ·人事记录 ·产品实现过程记录 ·与客户相关的产品需求审查记录 ·设计和开发输入、输出、评审、验证和确认的记录 ·设计和开发变更和评审，包括控制记录变更 ·供应商选择评估的记录 ·无法选择验证的生产过程验证记录 ·监控和测量装置校准和验证记录 ·内审记录 ·生产检验和测试记录 ·不合格品记录 ·纠正和预防措施记录	·获得所需产品质量和食品安全的充分文件 ·删除和处置过期文件 ·文件包括规范、测试程序、检验说明、工作手册、操作程序、质量保证程序 ·应用于验证质量体系的运行的记录 ·记录：包括检查报告、测试数据、鉴定报告、验证报告、评审报告、校准数据和监督检查报告	明确要求FDA检查员可以随时获得以下所有记录 ·设备记录：设备、生产过程、质量保证、包装和标签以及安装规范 ·设备历史记录：制造日期、制造数量、分发数量、识别标签和控制编号 ·质量体系记录：活动的程序和文件 ·投诉文件：确定是否需要调查的合规文件。如果需要，记录调查	明确要求FDA检查员可以随时获得以下所有记录 ·设备清洁和使用日志：必须包含日期、时间、产品、批号和签名 ·药品、容器、封口和标签：供应码、测试结果、批号、单个组件、签收记录、标签检查记录 ·接收记录：供应商名称、批号、库存记录、标签检查文件和不合格材料记录 ·主要生产和控制记录：由一个人准备、注明日期和签名，并由另一个人检查 ·批量生产和控制记录：生产中每个重要步骤完成的文件 ·实验室记录：所有数据、测试方法修改记录、稳定性测试结果 ·配送记录：发货日期和数量 ·投诉文件
评估/验证	·没有评估/验证来确定执行的活动是否正在实现其目标。仅对于原材料，工厂将使用供应商认证或其他方法"验证"合规性	·评估与客户对组织是否满足其客户要求的相关信息知道有效性 ·评估所采取行动的有效性，如培训和教育 ·评估设计和开发结果满足要求的能力 ·对已经交付的组成部件，产品的设计和开发变更进行评估 ·测试人员的重新评估 ·质量体系有效性评估 ·对防止不合格品发生的行动需求的评估 ·通过市场研究和运输测试验证产品保质期 ·通过特定目标用户群或客户要求验证确保产品满足客户要求 ·营销确保产品满足客户要求 ·设计和开发验证、设计和开发变更时的重新验证 ·过程验证 ·测试方法验证	·无	·无	无

附录4 | 来自FDA食品安全和应用营养中心（CFSAN）的465封警告信的主题

序号	主题	计数
1	水产品HACCP/食品cGMP规范/掺杂	47
2	与H1N1流感病毒相关的未经批准/未清除/未经授权的产品	44
3	水产品HACCP/食品cGMP规范/掺杂/不卫生条件	37
4	食品标签/标签违规	27
5	标签/促销声明虚假和误导性/新药/标签违规	26
6	水产品HACCP/掺杂	23
7	标签/虚假和误导性声明/掺杂/标签违规	19
8	低酸罐头食品法规/掺杂	16
9	二甲基苯并呋喃（DBMA）/标签/膳食补充剂/掺杂	15
10	促销声明虚假和误导性/新药/标签违规	14
11	膳食补充剂/掺杂	13
12	未经批准的新药/标签违规	9
13	标签/膳食补充剂/促销声明虚假和误导性/标签违规	7
14	甲基辛弗林/标签/膳食补充剂/错误和误导/标签违规	7
15	水产品HACCP	7
16	金合欢/标签/膳食补充剂/错误和误导/标签违规	6
17	酸化食品/应急许可证管理/掺杂/标签违规	6
18	标签/虚假和误导性声明/标签违规	6
19	新药/膳食补充剂/食品标签/标签违规	6
20	酸化食品/应急许可证管理/掺杂	5
21	β-2-苯基-1-丙胺盐酸盐（BMPEA）/标签/膳食补充剂/错误和误导/标签违规	5
22	cGMP/制造、包装或贮藏人类食品/掺杂/不卫生条件	5
23	标签/膳食补充剂/掺杂	5
24	新药申请（NDA）	5
25	新药/标签/标签违规	5
26	匹卡米隆/标签/膳食补充剂/贴错标签	5
27	食品cGMP/水产品HACCP/掺杂	4
28	非法食品添加剂/掺杂	4
29	果汁HACCP/食品cGMP规范/掺杂/不卫生条件	4
30	新药/标签/标签违规/大麻二酚	4
31	cGMP/酸化食品/掺杂	3
32	虚假和误导性声明/标签违规	3
33	联邦食品、药品和化妆品法案/标签违规	3
34	标签/新药/虚假和误导性声明/标签违规	3
35	新药/标签违规	3
36	与2012/2013流感季相关的未经批准的产品	3
37	酸化食品/低酸罐头食品法规/掺杂	2
38	酸化食品/掺杂	2
39	食品cGMP规则/掺杂	2
40	cGMP/食品/在不卫生条件下制备、包装或贮藏/掺杂	2

续表

序号	主题	计数
41	化妆品/掺杂/标签违规	2
42	低酸罐头食品偏差规则/掺杂	2
43	药品标签/促销声明/标签违规	2
44	标签/促销声明虚假和误导性/标签违规	2
45	标签/促销声明虚假和误导性/新药	2
46	医疗食品/未经批准的新药/标签违规	2
47	新药/标签/虚假和误导性声明	2
48	新药/化妆品标签和营销与药物声明	2
49	促销声明的虚假和误导性/新药	2
50	无主题	1
51	酸化食品/低酸罐头食品法规/掺杂/标签违规	1
52	酸化食品/应急许可证管理/水产品HACCP/cGMP/掺杂/污秽	1
53	cGMP食品标签/标签违规/掺杂	1
54	食品cGMP/标签违规	1
55	cGMP规定的偏差/掺杂	1
56	食品cGMP/掺杂	1
57	食品cGMP/HACCP/掺杂	1
58	制造、包装或贮藏人类食品过程中运用cGMP规则/掺杂	1
59	cGMP/膳食补充剂的制造、包装、标签或贮藏操作/掺杂	1
60	着色剂认证	1
61	膳食补充剂/标签错误和误导性/标签违规	1
62	膳食补充剂/标签、虚假和误导性声明/标签违规	1
63	膳食补充剂/促销声明虚假和误导性/掺杂/标签违规	1
64	食品标签条例	1
65	食品标签/食品添加剂标签违规	1
66	果汁HACCP/掺杂/不卫生条件	1
67	标签和促销声明	1
68	标签	1
69	标签/虚假和误导性声明/新药/标签违规	1
70	标签/食品添加剂/标签违规	1
71	标签/标签违规	1
72	标签违规/标签/未经授权的健康声称	1
73	标签违规/酸化食品的标签违规	1
74	新药/声明	1
75	新药/膳食补充剂/标签违规/未经证实的广告	1
76	食品营养标签/标签违规	1
77	Ottogi 水产品有限公司，水产品HACCP/食品cGMP规范/掺杂/不卫生条件	1
78	水产品ªHACCP/食品cGMP规范/掺杂	1
79	水产品ªHACCP/掺杂/标签违规	1
80	水产品ªHACCP/食品cGMP规范/掺杂，低酸罐头食品法规/掺杂	1
81	未经批准和标签错误的新药，Anatabloc 和CigRx	1
82	未经批准的食品添加剂/营养和健康声称/标签违规	1
83	未经批准的新药/新药应用的缺乏/标签违规	1
84	未经批准的新药/标签违规/掺杂	1
	共计	465

注：水产品HACCP是最常见的警告信主题；粗体项目别是引发多封警告信的特定主题。

附录5 ｜ 零售和餐饮行业HACCP参考文件

作者	标题	时间	网页链接
FDA	食品安全管理：食品服务和零售机构经营者自愿使用HACCP原则手册	2006年4月	http://www.fda.gov/downloads/Food/GuidanceRegulation/HACCP/UCM 077957.pdf
FDA	食品安全管理：将HACCP原则应用于基于风险的零售和食品服务检查以及评估自愿食品安全管理系统的监管手册	2006年4月	http://www.fda.gov/downloads/Food/GuidanceRegulation/·UCM078159.pdf
FDA	鱼类和渔业产品危害和控制指南，第四版	2001年4月	http://www.fda.gov/downloads/food/guidanceregulation/·ucm251970.pdf
FDA	行业指南：果汁HACCP法规——问答	2001年8月31日	http://www.fda.gov/food/guidanceregulation/guidancedocumentsregulatoryinformation/ucm072981.htm
国家食品服务管理研究所	基于HACCP的标准作业程序	2005年	http://sop.nfsmi.org/HACCPBasedSOPs.php
阿拉斯加环境保护部	食品安全与卫生计划（主动管理控制网页）	2016年	http://dec.alaska.gov/eh/fss/Food/AMC/AMC_Home.html
美国食品和药品官员协会（AFDO）	关于HACCP	2016年	http://www.afdo.org/Training/HACCP.cfm
美国食品和药品官员协会（AFDO）	水产品HACCP	2016年	http://www.afdo.org/seafoodhaccp/
FDA	零售食品保护	2016年9月9日	http://www.fda.gov/food/guidanceregulation/retailfoodprotection/ucm2006807.htm

资料来源：http://www.fda.gov/Food/GuidanceRegulation/HACCP/ucm2006810.htm。

附录6 ｜ 水产品HACCP参考文件

文档	时间	链接
FDA的水产品HACCP计划：中期修正	2001年2月13日	https://wayback.archive-it.org/7993/20170406024339/https://www.FDA.gov/Food/GuidanceRegulation/HACCP/UCM 114930.htm
食品安全：联邦水产品监管不足以保护消费者（GAO-01-204）	2001年1月	http://www.gao.gov/new.items/d01204.pdf
FDA对2004/2005财政年度水产品HACCP计划的评估	2008年7月10日	https://wayback.archive-it.org/7993/20170404234726/https://www.FDA.gov/Food/GuidanceRegulation/HACCP/UCM 11059.htm
FDA对2002/2003财政年度水产品HACCP计划的评估	2005年5月13日	https://wayback.archive-it.org/7993/20170406024340/https://www.FDA.gov/Food/GuidanceRegulation/HACCP/UCM 188675.htm
FDA对2000/2001财政年度水产品HACCP计划的评估	2002年9月30日	https://wayback.archive-it.org/7993/20170406024341/https://www.FDA.gov/Food/GuidanceRegulation/HACCP/UCM 188648.htm
FDA对1998/1999年水产品HACCP计划的评估	2000年12月8日	https://wayback.archive-it.org/7993/20170406024344/https://www.FDA.gov/Food/GuidanceRegulation/HACCP/UCM 188639.htm
鱼类和渔业产品进口：肯定步骤——政府批准的外国加工者名单	2011年8月	http://www.FDA.gov/Food/GuidanceRegulation/ GuidanceDocumentsRegulation/HACCP/UCM 118763.htm
鱼类和渔业产品危害和控制指南（第四版）	2011年4月	http://www.fda.gov/Food/GuidanceRegulation/ GuidanceDocumentsRegulatoryInformation/Seafood/ucm2018426.htm
行业指南：致购买墨西哥湾西北部捕获的石斑鱼、琥珀鱼和相关掠夺性珊瑚礁物种的水产品加工者的函	2008年2月4日	https://wayback.archive-it.org/7993/20170406024348/https://www.fda.gov/ Food/GuidanceRegulation/GuidanceDocumentsRegulatoryInformation/Seafood/ ucm142704.htm
行业指南：水产品HACCP过渡指南	1999年12月	http://www.fda.gov/food/guidanceregulation/ guidancedocumentsregulatoryinformation/ ucm071353.htm
行业指南：拒绝检查或查阅与鱼类和渔业产品安全卫生加工相关的HACCP的记录	2001年7月18日	http://www.fda.gov/Food/GuidanceRegulation/GuidanceDocumentsRegulatoryInformation/ucm071329.htm
行业指南：鱼类和渔业产品HACCP条例；水产品加工中实施HACCP体系指南问答	1999年1月	http://www.fda.gov/Food/GuidanceRegulation/GuidanceDocumentsRegulatoryInformation/Seafood/ucm176892.htm
水产品HACCP最终规则60章 65096条——鱼类和渔业产品安全卫生加工和进口程序	1995年12月18日	https://www.gpo.gov/fdsys/granule/FR-1995-12-18/ 95-30332/content-detail.html
USDA/FDA国家农业图书馆教育和培训材料数据库	2016年	https://www.nal.usda.gov/fsrio/seafood-haccp
俄勒冈州立大学水产品网络信息中心	2011年	http://seafood.oregonstate.edu/ and http://seafoodhaccp.cornell.edu/Intro/index.html

附录7 | HACCP警告信的检索策略

使用了三种不同的搜索策略来识别感兴趣的HACCP警告信。

首先，2016年8月6日，在www.fda.gov警告信数据库中按主题浏览警告信，在主题行的某处发现了499封带有HACCP的警告信。

序号	FDA警告信主题	数量	警告信案例
1	酸化食品/应急许可证管理/水产品HACCP/cGMP/掺杂/污物	1	G. Wolf Enterpries公司，西雅图地区办公室，2014年8月21日
2	酸化食品/果汁HACCP/食品中的cGMP/掺杂/不卫生条件	1	Sirob Imports公司，纽约地区办公室，2013年4月26日
3	掺杂水产品HACCP	50	
4	食品cGMP规则/HACCP	5	
5	食品cGMP规则/HACCP/掺杂	3	
6	食品cGMP规则/果汁HACCP/掺杂	3	
7	食品cGMP规则/水产品HACCP	50	
8	食品cGMP规则/水产品HACCP/掺杂	50	
9	食品cGMP规则/水产品HACCP/掺杂和低酸罐头食品规则	0	
10	食品cGMP规则/水产品HACCP/掺杂/标签违规	3	
11	食品cGMP规则/果汁HACCP/掺杂（HACCP）	3	
12	食品cGMP规则/水产品（HACCP）	50	
13	食品cGMP规则/水产品HACCP/掺杂	3	
14	食品cGMP规则/水产品HACCP/掺杂	3	
15	食品cGMP规则/果汁HACCP/掺杂	1	Katros Groves/Citrus公司，佛罗里达地区办公室2005年1月2日
16	食品cGMP规则/水产品HACCP/掺杂	1	Everett Fisheries公司明尼阿波利斯地区办公室2006年8月5日
17	HACCP/掺杂	1	Healthy Choice Island Blends公司，洛杉矶地区办公室，2011年13月1日
18	HACCP/掺杂	1	Blends Maker Mfg公司，圣胡安文办公室，2012年8月5日
19	HACCP/食品cGMP规则/掺杂/不卫生条件	1	L & L CRAB5公司，新奥尔良地区办公室，2015年6月22日
20	果汁HACCP	9	

续表

序号	FDA警告信主题	数量	警告信案例
21	果汁HACCP/酸化食品/掺杂	1	Persimmon Hill Farm Gourmet Foods公司，堪萨斯市区政府，2012年8月31日
22	果汁HACCP/掺杂	17	
23	果汁HACCP/掺杂/不卫生条件	1	Vital Juice 公司，西雅图地区办公室，2015年4月5日
24	果汁HACCP/食品cGMP规则/掺杂/不卫生条件	19	
25	果汁HACCP/食品cGMP规则/标签违规	1	Altura Food公司，圣胡安办公室，2012年9月5日
26	果汁/HACCP/掺杂	4	
27	果汁/HACCP/掺杂/不卫生条件	1	King Jucie公司，明尼阿波利斯地区办公室，2011年8月18日
28	果汁/HACCP/掺杂/标签违规	1	Universal Taste公司，佛罗里达地区办公室，2009年7月8日
29	果汁/HACCP/标签违规	1	W. H. Walker Sons 公司，纽约地区办公室，2013年1月5日
30	Ottogi食品有限公司/水产品HACCP/食品cGMP规则/掺杂/不卫生条件	1	Ottogi SF公司，食品安全和应用营养中心，2011年11月25日
31	水产品HACCP/食品cGMP规则/掺杂	3	
32	水产品HACCP	55	
33	水产品HACCP/掺杂	214	
34	水产品HACCP/掺杂/标签违规	8	
35	水产品HACCP/食品cGMP规则/掺杂	2	
36	水产品HACCP/食品cGMP规则/掺杂/卫生条件	1	Greencore OARS公司，新英格兰地区办公室，2011年12月28日
37	水产品HACCP/食品cGMP规则/掺杂，低酸罐头食品规则/掺杂	1	AMK Food Export（Pvt）公司，食品安全与应用营养中心，2014年5月15日
38	水产品HACCP/食品cGMP规则/掺杂/不卫生条件	303	
39	水产品HACCP/食品cGMP规则/掺杂/不卫生条件/标签违规	1	Jing Sheng Company5公司，洛杉矶地区办公室，2012年11月19日
40	水产品HACCP/食品cGMP规则/掺杂/标签违规	3	
41	水产品HACCP/食品cGMP规则/掺杂/标签违规	2	
42	水产品HACCP/食品标签/掺杂/标签违规	1	BJ Packers公司，圣胡安办公室，2008年10月16日
43	水产品HACCP/食品cGMP规则/掺杂	10	
44	水产品HACCP/食品cGMP规则	1	Viet-Link公司，新英格兰地区办公室，2005年2月11日
45	水产品HACCP/不卫生条件/掺杂	5	
46	水产品HACCP/食品cGMP规则/标签违规	1	Golden Pacific Foods公司，洛杉矶地区办公室，2010年7月29日
47	水产品HACCP/标签违规	2	
48	水产品/HACCP/食品cGMP规则/掺杂	4	
	共计	499	

其次，在警告信中的任何地方搜索FDA警告信数据库中的HACCP，得到超过500封警告信。

再次，浏览"FDA的电子阅览室——警告信"网页，网址为http://www.accessdata.fda.gov/scripts/warningletters/wlFilterBySubject.cfm，从2015年10月20日HAACP的字母"H"开始，确定了三个主题，包括HACCP/掺杂、HACCP/掺杂、HACCP/cGMP用于食品/掺杂/不卫生条件。每个主题标题只有一个条目。

• 主题是"HACCP /掺杂"——Healthy Choice Island Blends公司，2011年1月13日，网址：http://www.fda.gov/iceci/enforcementactions/warningletters/2011/ucm240334.htm。

• 主题为"HACCP /掺杂"——Blends Maker Mfg 公司，2012年8月28日，网址：http://www.fda.gov/iceci/enforcementactions/warningletters/2012/ucm319489.htm。

• 主题是"HACCP/食品cGMP规则/掺杂/不卫生条件"——L&L CRAB公司，2015年6月22日，网址：http://www.fda.gov/iceci/enforcementactions/warningletters/2015/ucm455251.htm。

前两个条目是在两个单独的"主题标题"下提交的，但唯一的区别是在"掺杂"之前的斜线之后出现的空格。此外，2017年7月数据库中不再显示此项目，并且Healthy Choice Island Blends公司的警告已不可用。换句话说，FDA主题标题索引令人困惑，因为标题的绝对数量有时会不必要地重复（如在本示例中，一个空格创建两个单独的标题列表或被完全删除），而在其他情况下，标题的顺序可能会在标题的其他部分包含"危害分析和关键控制点"一词（例如，"水产品HACCP……"，HACCP不是主题标题中的第一个词）。

此外，在www.fda.org网站上搜索果汁 HACCP时，在前五个结果中收回了一组警告信。果汁HACCP的175组警告信中的前五个警告信包括以下内容：

• Buchana Manufacturing公司，2013年12月31日，网址：www.fda.gov/iceci/enforcementactions/warningletters/2013/ucm380280.htm。

• Vital Juice公司，2015年5月4日，网址：http://www.fda.gov/iceci/enforcementactions/warningletters/2015/ucm447277.htm。

• Sally's Cider出版社，2012年12月20日，网址：www.fda.gov/iceci/enforcementactions/warningletters/2012/ucm335785.htm。

• Harmless Harvest Thailand，2015年11月13日，网址：www.fda.gov/iceci/enforcementactions/warningletters/2015/ucm477349.htm。

• American Spice Trading公司，2014年11月13日，网址：www.fda.gov/iceci/enforcementactions/warningletters/2014/ucm425518.htm。

虽然在警告信数据库中搜索乳制品一词时发现了超过500封警告信，但搜索"乳品HACCP"并没有返回任何警告信（正如预期的那样，因为乳制品HACCP是一项自愿性计划，不存在未遵守乳制品HACCP检查违规情况，和未遵循果汁HACCP或水产品HACCP的警告信不一样）。

附录8 | 食品HACCP警告信的检索策略

在PubMed主页的检索框中输入关键词"Food Warning Letter"进行检索；如果没有找到相匹配的内容，则可在搜索到的详细内容中进行以下扩展检索。例如，（从"MeSH Terms"或者"All Fields"搜索"food"一词），从"All Fields"搜索"Warning"，从（"Publication Type"搜索"Letter"或者从"MeSH Terms"搜索"Correspondence As Topic"，从"All Fields"搜索"Letter"）。

通过这种扩展检索搜索到64篇已发表的文章，但是这些文章中并没有包含标题中的这些关键词："HACCP""危害""水产品"或"果蔬汁"。在PubMed检索框对"HACCP"进行单独检索，共搜索到770篇已发表的文章，这些文章主要关于一般危害分析和HACCP的实施，其中600篇关于食品安全HACCP，673篇是关于食品HACCP，只有两篇与食品HACCP警告信有关。

在Google上搜索食品警告信的相关信息可识别出上百万份文件，输入"HACCP Warning Letters"，搜索结果约有36000左右。综合以上的搜索结果，最常见的HACCP文章与水产品和果蔬汁有关，大多数内容来源于"食品安全新闻网"。举例如下：

• 食品安全新闻网（2016年10月31日）发表了一篇题为"FDA警告信：关于虫害、污物、水产品和果蔬汁HACCP的注册"的文章，网址为http://www.foodsafetynews.com/2016/10/fda-warning-letters-bugs-dirt-seafood-and-juice-haccp-regs/#.WBgDreTrvUM。

• 食品安全新闻网（2016年10月24日）发表了一篇题为"FDA警告信：关于水产品HACCP问题，标签违规标识问题及药物残留问题"的文章，网址为http://www.foodsafetynews.com/2016/10/fda-warnings-seafood-haccp-misbranding-drug-residue/#.WBgFUOTrvUM。

• 食品安全新闻网（2016年10月17日）发表了一篇题为"FDA警告信：水产品HACCP问题，树生坚果中的沙门菌风险"的文章，网址为http://www.foodsafetynews.com/2016/10/fda-warnings-seafood-issues-and-salmonella-in-pistachios/#.WBln1-Trthg。

• 食品安全新闻网（2016年9月12日）发表了一篇题为"FDA警告信：李斯特菌，果蔬汁HACCP问题，药物残留"的文章，网址为http://www.foodsafetynews.com/2016/09/fda-warning-letters-listeria-juice-haccp-issues-drug-residue/#.WBgFxuTrvUM。

• 食品安全新闻网（2016年9月5日）发表了一篇题为"FDA警告信：水产品HACCP及药物残留问题"的文章，网址为http://www.foodsafetynews.com/2016/09/fda-warning-letters-seafood-haccp-problems-drug-residues/#.WbgGqeTrvUM。

• 食品安全新闻网（2016年8月29日）发表了一篇题为"FDA警告信：李斯特菌、药物残留及酸化食品问题"的文章，网址为http://www.foodsafetynews.com/2016/08/fda-warning-letters -15 /#.WBgE_OTrvUM。

• 食品安全新闻网（2016年8月15日）发表了题为"FDA警告：科罗拉多洲赌场水产品存在的HACCP问题"的文章，网址为http://www.foodsafetynews.com/2016/08/fda-warning-letter- colorado-casino/#.WBgH3eTrvUN。

• 食品安全新闻网（2016年7月25日）发表了一篇题为"FDA警告信：蟑螂，水产品HACCP问题"的文章，网址为http://www.foodsafetynews.com/2016/07/fda-warning-letters-13/#.WBgG9-TrvUM。

• 食品安全新闻网（2016年6月14日）发表了一篇题为"FDA发出在全食超市厨房设施中发现李斯特菌的警告"的文章，网址为http://www.foodsafetynews.com/2016/06/whole-foods/#.WBgGTeTrvUM。

• 食品安全新闻网（2016年6月6日）发表了一篇题为"FDA报道在地平线航空公司庞巴迪涡轮螺旋桨飞机上无盥洗室水槽的新闻"的文章，网址为http://www.foodsafetynews.com/2016/06/fda-writes-up -horizon-air-for-no-lavatory-sinks-on-bombardier-turboprops /#.WBgH3eTrvUN。

食品安全新闻网已发布大量关于应用HACCP控制食品安全制约因素的信息。

附录9 ｜ FDA关于美国进出口产品的附加指南

	标题	日期	卷宗号	注释
进口商品	行业指南：致进口糖果和糖果包装纸制造商、进口商和分销商的函；	1995年6月13日	FDA-1998-N-0050	阐释油墨含铅量和铅污染的问题
	行业指南：监管程序手册 第9章（子章节）：关于建议海关扣押和销毁未经过加工处理的进口人畜食品的指南；指南草案	2015年11月5日	FDA-1998-N-0050	描述FDA和海关扣押、销毁违规进口食品的原理、标准和流程
	行业指南：进口食品系统中断应急计划的预先通知	2004年8月12日	FDA-1998-N-0050	描述备用的预先通知提交路径
	行业指南：条目类型和条目标识符；进口食品预先通知	2005年4月7日	FDA-1998-N-0050	提供导入条目类型和标识符的图表
	行业指南：进口商和申请人：食品安全预防措施指南（2016年5月被《保护食品免遭故意掺杂的缓解战略》取代）	2017年10月1日	FDA-1998-N-0050，FDA-2013-N-1425（资料来源：https://www.regulations.gov/docket?d＝FDA-2013-N-1425）	最终规则对所需食品防护计划进行的描述（漏洞与缓解措施等）
	最终规则：根据2002年《联邦公共健康安全与生物恐怖主义预防和反应法》对进口食品进行预先通知	2008年11月		对所有进口食品预先通知要求进行描述
	指南草案：良好的进口商惯例	2009年1月1日		四个指导原则：①建立产品安全管理计划。②了解产品及适用于美国的要求。③在整个供应链和产品生命周期中验证产品和公司是否符合美国要求。④对进口产品或公司不符合美国要求时采取的纠正和预防措施
	法规政策指南，FDA和CBP员工指南：根据2002年《公共卫生安全和生物恐怖主义准备和反应法》对进口食品进行的预先通知（第二章110.310）	2009年5月4日	FDA-2007-D-0487	进口食品预先通知要求的例外规定
	行业指南：食品接触进口传统陶器的安全性及陶器的"无铅"标识规定及观赏和装饰陶器恰当的标识	2010年11月1日	FDA-2010-D-0571	解决了从墨西哥等国进口的"赤土陶器"中铅含量的问题
	小型企业合规指南：关于进口食品预先出货通知所需要了解的内容	2011年8月15日		预先通知须知
	行业指南：关于制造、加工、包装、运输、分发、接收、贮藏与进口食品的人员建立和维护记录的问题与解答（第五版）	2012年2月	FDA-2011-D-0598	描述包括进口商在内的食品公司所需的记录

续表

	标题	日期	卷宗号	注释
进口商品	行业指南：标有预先通知标志的统一关税代码	2012年2月28日		对FDA的HTS（海关关税编码）代码和标志的定义
	行业指南：您需要了解的关于食品行政拘留的内容；小型企业合规指南	2013年3月7日	FDA-2011-D-0643	描述FDA有权扣留对美国构成威胁的进口食品
	第9章：对进口产品的操作和措施	2017年1月		《监管程序手册》总结了美国多项法规的FDA进口程序
	最终规则：进口食品预先通知的信息要求	2013年5月30日		提供法规21CFR1.276~285的背景、历史和评论
	FSMA第三方认证鉴定最终规则	2017年7月		建立第三方认证机构的鉴定程序
	第6章：进口商品	2017年4月30日		调查操作手册描述了2017年进口调查结果
	FSMA关于用户收费计划的建议规则，规定并认可对第三方认证机构进行食品安全审核和颁发证书的资质	2015年7月24日	FDA-2011-N-0146	描述对FSMA第三方审核员的补偿（用户费）
	食品安全第三方审核机构认证：认证模型标准：行业指南和FDA员工指南	2016年12月		描述FSMA第三方认证审核员的标准
	行业指南：进口食品预先通知问答（第三版）	2016年6月1日	FDA-2011-N-0179	对进口食品预先通知的食品的范围和要求的定义
	行业指南：FDA自愿性合格进口商计划	2016年11月		为优良进口商提供快速通关便利
出口商品	FDA出口证书	2004年7月12日；2005年4月更正		对出口证书的类型和要求进行阐释
	FDA出口改革与增强法	2007年7月23日		总结FDA出口程序
	工业和FDA员工指南和议定书：欧盟和欧洲自由贸易联盟出口鱼类和水产品的认证；指南草案	2008年6月17日	FDA-1998-N-0050	介绍将公司列入欧盟或欧洲自由贸易联盟（EFTA）鱼类产品出口清单的流程[a]

注：a 该指南已更改，请参照"欧盟（EU）鱼类和渔业产品出口证书清单"网站：https://www.fda.gov/food/guidancerregulation/importsexports/exporting/ucm126413.htm。

附录10 ｜ 与美国食品进出口相关的出版物介绍

使用PubMed进行搜索，未搜索到"进口警告信""出口警告信"或"进口食品和'警告信'"相关内容，使用"FDA进口食品"（ $N = 66$ ）或"FDA出口食品"（ $N = 40$ ）进行搜索，在不考虑文章类型和时间范围限制的前提下（最早的一篇文章可以追溯到1949年），可搜索到99篇已发表的文章。相关文章及摘要信息如下：

1. 标题：进口食品安全：进口食品安全风险评估

作者：Welburn J, Bier V, Hoerning S

期刊：风险分析（*Risk Anal*），2016年1月20日

网址：http://dx.doi.org/10.1111 /risa.12560（印刷前的电子版）

摘要：用FDA进口支持操作与管理系统（OASIS）的进口食品不合格数据来解决与进口食品相关的日益增长的问题，并按产品和原产国进口风险量化，探索研究OASIS数据在风险评估中的有效性。特别是在违规行为方面是否存在显著趋势，这种违规行为是否按国家和产品风险量化，以及如何量化进口风险取决于原产国的经济因素。结果表明，按进口量对进口违规行为进行规范化操作可为其提供有意义的风险指标，然后使用回归分析来描述进口风险。通过产品类型、违规类型和原产国的经济因素等方法对进口风险进行分析，我们发现OASIS数据可用于量化食品进口风险，而拒绝率为风险管理提供了有效的决策工具。此外，我们发现还有一些经济因素是各国进口食品风险的重要指标。

2. 标题：识别功能性食品中潜在的不良影响的新方法

作者：Marone PA, Birkenbach VL, Hayes AW

期刊：毒理学杂志（*Int J Toxicol*），2016，35（2）：186-207

网址：http://dx.doi.org/10.1177 /1091581815616781

摘要：受全球化的影响，食品与饮料产品的数量和种类呈不断增长的趋势。美国和全世界越来越多的国家、制造商和产品之间的交流使营养产品的质量得到了加强，因此对功能性食品的需求及依赖性持续增加。功能性食品，即提供除基本的营养以外的对健康有益的食品，并越来越多地被用于补充食品中营养的缺乏，同时可以提高生活水平，延长人均寿命。仅在美国，FDA对每年超过15%的稳定进口增长率或2400万批货物（其中70%以上的产品与食品有关）进行监管，这种空前的增长导致需要以统一的指导方针和产品标准化建议的形式提供更快、更价廉、更好的安全性和有效性的筛选方法。为了满足这一需求，毒理学体外测试市场也取得了类似的增长，预计2010—2015年间将增长15%，达到13亿~27亿美元。功能性食品虽然传统上占据了药品和化妆品或家用产品的一小部分市场，但检测的范围，包括添加剂或补充剂、成分、残留物、接触或加工的污染物，这些都具有潜在的扩张性。随着功能性食品检测的进展，识别威胁这些产品安全和质量潜在的不利因素的需求也在不断增加。

3. 标题：2012年美国爆发干酪引发的李斯特菌疫情和其他受李斯特菌交叉污染的干酪的证据

作者：Heiman KE, Garalde VB, Gronostaj M, 等

期刊：流行病学（*Epidemiol Infect*）2016，144（13）：2698-7018

网址：http://dx.doi.org/10.1017/S095026881500117X

摘要：单核细胞增生李斯特菌（*Listeria monocytogenes*）是一种常见的食源性致病菌，它可导致菌血症、

脑膜炎和妊娠期并发症。2012年7月，从6名患者体内和两份现场切制并包装的干酪样品中分离得到单核细胞增生李斯特菌亚分型菌株，引发了多州的疫情调查。最初的分析确定了软干酪和爆发相关疾病之间的关联（比值比17.3，95%置信区间2.0~825.7），但引发疾病的干酪并无共同品牌。将患者购买干酪的地点和产生爆发菌株的干酪重新包装地点的干酪库存数据进行比较，以确定用于微生物检测的干酪样品。完整包装的进口意大利乳清干酪内发现了单核细胞增生李斯特菌株。2012年3~10月，14个辖区报告了22例病例，其中包括4例死亡和1例流产病例。有报告称6名患者食用了意大利乳清干酪，另一个报告称患者食用了在切割时被污染过的意大利乳清干酪，另有9人食用了其他可能被交叉污染的干酪。随后，FDA发出进口预警通报，美国国内和国际相关企业随之召回此类产品。对疑似受污染的干酪进行流行病学微生物检测有助于确定疫情的爆发源，干酪的交叉污染事件凸显了在切割干酪后按照标准要求对工器具进行清洁和消毒的重要性。

4. 标题：磺胺甲嘧啶和盐酸四环素的浓度（美国国内猪种）与国际出口的提取方法有关

作者：Mason SE, Wu H, Yeatts JE, 等

期刊：毒理与药理期刊（*Regul Toxicol Pharmacol*），2015，71（3）：590-596

摘要：在美国养猪业中，饮水给药是治疗和预防猪群感染的常见做法，既节省了劳动力又没有断针遗留在猪体内的风险。有人担心，向MRL（最大残留限值）低于美国耐受水平的国家出口猪肉产品时，FDA批准的抽取时间（WDT）可能不足以满足几种水药物的需求。在这项研究中，当在水中给予四环素和磺胺二甲嘧啶时，预估猪的停药间隔（WDI），用FDA耐受性方法（TLM）和基于群体药代动力学方法（PopPK）来计算WDI，预估的WDI（使用TLM的14~16d）与经批准的15d磺胺甲嗪WDT相似。然而，与美国目前批准的WDT相比，PopPK方法扩展了磺胺二甲嘧啶（19~20d）和四环素（12d）的WDI，该研究还确定了断乳仔猪和肥育猪之间WDI的潜在差异。总之，TLM可能并不总是为外国出口市场提供充足的WDT，尤其是当最低残留限量（MRL）不同于美国市场批准的容许水平时，在药物暴露具有相当大的可变性的情况下，例如在水中给药时，PopPK方法可以提供保守的WDI。

5. 标题：测量市售卡瓦的化学和细胞毒性变异性（*Piper Methysticum G.Forster*）

作者：Martin AC, Johnston E, Xing C, 等

期刊：一号公共科学图书馆期刊（*PLoS One*），2014，9（11）：e111572

网址：http://dx.doi.org/10.1371/journal.pone.0111572

摘要：20世纪90年代后期，卡瓦曾在世界范围内被作为一种流行的植物药用于减轻焦虑症状，与食用卡瓦胡椒提取物有关的肝毒性报告导致全球对卡瓦胡椒使用的限制，并阻碍了与卡瓦胡椒相关的研究。尽管过去十年在FDA的消费者咨询名单上出现过这种情况，但来自卡瓦生产国的出口数据表明，美国卡瓦的进口数量（未公开报告）正在增加，而且数量相当大。对25种市售卡瓦产品对人肺腺癌A549癌细胞的提取物化学组成和细胞毒性的变异性进行检测，结果显示目前可用的卡瓦产品的化学含量和细胞毒性呈高度变化。随着美国公众对卡瓦产品产生的兴趣和使用率的持续增加，对这种有药用价值的植物进行定性和加速研究是非常必要的。

6. 标题：新食品安全法：提供坚实的保障

作者：Drew CA, Clydesdale FM

期刊：食品科学与营养评论（*Crit Rev Food Sci Nutr*），2015，55（5）：689-700

网址：http://dx.doi.org/10.1080/10408398.2011.654368（综述）

摘要：从生产到消费，美国食品供应的安全需求需要一个科学的、基于风险的策略来控制食品中的微生物、化学和物理危害。成功管理的关键是加强与所有美国国内、国际利益攸关方的系统协作和沟通以及可执行的程序。FSMA的颁布旨在通过更严格的设施登记、记录标准和强制性预防控制，加强美国国内和国际的设施检查，强制性召回制度、进口控制和增加消费者交流这些因素来预防或减少大规模的食源性疾病的爆发。该法

案条款预计在未来4年内耗资14亿美元，除了增加检查负担之外，有效执行FSMA的50项规则、报告、研究和指导文件还需要更多的资金拨款。为保障FSMA全面和有效实施，不仅需要额外的专职检查员，对境外企业的合规性要求也是前所未有的。

7. 标题：通过国外监管体系来确保食品和医疗产品安全

作者：加强发展中国家监管体系核心要素委员会、全球卫生委员会、健康科学政策委员会、医学研究所；Riviere JE，Buckley GJ，编辑

期刊：华盛顿（DC）：美国国家科学院出版，2012年4月4日

摘要：日常生活中食用的水产品很大一部分来自中国和东南亚，服用的药物中大多数活性成分来自其他国家。许多中低收入国家的劳动力成本较低，环境法规的严格程度也低于美国，使得它们成为出口食品和化学成分最具吸引力的地方。通过国外更强有力的监管体系确保食品和医疗产品的安全，进口的多样性和规模性使得FDA的边境检查不足以确保产品的纯度和安全性，以及美国因从中国进口的掺杂肝素而导致死亡等事件促使公众认识到这一问题的严重性。发展中国家监管体系核心要素强化委员会承担帮助FDA应对美国消费的大部分食品、药物、生物制品和医疗产品来自监管体系不太健全的国家这一现实的重要任务。通过国外更强有力的监管体系确保食品和医疗产品的安全并阐述美国如何帮助中低收入国家加强监管体系，以及促进包括政府、工业和学术界在内的跨境合作伙伴关系，增强监管科学和建立监管专业人员的核心。本报告还强调了一系列切实可行的方法，以确保在当今互联世界中有良好的监管实践。

8. 标题：猪场饮用水给药后四环素在猪胃中的残留

作者：Lindquist D, Wu H, Mason S, 等

期刊：食品保护（*J Food Prot*），2014，77（1）：122-6

网址：http://dx.doi.org/10.4315/0362-028X.JFP-13-199

摘要：四环素是一种用于治疗猪感染的广谱抗生素。俄罗斯、欧洲和美国猪肉胃组织中四环素的最大残留量分别为10200和2000mg/kg。这种公认的安全水平的差异可能是美国出口的猪在海外市场仍然是残留物违反者的原因。在这项研究中，30头处于两个不同生产阶段的猪（断乳期和育肥期）通过水药剂以每天22mg/kg体重的四环素共处理5d。当药物输入到水管后，分别在0、72、78、96和102h采集血样，药物在120h停止，暴露后126、144、168、192和216h再次采集血液样本。用水管冲洗药物后0、24、48、96和192h对5只动物的胃组织进行屠宰。所有血液和组织样品均采用高效液相色谱-紫外检测法进行分析。在美国标记的停药时间4d后，血浆中四环素水平低于检测水平。在停药第0、1、2、4和8d，胃组织残留平均分别为671.72、330.31、297.77、136.36和268.08mg/kg。使用美国FDA的耐受性极限方法和基于群体的药物动力学模型，用蒙特卡罗模拟法，估计停药间隔。这项研究表明，在确定的美国停药时间4d后，胃组织中仍可检测到四环素残留，这些残留水平可以解释为什么在俄罗斯和欧洲检测的胃组织中四环素类药物残留呈阳性，尽管这些肉类在出口前可能在美国通过检查。

9. 标题：食用动物生产中抗生素的使用限制：国际监管和经济调查

作者：Maron DF, Smith TJ, Nachman KE

期刊：全球健康（*Global Health*），2013（9）：48

网址：http://dx.doi.org/10.1186/1744-8603-9-48

摘要：对食用动物长期以低剂量施用抗生素以促进生长和预防疾病，这一普遍存在的现象与全球抗生素耐药性引发的健康危机有关。在国际上，多个司法管辖区对此作出了相应的回应，限制利用这些目的使用抗菌药物，并要求兽医处方在食用动物中控制使用这些药物。这些政策的反对者辩称，限制措施对已被采用的食用动物生产有害。举例如下：我们调查了除美国以外17个政治管辖区在促进生长、预防疾病和兽医监督方面对抗菌药物的使用政策，并审查了包括动物健康措施在内的有关其生产影响的现有证据。如果辖区在2011年是美国主

要食用动物产品的前五大进口国，则被包括在内，因为美国和其他辖区之间的政策差异可能导致美国食用动物产品出口面临贸易壁垒；如果有关政策的信息以英文版本公开，那么管辖区也被包括在内。我们搜索同行评审和灰色文献，并与司法管辖区的美国大使馆、监管机构和当地专家进行了通信，结果表明司法管辖区根据它们是否禁止在没有兽医处方的情况下使用抗菌剂来促进生长和预防疾病。在接受调查的17个司法管辖区中，6个司法管辖区禁止这两种类型的使用，5个司法管辖区禁止其中一种用途，但不禁止另一种用途，5个司法管辖区没有禁止任何一种用途，还有一个司法管辖区无法获得信息。尽管现有的数据特别是来自丹麦和瑞典的数据在这些禁令中对生产影响的数据是有限的，且对促进增长用途的限制可以在生产后果最小的情况下实施。由此得出结论：大多数美国主要贸易伙伴对食用动物生产中使用抗生素和兽医监督制定了更为严格的政策。现有数据表明，从长远来看，额外的研究可能是有用的，但是对促进增长的限制可能不会损害生产。有证据表明，美国和其他司法管辖区在食用动物抗生素使用方面的不一致可能会损害美国进入食用动物产品出口市场的机会，现有的经济证据加强了对美国食用动物的抗菌药物使用限制的理由。

10. 标题：2007—2009财年美国进口香料中沙门菌的流行率、血清型多样性和抗菌素耐药性

作者：Van Doren JM, Kleinmeier D, Hammack TS, 等

期刊：食品微生物（*Food Microbiol*），2013（2）：239-51

网址：http://dx.doi.org/10.1016/j.fm.2012.10.002

摘要：为了减少人们对香料安全性的担忧，FDA发起了一项研究，确定进口香料中沙门菌的流行特征。在2007—2009财年，对进入美国的进口香料的出货量进行了抽样，沙门菌的平均出运率为0.066（95%置信区间为0.057~0.076），从香料中分离出多种沙门菌血清型，没有单一血清型构成的分离株超过7%，一小部分香料在运输过程中被抗微生物沙门菌污染（8.3%）。同时还研究了与香料特性、加工范围和出口国相关的沙门菌的运输流行趋势，而来自水果/种子或植物叶子的香料出货比例大于来自树皮/花等植物的香料，磨碎/破碎的辣椒和芫荽运输中沙门菌流行率高于其他香料，在混合香料和非混合香料的装运之间没有观察到流行率的差异。据报道，一些货物在提供进入美国之前接受了病原体减少治疗，但仍被发现受到污染，而沙门菌装运流行率的统计差异也是根据出口国确定的。

11. 标题：美国农产品中农药残留量标准的比对研究

作者：Neff RA, Hartle JC, aestadius LI, 等

期刊：全球健康（*Global Health*），2012（8）：2

网址：http://dx.doi.org/10.1186/1744-8603-8-2

摘要：随着美国进口水果和蔬菜的数量不断增加，目前FDA对不到1%的进口货物进行检查，虽然出口到美国的国家会遵守美国的限量标准，包括允许的农药残留水平，但由于进口检查率很低，很少有其他合规性激励措施。方法：该研究分析模型根据进口数据和美国消费水平，估算出出口商遵循原产国要求，但不符合美国农药耐受性的前20个农药残留量，同时还列出了农药对健康的影响。结果：根据已确定的信息使用模型预测，在美国法规比出口原产国更为严格的情况下，仍有超过美国允许量的杀虫剂可能进口到美国，预测超过量为120.439kg。其中最受关注的产品、市场和杀虫剂分别是柑橘、智利和泽塔氯氰菊酯。这篇综述中的农药与13个身体系统的健康效应有关，有些也与致癌有关。结论：关于进口到美国的农产品的农药残留，存在着一个关键的信息缺口。如果没有更详细的取样计划，则不可能准确地描述出进口农产品带来的风险。本文呈现的场景依赖于假设，且应该被认为是说明性的，且文中的分析强调需要额外的调查和收集相关的资源，用于监测、执法和其他干预，以改善进口食品安全并减少与原产国的农药接触。

12. 标题：食品中炭黑的定性测定

作者：Miranda-Bermudez E, Belai N, Harp BP, 等

期刊：食品添加剂化学物分析控制博览会风险评估（*Food Addit Contam Part A Chem Anal Control Expo Risk Assess*），2012，29(1)：38-42

网址：http://dx.doi.org/10.1080/19440049.2011.616535

摘要：炭黑（C.I.77266）是碳氢化合物部分燃烧产生的不溶性颜料。这种颜料有几个同义词，包括植物碳、灯黑和碳灰，它们对应于其生产所用的原材料和方法。欧盟允许植物碳（E153）用于食品着色，而USFDA尚未批准使用任何类型的炭黑来给食品着色，尽管该机构经过批量认证该颜料为D&C黑2号，用于给某些化妆品着色。由于炭黑（作为植物碳）可能存在于进口到美国的食品中，USFDA地区实验室需要用一种定性分析方法来确定其存在。为此，我们开发了一种提取方法，即样品被分解后用硝酸来溶解，过滤所得的溶液用盐酸处理，若滤纸上有黑色残留物则表明食物中存在炭黑。使用拉曼光谱证实几种标准品和食品残留物中存在炭黑，该方法的检出限为0.0001%。

13.　标题：单一实验室验证鱼类DNA条形码生成方法

作者：Handy SM, Deeds JR, Ivanova NV, 等

期刊：美国分析化学师协会期刊（*J AOAC Int*），2011，94（1）：201-10

摘要：FDA主要负责确保美国在售食品的安全、健康，并准确无误地贴上标签。这项任务尤其具有挑战性，因为在市场上销售的水产品种类繁多，这种商品大多数是进口的，而且用传统的形态学方法很难鉴别加工产品。可靠的物种鉴定对于食源性疾病调查和防止欺骗行为至关重要，例如那些故意贴错标签以规避进口限制或作为高价值物种转售的物种。需要新的方法来进行准确和快速地物种识别，但任何用于法规遵从性的新方法都必须经过标准化和充分验证。"DNA条形码"是通过使用短的标准化基因片段实现物种区分的过程，对于动物来说，细胞色素c氧化酶亚基1线粒体基因的一个片段（655个碱基对从5'端开始）在大多数情况下都能提供可靠的物种水平鉴别。我们在此提供了一个单一实验室验证的协议，用于以适合FDA监管使用的方式生成适用于水产品产品（特别是鱼类）识别的脱氧核糖核酸（DNA）条形码。

14.　标题：2008年全国爆发圣保罗沙门菌血清型疫情菌株感染和期间对从墨西哥进口到美国的番茄、墨西哥胡椒和塞拉诺胡椒的分析

作者：Klontz KC, Klontz JC, Mody RK, 等

期刊：食物保护（*J Food Prot*），2010，73（11）：1967-74

摘要：2008年对圣保罗血清型肠道沙门菌多州爆发期间的病例进行比对研究显示，疾病与食用墨西哥胡椒、塞拉诺胡椒和番茄之间存在相互关联。墨西哥塔毛利帕斯和新莱昂的农场对受到牵连的墨西哥胡椒和塞拉诺胡椒进行了回溯调查，并对FDA 2008年上半年从墨西哥进口的番茄、墨西哥胡椒和塞拉诺辣椒数据库进行了一次特殊的分析，描述这些产品进入美国的时间和空间流动。这三种农产品的运输都沿着一条从南到西北的走廊进行；位于西马德雷山脉西部的墨西哥各州生产的87%的辣椒和97%的番茄被运往加利福亚和亚利桑那州的港口，而西马德雷山脉东部各州生产的90%的辣椒和100%的番茄被运往亚利桑那州东部的港口。我们发现州特异性感染率与第一级收货人向美国各州进口墨西哥辣椒和塞拉诺辣椒的数量之间存在着显著的关联性，但墨西哥进口的番茄不存在这种特征。通过发现从新莱昂州和塔毛利帕斯州进口的辣椒和番茄的数量与感染率相关联，从而定位了可能出现问题的生产区域。在可能由农产品引起的疫情中，对进口数据库的分析有助于更好地了解生长季节、收获地点、运输路线和收货人目的地，从而为流行病学研究的增加有价值的见解。

15.　标题：美国酒糟及其可溶物中霉菌毒素的存在和浓度

作者：Zhang Y, Caupert J, Imerman PM, 等

期刊：农业与食品化学杂志（*J Agric Food Chem*），2009，57（20）：9828-37

网址：http://dx.doi.org/10.1021/jf901186r

摘要：为了对美国含可溶物的谷物酒精糟（DDGS）中霉菌毒素的流行程度和水平进行科学合理的评估，在2006—2008年使用最先进的分析方法从美国中西部的20个乙醇厂和23个出口集装箱中采集的235份DDGS样品中主要测定了黄曲霉毒素、脱氧雪腐镰刀菌烯醇、伏马毒素、T-2毒素和玉米赤霉烯酮。结果表明：（1）所有样品中含有的黄曲霉毒素或脱氧雪腐镰刀菌烯醇的含量均不高于美国FDA动物饲料使用指南；（2）不超过10%的样品中含有的伏马菌素含量高于饲养马和兔子的推荐含量，其余样品中含有的伏马菌素含量低于FDA动物饲料使用指南；（3）没有样品含有高于检测限的T-2毒素，也未高于FDA适用于T-2毒素的指导水平；（4）大多数样品的玉米赤霉烯酮的含量低于检测限，尚未公布适用于玉米赤霉烯酮的FDA指导水平；（5）用于DDGS出口运输的集装箱似乎没有促成霉菌毒素的产生。该研究基于来自美国乙醇工业的代表性DDGS样品，并且使用参考方法收集数据，为DDGS乙醇行业真菌毒素的存在和浓度提供了一个全面、科学、合理的评估。

16. 标题：FDA在人类李斯特菌病监管管理中的作用

作者：Klontz KC, McCarthy PV, Datta AR, 等

期刊：食物保护（*J Food Prot*），2008，71（6）：1277-86

摘要：1986—2006年，美国李斯特菌病的发病率从大约每百万人口7例下降到3例，这一数字反映了工业界、政府、消费者和学术界作出的共同努力，为此文中描述了FDA在过去30年中对抗李斯特菌病的相关策略。具体来说，讨论了在20世纪80年代为应对疫情而采取的早期行动，在FDA监管食品中检验单增李斯特菌的政策决议，以及FDA有关实施从市场撤回单增李斯特菌污染产品(如召回)或防止此类产品进入市场（如进口扣留或退运）的部分强制促使的合规计划、研究基础、外沿学术成果，并且挑选了特殊案例阐述美国人口趋势对降低李斯特菌的发病率可能形成的挑战。

17. 标题：SPR生物传感器和质谱法对动物源性样品中莱克多巴胺残留的有效监测

作者：Thompson CS, Haughey SA, Traynor IM, 等

期刊：国际综合分析化学杂志（*Anal Chim Acta*）2008，608（2）：217-25

网址：http://dx.doi.org/10.1016/j.aca.2007.12.019

摘要：莱克多巴胺（RCT）是β-2激动剂家族中的成员，它在全球20多个国家（包括美国和加拿大）被授权作为动物生长促进剂使用，但未被其他150多个国家（包括欧盟范围内的国家）许可或禁止使用。中华人民共和国在从美国装运的货物中发现RCT的痕迹后，禁止从一些加工厂进口猪肉，最近将RCT用于供人类消费的牲畜产品问题上升到了一个新的高度。为了监控欧洲境内此类化合物的非法使用，需要一个能检测低浓度RCT的稳健可靠的检测方案，本研究开发了一种光学生物传感器筛选试验，将所开发的分析方法与液相色谱–质谱/质谱（LC-MS/MS）验证程序进行比较，这些方法用于研究猪在治疗后检测RCT的能力，这两种测试程序都能够检测出尿液和肝脏中含有的低浓度药物。在停药5d后仍然无法在肝脏中检测到RCT残留，所以肝脏是一个不合适的样本基质，而尿液样本在停药数周后仍含有可检测的RCT残留。对于尿液和肝脏样本，生物传感器和液相色谱–串联质谱法之间的比值［由r（2）测量］分别为0.99和0.97，得出的结论是，基于肝脏RCT分析的检测方法比基于尿液分析的检测方法更不容易发现非法给药，所以尿液样本为停药后较长时间内检测到RCT残留提供了极好的基质。

18. 标题：对进口到美国的西非荔枝果（ackee）中检测到亚甲基环丙基氨酸的抽样计划执行情况的评估

作者：Whitaker TB, Saltsman JJ, Ware GM, 等

期刊：美国分析化学师协会期刊（*J AOAC Int*）2007，90（4）：1060-72

摘要：降血糖氨酸（HGA）是一种有毒的氨基酸，在未成熟的西非荔枝果果实中产生，1973年，FDA对

西非荔枝果发出全球进口警示，禁止该产品进入美国。FDA已经考虑为HGA制定监管限制并解除禁令，这个监测计划要求制定一个基于科学的抽样计划，用来检测进口到美国的西非荔枝果中的HGA。根据实验方案，对33批西非荔枝果进行取样，从每批中随机抽取10个样品，即10个19盎司①的罐头，并使用液相色谱法对HGA进行分析，再将总方差分为采样方差和分析方差两部分，从中发现总方差是HGA浓度的函数，建立回归方程以预测作为HGA浓度函数的总方差、采样和分析方差。将10个HGA样品测试结果中观察到的HGA分布与正态分布和对数正态分布进行比较，并建立了基于对数正态分布的计算机模型，用于预测在西非荔枝果运输中检测HGA抽样方案设计。对这几种抽样方案设计的性能进行评估，证明如何操作样本量和接受或拒绝限制，从而减少对西非荔枝果批次的错误分类。

19. 标题：八角茶摄入对婴幼儿神经系统毒性的影响

作者：Ize-Ludlow D, Ragone S, Bruck IS, 等

期刊：小儿科（*Pediatrics*），2004，114（5）：e653-6

摘要：中国八角茴香（八角）是一种在许多文化中使用的著名调味香料，许多人用它来治疗婴儿腹绞痛，然而日本八角茴香（毒八角）已被证明具有神经毒性和胃肠道毒性。最近中国八角与日本八角茴香的掺杂问题引起了关注，报道报告了7例婴儿因服用八角茶后出现神经系统不良反应。此外，我们发现中国八角茴香被日本八角污染的证据，所以有必要对进入美国的八角茴香进行更严格的联邦监管，而且基于它对这个人群存在潜在的危险性，不应再给婴儿服用八角茶。

20. 标题：用于制定国际监管标准的霉菌毒素风险评估

作者：Wu F

期刊：环境科学与技术（*Environ Sci Technol*），2004，38（15）：4049-55

摘要：2003年农业科学和技术委员会霉菌毒素报告指出，21世纪的目标是在全球范围内制定针对食源性霉菌毒素污染的统一法规。这项研究通过对两种重要的霉菌毒素：伏马毒素和黄曲霉毒素的风险评估和经济分析来说明这一努力。目标是确定受严格的霉菌毒素法规影响最严重的国家，根据严格监管程度检查成本和收益，解决因遵守这些法规在健康效益和经济损失之间产生的风险权衡。在工业国家中，美国将面临更多预防性霉菌毒素指标带来的经济损失，然而发展中国家的环境条件更利于作物中霉菌毒素的积累。与政策制定者的担忧相反，那些可能因严格的霉菌毒素标准而遭受最大损失的欠发达国家不是撒哈拉以南非洲国家，而是中国和阿根廷。如果全世界采用0.5mg/kg的伏马菌素标准，玉米中伏马菌素的总出口损失每年可能超过3亿美元：比采用不太严格的美国标准2 mg/kg高3倍。同样，根据目前欧盟4 μg/kg的监管标准，花生中黄曲霉毒素的出口损失可能超过4.5亿美元，比采用美国标准20 μg/kg时高出近5倍。严格的标准对改善健康状况没有显著的效果，在中国等乙肝和丙肝流行的发展中国家，在没有找到更好的黄曲霉毒素控制方法之前，更严格的黄曲霉毒素标准可能会增加健康风险，因为优质作物可能会出口而不是在美国国内消费。

21. 标题：FDA的进口警告似乎是"虚假标识"

作者：Humphrey CM

期刊：食品药品法（*Food Drug Law J*），2003，58（4）：595-612

摘要：FDA负责保护所有美国消费者免受来自进口产品对美国公民健康和福利造成潜在的危害，这将是FDA面临的一个挑战。预警的概念建立在努力确保统一的进口覆盖面和为美国消费者提供最高水平的保护的基础上，为了使FDA实现为美国边境提供高效和统一的执法目标的预警，FDA必须重新评估其标记和发布预警的方式，并将其标记为"指南"，以此来警示FDA的错误标签警告。这对进口界的影响是缺乏程序公平性的，并

---

① 1盎司=28.35g。

严重影响了进口商将FDA监管的产品进口到美国的能力。正如FDA要求在其管辖范围内的产品上张贴正确的标签一样，FDA也必须正确地贴上警示标签，使《行政程序法》（APA）中包含的保护措施能够为受监管的进口团体提供应有的程序公正性，这样FDA就可以为美国消费者提供最高水平的保护，美国进口商（同时也是美国消费者）也将更好确保美国商业消费的进口FDA监管产品的安全性。

22. 标题：2000—2002年墨西哥、美国和加拿大因食用哈密瓜引起的多州爆发沙门菌血清型Poona感染

作者：CDC

期刊：发病率与死亡周报（*MMWR Morb Mortal Wkly Rep*），2002，51（46）：1044-7

摘要：2000—2002年连续几年的春季，发生了三次与食用墨西哥进口的哈密瓜有关的多州爆发沙门菌血清型Poona感染。在每次爆发中，分离株具有难以区分的脉冲场凝胶电泳（PFGE）模式；2000年和2002年爆发中观察到难以区分的PFGE模式，但2001年的这种模式是独一无二的。疫情首先是由加利福尼亚卫生部（2000年和2001年）和华盛顿州卫生部（2002年）发现的，涉及12个州和加拿大居民，这份报告描述了对这些地区和人口的调查，最终导致墨西哥哈密瓜进口预警，为了限制哈密瓜污染的可能性，FDA继续与墨西哥政府合作，为新鲜哈密瓜的生产、包装和运输制定食品安全计划。

23. 标题：检测与食源性疾病相关的进口蛤蜊中的甲肝病毒和诺瓦克样病毒

作者：Kingsley DH, Meade GK, Richards GP

期刊：应用与环境微生物学（*Appl Environ Microbiol*），2002，68（8）：3914-3918

摘要：从中国进口到美国的蛤蜊，采用逆转录聚合酶链反应（PCR）检测到甲型肝炎病毒（HAV）和诺沃克样病毒（NLV）这两种病毒。一项流行病学调查显示，这些蛤蜊与2000年8月在纽约州发生的5例诺瓦克样胃肠炎有关（FDA进口预警16-50），它们被贴上"熟"字样的标签，但肉眼看起来是生的。病毒RNA的提取是通过解剖消化组织而不是对整块贝类进行解剖来完成的；然后对甘氨酸缓冲液洗脱、聚乙二醇沉淀、三联疗法进行处理，以及用磁珠结合到聚寡核苷酸来纯化聚（α）RNA，分别将HAV和NLV鉴定为基因型Ⅰ和基因组Ⅱ菌株，这两种病毒与亚洲菌株具有高度的同源性。再对粪大肠菌群进行分析结果显示，蛤肉有可能达到93000/100g，比贝类肉要求的卫生标准高出约300倍。

24. 标题：危地马拉植物蛋白中黄曲霉毒素和伏马菌素的存在

作者：Trucksess MW, Dombrink-Kurtzman MA, Tournas VH, 等

期刊：应用与环境微生物学（*Appl Environ Microbiol*），2002，68（8）：3914-3918

摘要：本文对植物蛋白中黄曲霉素和伏马菌素的含量进行了研究。植物蛋白是玉米和棉籽粉的混合物，含有添加的维生素、矿物质和防腐剂，它被作为一种高蛋白食品补充剂出售，特别是对缺乏蛋白质饮食的儿童。据估计，在第一年为80%的危地马拉儿童提供植物蛋白以保证他们充足的饮食；收集在危地马拉制造的八个植物蛋白样本，其中五名来自美国三个不同的地区，三个来自危地马拉；并对七例进行真菌污染检查，分析黄曲霉素和伏马菌素。黄曲霉是在美国购买的所有样品和从危地马拉购买的一个样品中的主要真菌，而拟轮生镰刀菌仅存在于两个样品中（一个来自美国，一个来自危地马拉）。所有样品均含有黄曲霉毒素，黄曲霉毒素B_1和黄曲霉毒素B_2的含量分别为3~214ng/g和2~32ng/g；其中一份样品含有黄曲霉毒素G_1（7ng/g），总黄曲霉毒素含量范围为3~244ng/g。所有样品均含有伏马菌素，伏马菌素B_1、伏马菌素B_2和伏马菌素B_2的含量分别为0.2~1.7μg/g、0.1~0.6μg/g和0.1~0.2μg/g，伏马菌素总量在0.2~2.2μg/g之间，黄曲霉毒素B_2的鉴定采用化学衍生法和液相色谱或质谱分析。美国对进口植物蛋白采取适当的管制行动，自1998年12月22日起生效。

25. 标题：受铅污染的进口罗望子糖和儿童血铅水平

作者：Lynch RA, Boatright DT, Moss SK

期刊：公共健康警告（*Public Health Rep*），2000, 115（6）：537-43

摘要：1999年的一项调查显示，罗望子糖是血铅水平显著升高的儿童（BLL）铅暴露的潜在来源。俄克拉荷马市县卫生局测试了两种罗望子吸盘及其铅含量的包装，超过50%的吸盘被测出了FDA对这类产品中铅的关注水平。作者计算出，一个孩子在一天内摄入两种吸管中任何一种的1/4~1/2，将超过FDA对铅的暂定的最大铅摄入量，两种包装纸中的高铅浓度表明沥滤是潜在的污染源。作者利用美国环境保护局的综合暴露吸收生物动力学（IEUBK）模型预测了受污染罗望子吸管的消耗对种群最大生物量的影响。IEUBK模型预测，任何一种吸管以每天一次的消耗速度都会导致俄克拉荷马州6~84个月儿童平均最大吸收剂量的急剧增加，并导致最大吸收剂量升高的儿童百分比的急剧增加（≥10 μg/dL）。作者得出结论，这些产品的消费代表着潜在的公共健康威胁。此外，进口罗望子产品中铅污染的历史表明，进口控制措施可能无法完全有效地防止其他铅暴露出现。

26. 标题：鱼类和渔业产品中沙门菌的发病率

作者：Heinitz ML, Ruble RD, Wagner DE, 等

期刊：食品保护（*J Food Prot*），2000，63（5）：579-92

摘要：美国FDA的现场实验室在9年间（1990—1998年）对11312份进口和768份美国水产品样品进行收集测试，确定是否存在沙门菌，进口沙门菌的总发病率为7.2%，美国水产品为1.3%，约10%的进口和2.8%的美国生食水产品沙门菌呈阳性。美国即食水产品和生食贝类中沙门菌的总体发病率为0.47%——一只去壳牡蛎和一只鲨鱼软骨粉。2734种进口即食水产品的发病率为2.6%——熟虾、贝类或鱼酱、熏鱼、咸鱼或干鱼、鱼子酱；生食进口贝类的发病率为牡蛎1%、蛤蜊3.4%、贻贝0%；进口生鱼的发病率为12.2%。沙门菌在水产品中的区域分布表明，发病率最高的是中太平洋和非洲，最低的是欧洲或俄罗斯和北美（12%，1.6%）。国家数据显示，越南最高（30%），大韩民国最低（0.7%），虽然最频繁的进口水产品中的血清型为韦尔太夫利丁沙门菌（第一）、森夫滕贝格沙门菌（第二）、列克星敦沙门菌和甲型副伤寒沙门菌（第三，每种血清型数量相等），前20名包括肠炎沙门菌（第五），纽波特沙门菌（第六）、汤普森沙门菌（第七）、鼠伤寒沙门菌（第十二）和鸭沙门菌（第十三），在美国这些类型的沙门菌常见于食源性疾病。由于这项研究中的发病率仅涉及一小部分进口到美国的水产品，因此应通过实施HACCP，以降低水产品中沙门菌的发病率，而不依赖沙门菌检测。

27. 标题：容忍限度和方法：对国际贸易的影响

作者：Lupien JR, Kenny MF

期刊：食物保护（*J Food Prot*），1998，61（11）：1571-8

摘要：食品中单核细胞增生性李斯特菌、沙门菌的微生物污染，弯曲杆菌属，以及其他病原体和毒素、化学物质和环境污染物都会对国际食品贸易造成严重的健康和贸易问题，因此进口食品质量和安全的监测和监督系统会对两个或更多国家之间的食品贸易产生重大影响。为确保公平贸易和协调食品贸易标准和进口要求，世界贸易组织通过《卫生和植物检疫措施协定》和《贸易技术壁垒协定》这两个协定，为其提供了一个框架。要求各国将标准建立在科学的基础上，将项目建立在风险分析方法的基础上，并制定方法实现贸易国之间检验、分析和认证方法的等同效力。为了促进标准的统一，世贸组织建议使用食品法典制定的标准、指南和建议，协助贸易的其他国际合作措施包括认可符合国际标准的实验室以及食品进出口检验和认证法典委员会在等效性和协调性方面的工作。

28．标题：FDA进口警告：执法工具潜在的破坏性影响

作者：Basile EM

期刊：医疗器械技术（*Med Device Technol*），1998，9（3）：34-8

摘要：美国采取严格措施防止外国制造商进口其认为不安全的设备。FDA发布的"进口警告"是一项严格的立法，根据该立法，在制造商采取纠正措施之前，该设备将被扣留并拒绝进入美国。本文阐述了发布进口预警的情况、制造商如何避免进口预警以及发布进口预警后应采取的措施。

29．标题：FDA农药项目对美国和进口苹果及大米的监测

作者：Roy RR, Wilson P, Laski RR, 等

期刊：美国分析化学师协会期刊（*J AOAC Int.*），1997，80（4）：883-94

摘要：1993—1994年，FDA对国产和进口新鲜苹果及加工大米中的农药残留进行了一项统计研究，并对769份国产和1062份进口苹果样品进行采集分析；85%的美国样品和86%的进口样品均检测出残留物。苯菌灵是一种广泛使用的杀菌剂，在国产苹果中发现频率最高，而二苯胺在进口苹果中发现频率最高，一份美国样品和四份进口样品中均含有违反美国对苹果不允许的农药残留量。按照统计加权法分析得出（通过美国国内货物包装商吞吐量或进口装运量）违规率国产和进口苹果分别为0.30%（0.13未加权）和0.41%（0.38未加权）。对598份国产和612份进口大米样品进行采集分析；56%的美国样品和12%的进口样品均检测出残留物，马拉硫磷在两组大米样品中出现频率最高，其中8份美国样品和9份进口样品都是违反规定的，因为使用了不允许的杀虫剂。国产和进口大米的统计加权违约率分别为0.43%（1.3未加权）和1.1%（1.5未加权）。基于统计数据的研究结果表明，与FDA的监管监测一样，从这两种商品中发现的大多数农药残留水平远低于美国的容许量，且很少发现其有违规残留物。

30．标题：1993年FDA对农药项目进行的残留物监测

作者：无

期刊：美国分析化学师协会期刊（*J AOAC Int.*），1994，77（5）：161A-185A

摘要：1993年，FDA对来自所属50个州和波多黎各的12751份美国产食品和来自107个国家的进口食品进行了农药残留分析。其中，12166份是虽没有农残问题指向但被采集的检测样品，64%的美国国内监测样品和69%的进口监测样品中未发现残留物。585个符合性样品的检测结果反映出它们有农药残留问题的可能性。在发病率/水平监测下，对308份水产养殖水产品/贝类样品和308份牛乳样品进行了农药残留分析，这些发现与FDA的监管监测结果相似。此外，1993年完成了一项基于统计的梨和番茄监测调查，这两种商品的美国国内和进口部分的违规率都很低，1991—1993年总膳食研究中发现的残留物类型与早期发现的相似。

31．标题：FDA监控计划

作者：无

期刊：美国分析化学师协会期刊（*J AOAC Int.*），1993，76（5）：127A-148A

摘要：在监管监测下，1992年对来自94个国家的16428份美国产和进口食品样品进行了农药残留分析。其中15370份是在没有农药问题证据时收集的监测样本，65%的美国国内监测样品和66%的进口监测样品中未发现残留物，在1058个符合性样本中发现的残留物反映了它们在使用农药时收集和分析情况问题是可疑的。在发病率或水平监测下，对206份水产养殖水产品或贝类样品和558份牛乳样品进行农药残留分析，发现与FDA的监管监测结果相似。在此期间，1986—1991年总膳食研究的平均结果（农药的膳食摄入量）通常远低于农药残留专家联席会议（JMPR）和环境保护局制定的标准，这5年的平均值可能不同于之前报告的1年摄入量（6~10年），因为它们涵盖了某些化学品（如持久性氯化农药）摄入量普遍下降的时期，且它们代表5年而不是1年的平均值。

32. 标题：渔业产品安全监管规划

作者：Ahmed FE

期刊：调整毒理药理学（*Regul Toxicol Pharmacol*），1992，15（1）：14-31

摘要：在美国联邦一级的渔业产品安全主要由FDA负责，而其他联邦机构也发挥了重要的作用。美国环境保护局（EPA）负责设定和建议水产品中的农药限量，美国国家海洋渔业服务局（NMFS）开展了一项自愿检查计划。美国疾病控制中心（CDC）负责收集和评估水产品传播疾病来源的数据。各州在控制水产品传播风险方面也发挥着主导的作用，因为该国各地区在消费和污染方面存在着重大的差异，国家公共卫生、环境保护和资源管理机构已经制定了计划，旨在降低这种风险。由于渔业的复杂性和可变性，可在联邦和州机构之间伙伴关系的基础上，建立一个有效的安全体系，其中州政府保持着主导的地位，联邦政府制定和更新指导方案并提供监督。国际社会已制定影响美国水产品安全监管的实践和协议，鉴于制定贸易协定，国际社会应解决制定等效污染物水平的标准，并考虑制定渔业产品进口合同标准的选择。

33. 标题：FDA监控计划：食品中的残留物（1990年）

作者：Yess NJ

期刊：美国分析化学师协会期刊（*J AOAC Int.*），1991，74（5）：121A-141A

摘要：1990年，在监管监督下，FDA对来自50个州和波多黎各的19962份美国产的食品和来自92个国家的进口食品进行了农残分析。其中，19146份监测样本是在没有农残情况下收集的，60%的美国国内监测样本和64%的进口监测样本中并未发现残留物，在19146份监测样本中，2.8%为违规样本。在监测的发生率和监测水平方面，对172份鱼类和壳类样品、330份全脂牛乳样品和3502份加工食品（包括婴儿食品）样品进行了农残分析，发现这些项目的调查结果与监测数据是一致的。1990年总膳食研究统计结果证明，农药的实际膳食摄入量通常远低于联合国或粮食及农业组织（FAO）或世界卫生组织（WHO）和EPA制定的标准，而且1990年的调查结果与前几年相似，这表明相对于农残，食品供应仍然处于安全状态。

34. 标题：FDA对食品中农药残留的监测（1990年）

作者：Yess NJ, Houston MG, Gunderson EL

期刊：美国分析化学师协会期刊（*J AOAC Int.*），1991，74（2）：273-80

摘要：1982—1986年（1983—1986财年）报告了4年间食品中的农药残留量，结果总结了FDA农药残留监测项目的两种互补方法。在以农产品原料中的农药残留为重点的监管监测下，对新鲜果蔬、粮食及其制品、牛乳及乳制品、水产品、各种加工食品等计49055份样品（美国27700份，进口21355份）进行了分析。在美国国内和进口样品中，分别有60%和48%的样品未检出残留，而在1978—1982财年，这一比例分别为55%和44%，约3%的美国样品和5%的进口样品是违规的；在1978—1982财年，分别约有3%和7%的人违反此项规定。1982年4月，FDA修订了另一项监测方法，即总膳食研究，通过扩大年龄或性别群体的覆盖范围，并更新总膳食研究最新数据，对个别食品进行分析。根据这一改进方法的监管监测，结果表明，美国食品供应中的农药残留远低于监管限制，膳食摄入量比国际机构确定的可接受日摄入量低许多倍。

35. 标题：FDA对食品中农药残留的监测（1978—1982年）

作者：Yess NJ, Houston MG, Gunderson EL

期刊：美国分析化学师协会期刊（*J AOAC Int.*），1991，74（2）：265-72

摘要：1978—1982年（1978—1982财年）报告了5年间食品中的农药残留。研究结果由FDA对监测食品中农药残留的两个项目进行的综合分析汇编而成，以农产品原料药残留为重点的监管监督下，对新鲜果蔬、谷物、牛乳及乳制品、水产品及各种加工食品共49877份样品（美国样品30361份，进口样品19516份）进行分析。

在美国国内及进口的样本中，分别约有55%和44%未发现残留物，其中大约3%的美国国内样品和7%的进口样品被归类为违规样品。总膳食研究的数据显示，从1044种即食食品的复合材料中发现了42种农药残留，该研究确定了多种化学物质的膳食摄入量。FDA对78-82财年的监测结果表明，美国食品中农药残留水平总体上远低于监管限制，膳食摄入量比国际机构设定的每日允许摄入量低很多倍。

36. 标题：食物中的残留物（1989年）

作者：无

期刊：美国分析化学师协会期刊（*J AOAC Int.*），1991，73（5）：127A–146A

摘要：1989年，对来自全美50个州和波多黎各的18798份美国产食品和来自88个国家的进口食品进行了农药残留分析。其中18113份是在没有被怀疑农药残留问题的情况下收集的监测样品，65%的美国国内监测样品和67%的进口监测样品中未发现残留物；在18113份监测样品中，只有不到1%的样品中含有超过EPA容许量的残留物；在685份符合规定的样品中发现的结果反映了一个事实，即当被怀疑存在农药问题时，就会收集和分析这些样品。1989年总膳食研究的结果表明，农药残留的摄入量通常远远低于FAO或WHO以及EPA制定的标准。1989年的研究结果与1987年和1988年的结果相似，表明美国食品供应的农药残留水平远低于设定的安全限量标准。

37. 标题：FDA农药残留监控项目：食品中的残留物（1988年）

作者：无

期刊：美国分析化学师协会（*J AOAC Int.*），1989，72（5）：133A–152A

摘要：1988年，对来自全美50个州和波多黎各的18114份美国产食品和来自89个国家的进口食品进行了农药残留分析。相比之下，1987年从79个国家进口的14492个样品，超过60%的样品中没有发现残留，而在1987年这一比例为57%；在18114个样品中，只有不到1%的样品中含有超过EPA规定的残留量。这些调查结果，连同来自总膳食研究和1987年报告的结果，都表明膳食中农药残留的摄入量远低于FAO或WHO设定的标准。对于抽查样品不合格的进口商品，予以自动扣留处理，还可以从美国出口食品的国家获得农药使用数据。

38. 标题：FDA农药残留监控项目：目标和新方法

作者：Lombardo P

期刊：美国分析化学师协会（*J AOAC Int.*），1989，72（3）：518–20

摘要：20世纪60年代以来，FDA对食品中的农药残留进行了大规模的监测，该计划不断发展，而近期的一些修改和举措证明了这一点，其中对进口尤为强调；按地理区域或国家增加更为具体的农药或商品组合目标；制定美国国内和进口食品的地区抽样计划；扩大单残留方法的使用，将外国农药使用情况的资料与食品进口量联系起来；制定分析方法与研究计划；增加与各州的合作采样和数据交换。通过探索获取和利用私营部门和其他监测数据的主动行动，采取积极措施，以用及时和通俗易懂的方式向公众通报FDA的监测结果。

附录11 ｜ FDA食品成分决策树

FDA网址为：www.fda.gov/Food/IngredientsPackagingLabeling/FoodAdditivesIngredients/ucm228269.htm

该物质存在于食品中是否合理？→如否，则该食品可能是非法的、受污染或掺杂的食品；

如是，则：

该物质是否是膳食补充剂成分？→如是，则请参照膳食补充剂规定；

如否，则：

该物质是否是食品原料或加工食品中的农药残留物质？→如是，则请参照法规40CFR180中的限量或豁免相关规定；

如否，则：

该种物质是否是一种新型的兽药？→如是，请咨询FDA兽药中心（CVM）

如否，则：

该物质是否对食品存在持续性的技术影响？→如否，则请参照FCS/FCN中的法规要求

如是，则：

该物质是否列于EAFUS目录内？→如否，请咨询CFSAN中关于GRAS的内容以及之前的相关法令等要求；

如是，则：

EAFUS是否对该物质给出了规则编号（REGNUM）？→如否，请参考CFSAN中相关的适用范围；

如是，则：

该物质是否通过REGNUM授权使用？→如否，非GRAS物质的食品成分或着色剂需要通过FAP/CAP；

如是，则：

该物质可用于预期用途，无需采取进一步措施。

附录12 | 《食品安全现代化法案》（FSMA）规章和指南

规章/指南标题	编号	日期	类型
食品设施注册法规修订案	FDA-2002-N-0323	2016年6月	最终规则
保护食品预防故意掺杂解缓解策略	FDA-2013-N-1425	2016年5月	最终规则
人类和动物食品卫生运输法规	FDA-2013-N-0013	2016年4月	最终规则
第三方认证机构	FDA-2011-N-0146	2015年11月	最终规则
人类消费农产品的种植、收获、包装以及贮存标准	FDA-2011-N-0921	2015年11月	最终规则
美国人类与动物食品进口商国外供应商验证计划（FSVP）	FDA-2011-N-0143	2015年11月	最终规则
人类食品现行良好操作规范和危害分析以及基于风险的预防控制措施；延长食品安全现代化法案某些规定的合规日期	FDA-2011-N-0920	2015年9月；2015年11月	最终规则
关于动物食品的现行良好生产规范和危害分析及基于风险的预防控制措施	FDA-2011-N-0922	2015年9月	最终规则
第三方食品安全审核及费用结构的认证模型标准	FDA-2011-N-0146 变更通知	2015年7月	拟议规则
记录可用性依据：记录的建立、维护和可用性	FDA-2002-N-0153 (Formerly, 2002N-0277)	2014年9月	最终规则
FDA食品安全现代化法案对《联邦食品、药品和化妆品法案》中可报告食品注册规定的实施*	FDA-2013-N-0590	2014年6月	拟议规则的预先通知
进口食品预先通知指南	FDA-2011-N-0179	2013年5月	最终规则
适用于下令扣留供人类或动物食用的食品的标准	FDA-2011-N-0197	2013年2月	最终规则
用于人类消费的农产品种植、收获、包装和贮藏标准的遵守和建议	FDA-2017-D-0175	2017年1月	行业指南草案
控制即食食品中单核细胞增生性李斯特菌的措施指南	FDA-2008-D-0096	2017年1月	行业指南草案
第三方食品安全审核机构认证模型标准	FDA-2011-N-0146	2016年12月	对行业和FDA工作人员的指导

文件名称	FDA编号	日期	类型
FDA自愿合格进口商计划	FDA-2011-N-0144	2016年11月	行业指南
食品设施注册问答（第七版）	FDA-2012-D-1002	2016年11月	行业指南草案
FDA规定：美国食品良好生产规范，危害分析和基于风险的预防控制措施；小型企业合规指南	FDA-2011-N-0920	2016年10月	行业指南
小型企业合规指南——适用于人类（动物）食品的良好操作规范，危害分析及给予风险的预防性控制措施	FDA-2011-N-0922	2016年10月	行业指南草案
FSMA的四个配套法规：食品附带的文件中风险的预防性控制	FDA-2016-D-2841	2016年10月	行业指南草案
在食品设施注册和食品类别更新中使用食品类别的必要性（2016年版）	FDA-2012-D-0585	2016年09月	行业指南
动物食品现行良好生产规范	FDA-2016-D-1229	2016年08月	行业指南草案
非人类食用动物副产品	FDA-2016-D-1220	2016年08月	行业指南草案
农场和设施的收获、包装、持有或制造加工活动分类	FDA-2016-D-2373	2016年08月	行业指南草案
人类食品的危害分析及基于风险的预防控制	FDA-2016-D-2343	2016年08月	行业指南草案
进口食品预先通知问答（第三版）	FDA-2011-N-0179	2016年06月	行业指南
使用FDA 3942a表格（适用于人类食品）或FDA 3942a表格（适用于动物饲料）申请合格设施证明	FDA-2016-D-1164	2016年05月	行业指南草案
强制性食品召回指南	FDA-2015-D-0138	2015年05月	行业指南草案
建立和维护你需要知道什么：小型企业合规指南	FDA-2011-D-0643	2013年03月	行业指南
所需要知道的有关食品设施注册登记的事项：小型企业合规指南	FDA-2012-D-1003	2012年12月	行业指南草案
关于食品制造商、加工商、包装商、运输商、分销商、接收商、持有人和进口商必须根据要求建立和维护的问答（第五版）	FDA-2011-D-0598	2012年02月	行业指南
FDA《食品安全现代化法案》第107节收取费用的权限	FDA-2011-D-0721	2011年09月	行业指南
预先通知法规的执行政策	ucm261080	2011年06月	行业指南
新膳食成分通知及相关问题	FDA-2011-D-0376	2016年08月	行业指南草案
水产成分HACCP指南	FDA-2011-D-0287	2011年04月	行业指南草案

注：* 该文件的标题更改为 "FDA Seeks Input on Information to be Submitted to FDA's Reportable Food Registry and Used to Notify Consumers in Grocery Stores"。
资料来源：http://www.fda.gov/Food/GuidanceRegulation/FSMA/ucm253380.htm#rules on 3-24-17。

附录13 | 在PUBMED中的FSMA文章

序号	标题	作者	期刊
1	物理热处理的动物粪便微生物的安全性：根据《食品安全现代化法案》建议，在生物土壤改良剂中消除人类病原体的替代方法	Chen Z, Jiang X	J Food Prot. 2017 Mar; 80(3):392–405. http://dx.doi.org/10.4315/0362-028X.JFP-16-181
2	模拟宾夕法尼亚河流灌溉水微生物质量指标的年际变化	Hong EM, Shelton D, Pachepsky YA, 等	J Environ Manage. 2017 Feb 1; 187:253–264. http://dx.doi.org/10.1016/j.jenvman.2016.11.054
3	基于水分活度和酸碱度的干酪分类共识——干酪多样性系统化的合理途径	Trmcic A, Ralyea R, Meunier- Goddik L, 等	J Dairy Sci. 2017 Jan; 100(1): 841–847. http://dx.doi.org/10.3168/jds.2016-11621
4	第三方认证机构的食品安全的认可标准及自愿认可用户收费的最终准则	FDA美国健康和人类服务部（FDA, HHS）	Fed Regist. 2016 Dec 14; 81(240):90186–94. https://www.gpo.gov/fdsys/pkg/FR-2016-12-14/pdf/2016-30033.pdf
5	食用巴氏杀菌冰淇淋产品感染单核细胞增生性李斯特菌	Rietberg K, Lloyd J, Melius B, 等	Epidemiol Infect. 2016 Oct; 144(13):2728–31. http://dx.doi.org/10.1017/S0950268815003039
6	南乔治亚用于混合农产品生产的农场池塘和灌溉分配系统中低浓度的肠炎沙门菌和通用大肠杆菌	Antaki EM, Vellidis G, Harris C, 等	Foodborne Pathog Dis. 2016 Oct; 13(10):551–558
7	保护食品预防故意掺杂缓解策略最终规则	FDA, HHS	Fed Regist. 2016 May 27; 81(103):34165–223. https://www.gpo.gov/fdsys/pkg/FR-2016-05-27/pdf/2016-12373.pdf
8	人类和动物食品运输法规 最终规则	FDA, HHS	Fed Regist. 2016 Apr 6; 81(66):20091–170. https://www.gpo.gov/fdsys/pkg/FR-2016-04-06/pdf/2016-07330.pdf
9	基因工程改造噬菌体为实用的低资源环境提供细菌诊断平台	Talbert JN, Alcaine SD, Nugen SR	Bioengineered. 2016 Apr; 7(3):132–6. http://dx.doi.org/10.1080/21655979.2016.1184386
10	传统的治疗措施减少对受污染灌溉水生产的干球洋葱中大肠杆菌和沙门菌的数量	Emch AW, Waite-Cusic JG	Food Microbiol. 2016 Feb; 53(Pt B):41–7. http://dx.doi.org/10.1016/j.fm.2015.08.004
11	预防食品欺诈：政府机构或行业的政策、战略和决策实施方案	Spink J, Fortin ND, Moyer DC, 等	Chimia (Aarau). 2016; 70(5):320–8. http://dx.doi.org/10.2533/chimia.2016.320
12	蔬菜巴氏杀菌：流程的关键因素和对质量的影响	Peng J, Tang J, Barrett DM, 等	Crit Rev Food Sci Nutr. 2015 Nov 3:0. [Epub ahead of print]
13	结果：为FDA食品安全改革而战	Hearne SA	Health Aff (Millwood). 2015 Nov; 34(11):1993–6. http://dx.doi.org/10.1377/hlthaff.2015.0912
14	用含有酒精的洗手液和肥皂清洗可以减少农活时手上残留的微生物数量	de Aceituno AF, Bartz FE, Hodge DW, 等	J Food Prot. 2015 Nov; 78(11):2024–32. http://dx.doi.org/10.4315/0362-028X.JFP-15-102
15	食品工业目前和未来的任务是预防美国食源性疾病的病原微生物	Doyle MP, Erickson MC, Alali W, 等	Clin Infect Dis. 2015 Jul 15; 61(2):252–9. http://dx.doi.org/10.1093/cid/civ253
16	《食品安全现代化法案》：对美国小型家庭农场的影响	Boys KA, Ollinger M, Geyer LL	Am J Law Med. 2015; 41(2–3):395–405
17	《食品安全现代化法案》的实施与可持续农业发展的趋势	Wiseman SR	Am J Law Med. 2015; 41(2–3):259–73

续表

序号	标题	作者	期刊
18	新食品安全法：实地有效性	Drew CA, Clydesdale FM	Crit Rev Food Sci Nutr. 2015; 55(5):689–700. http://dx.doi.org/10.1080/10408398.2011.654368. Review
19	从营养和饮食学会的立场分析：食品和饮用水的安全	Cody MM, Stretch T; Academy of Nutrition and Dietetics	J Acad Nutr Diet. 2014 Nov; 114(11):1819–29. http://dx.doi.org/10.1016/j.jand.2014.08.023
20	从美国和加拿大的视角来观察透视食品安全法律制度	Keener L, Nicholson-Keener SM, Koutchma T	J Sci Food Agric. 2014 Aug; 94(10):1947–53. http://dx.doi.org/10.1002/jsfa.6295
21	对灌溉池中分离、确认和计数沙门菌的新交叉划线方法的开发研究	Luo Z, Gu G, Giurcanu MC, 等	J Microbiol Methods. 2014 Jun; 101:86–92. http://dx.doi.org/10.1016/j.mimet.2014.03.012.
22	为美国食品和饲料检测实验室人员制定的能力框架	Kaml C, Weiss CC, Dezendorf P, 等	J AOAC Int. 2014 May–Jun; 97(3):768–72. Erratum in: J AOAC Int. 2014 Jul–Aug; 97(4):1230
23	2006—2013年美国有十个站点通过食源性疾病主动监测网络对食物传播的病原体感染的发病率和趋势进行监测	Crim SM, Iwamoto M, Huang JY, 等	MMWR Morb Mortal Wkly Rep. 2014 Apr 18; 63(15):328–32
24	《记录的建立、维护和可用性》的修正最终规则	FDA美国健康和人类服务部（FDA, HHS）	Fed Regist. 2014 Apr 4; 79(65): 18799–802. https://www.gpo.gov/fdsys/pkg/FR-2014-04-04/html/2014-07550.htm
25	食品供应系统改进产品溯源试点的项目	Bhatt T, Hickey C, McEntire JC	J Food Sci. 2013 Dec; 78 Suppl. 2:B34–9. http://dx.doi.org/10.1111/1750–3841.12298
26	中国台湾食品邻苯二甲酸酯类塑化剂污染事件：邻苯二甲酸酯作为一种浑浊剂的非法使用及其对孕妇接触后的影响	Yang J, Hauser R, Goldman RH	Food Chem Toxicol. 2013 Aug; 58:362–8. http://dx.doi.org/10.1016/j.fct.2013.05.010
27	经济利益驱动型掺杂食品事件的共同特征	Everstine K, Spink J, Kennedy S	J Food Prot. 2013 Apr; 76(4):723–35. http://dx.doi.org/10.4315/0362-028X.JFP-12-399. Review
28	FDA《食品安全现代化法案》如何应对恐怖主义威胁：初级读本	Woodlee JW	Biosecur Bioterror. 2012 Sep; 10(3):258–62. http://dx.doi.org/10.1089/bsp.2012.0024. No abstract available
29	对《记录的建立、维护和可用性》的修正最终规则征求意见	FDA美国健康和人类服务部（FDA, HHS）	Fed Regist. 2012 Feb 23; 77(36):10658–62. https://www.gpo.gov/fdsys/pkg/FR-2012-02-23/pdf/2012-4165.pdf
30	从美国的视角看婴儿营养安全标准	Bier DM	Ann Nutr Metab. 2012; 60(3):192–5. http://dx.doi.org/10.1159/000338219
31	《食品安全现代化法案》：只有科学才能证明是否存在贸易壁垒	McNeill N	Food Drug Law J. 2012; 67(2):177–90, ii
32	《食品安全现代化法案》是否会避免食源性疾病的爆发	Taylor MR	N Engl J Med. 2011 Sep 1; 365(9):e18. http://dx.doi.org/10.1056/NEJMp1109388. No abstract available
33	维护食品安全：为科学技术的不断进步和食品供应链的变化做出更大的努力	Olson ED	Health Aff (Millwood). 2011 May; 30(5):915–23. http://dx.doi.org/10.1377/hlthaff.2010.1265
34	FDA《食品安全现代化法案》分析：维护消费者权益和商业利益	Strauss DM	Food Drug Law J. 2011; 66(3):353–76, ii
35	2010年提出的《食品安全法》及其对进口商和国际贸易产生的影响	May SG	Food Drug Law J. 2010; 65(1):1–35, i

附录14 | 缩略语对照表

ACE/ITDS	自动化商业环境/国际贸易数据系统	FSSC	食品安全体系认证
ADI	每日允许摄入量	FSVP	国外供应商验证计划
AOAC	美国分析化学家协会	FTC	联邦贸易委员会
AFDO	美国食品和药品官员协会	GAP	良好农业规范
ASQ	美国质量学会	GCP	药物临床试验质量管理规范
BIMO	生物研究试验监察体系	GFSI	全球食品安全倡议
BPR	批次控制记录	GHP	良好卫生习惯
BRC	英国零售商协会	GLP	良好实验室规范
CAC	国际食品法典委员会	GMP	良好操作规范
CAP	着色剂申请	GRAS	公认安全物质
CAPA	纠正和预防措施	GxP	良好实践
CAS	美国化学文摘社	HACCP	危害分析和关键控制点体系
CBER	生物制剂评估和研究中心	HAFP	人类和动物食品计划
CBP	美国边境保护局	HARPC	危害分析及基于风险的预防性控制
CDC	疾病控制与预防中心	IFS	国际食品标准
CDER	药物评估和研究中心	IND	研究性新药申请
CDRH	医疗器械和辐射健康中心	IRB	伦理审查委员会
CEDI	累积摄入量	ISO	国际标准化组织
CFR	《美国联邦法规》	ITACS	进口贸易辅助通信系统
CFSAN	食品安全和应用营养中心	JMPR	农药残留专家联席会议
cGMP	现行良好操作规范	MMR	书面主制造记录
COFS	自由销售证书	MOU	谅解备忘录
CPGM	小型企业合规手册	NACMCF	美国食品微生物学标准咨询委员会
CPSC	美国消费品安全委员会	NCIMS	美国国家洲际乳运输协会
CTP	烟草制品中心	NDA	新药上市许可申请
CVM	兽药中心	NDA	新药注册
DBMA	膳食补充剂	NDI	新膳食成分
DHHS	美国卫生和人类服务部	NIH	美国国立卫生研究院
DoJ	美国司法部	NLEA	营养标签和教育法案
DoT	美国交通运输部	NRF	营养丰富食品
DSHEA	《膳食补充剂健康和教育法案》	OSI	科学调查办公室
DSHEA	膳食补充剂健康和教育法	PAG	项目整合小组
DWPE	无需检验直接扣留	PCHF	人类食品的危害分析和基于风险的预防控制
EDI	每日估计最高摄入量	PNC	预先通告资讯
EFSA	欧洲食品安全局	PREDICT	动态进口合规目标评估系统
EIR	机构检查报告	QA	质量保证
EPA	美国环境保护局	QASIS	进口支持业务和行政管理系统
FAO	联合国粮食及农业组织	QHC	合格的健康声称
FAP	食品添加剂申请	QMS	质量管理体系
FCF	食品接触材料配方	QS	质量体系
FCN	食品接触材料通告计划	RACC	参考摄入量
FCS	食品接触材料	RDI	每日参考摄入量
FDA	美国食品与药品管理局	SECG	小型企业合规指南
FDCA	《食品、药品和化妆品法案》	SOP	标准操作程序
FDIA	美国食品、药物和杀虫剂管理局	SOPP	卫生标准操作程序
FIA	《信息自由法》	SPS	卫生和植物检疫措施
FID	食品检验决定	SQF	安全优质食品
FMF	食品主文件	TOR	法规阈值
FSMA	《食品安全现代化法案》	USDA	美国农业部
FSP	食品安全计划		